职业教育数字媒体技术应用专业系列教材

数字影像拍摄技术

主　编　林　蔚

参　编　何曦澜　吴帅宇

王　伟

机 械 工 业 出 版 社

本书根据中等职业教育数字媒体技术应用专业的现阶段专业建设情况、课程体系、人才需求情况的需要，分析数字摄影、摄像的工作领域对应的工作岗位群所需要的核心技术，以工作过程系统化为主线、以实用性为核心，全面阐述了数字摄影和数字摄像的主要技术、技巧和艺术形式。详细介绍了从事生活摄影、商业摄影、企业宣传部门、影视工作室、广播传媒企业等岗位所需要掌握的相关技术。

本书分为六个学习领域，其中学习领域1为导学，介绍了后续学习领域学习中需要的必备知识。学习领域2、学习领域3以数字摄影为主，以生活摄影和商业摄影常涉及的工作任务为案例进行系统阐述。学习领域4、学习领域5、学习领域6以数字摄像为主，分别从企业宣传部门、影视工作室、广播传媒企业中挑选典型工作任务为案例进行分析和阐述。本书配有电子课件，选用本书作为教材的老师可以从机械工业出版社教育服务网（www.cmpedu.com）免费注册下载或联系编辑（010-88379194）咨询。

本书适合作为中等职业学校数字媒体技术应用、多媒体影音制作相关专业的教材或教学参考书，也可以作为摄影、摄像爱好者，广播传媒企业、企事业宣传部门从业人员学习数字摄影、数字摄像的理想读物。

图书在版编目（CIP）数据

数字影像拍摄技术/林蔚主编. —北京：机械工业出版社，2014.7
(2022.1重印)
职业教育数字媒体技术应用专业系列教材
ISBN 978-7-111-47234-6

Ⅰ. ①数… Ⅱ. ①林… Ⅲ. ①数字照相机-摄影技术-中等专业学校-教材 Ⅳ. ①TB86

中国版本图书馆CIP数据核字（2014）第147180号

机械工业出版社（北京市百万庄大街22号 邮政编码100037）
策划编辑：梁 伟 责任编辑：秦 成
责任校对：王 欣 封面设计：鞠 杨
责任印制：常天培
北京机工印刷厂印刷
2022年1月第1版第4次印刷
184 mm×260 mm・14印张・312千字
4 001—4 500册
标准书号：ISBN 978-7-111-47234-6
定价：45.00元

电话服务
客服电话：010-88361066
010-88379833
010-68326294

网络服务
机 工 官 网：www.cmpbook.com
机 工 官 博：weibo.com/cmp1952
金 书 网：www.golden-book.com
机工教育服务网：www.cmpedu.com

前　言

随着数字化时代的到来，我国数字媒体行业不断走向成熟，行业对数字影视人才的需求不断扩大。数字影像拍摄（含摄影、摄像）作为数字媒体技术的其中一个工作环节，是影视媒体制作素材的重要来源，也是数字媒体制作的基础。行业需要培养大量符合企业要求的数字影像拍摄人员，但相关的教材建设却相对滞后。

纵观国内数字媒体教材，数字摄影和数字摄像常被分为两套独立教材，内容偏重于专业理论学习，对工作岗位所需的技术、调控、经验缺乏指导。

本书的编写是通过分析行业需求，从数字摄影、摄像的职业岗位群中提取典型的工作任务，以工作过程系统化为主线，以实用为宗旨，以理实一体化的工作任务为驱动，按照工作程序化知识，按照工作过程组织学习，引领读者“在学中做、在做中学”。本书详细介绍了从事生活摄影、商业摄影、企业宣传部门、影视工作室、广播传媒企业等岗位所需要掌握的技术和经验。所设计的工作任务能够体现工作过程结构的完整性，培养学生实际岗位的工作能力，全面阐述了数字摄影和数字摄像的主要技术、技巧和艺术形式。

全书分为6个学习领域，其中学习领域1为导学，介绍了后续学习领域中需要的必备知识。学习领域2、学习领域3以数字摄影为主，以生活摄影和商业摄影常涉及的工作任务为案例进行系统阐述，工作任务包括花卉、风光、城市夜景摄影；证件照摄影、拍摄静物产品、拍摄全家福等。学习领域4、学习领域5、学习领域6以数字摄像为主，分别从企业宣传部门、影视工作室、广播传媒企业中挑选典型工作任务为案例进行分析和阐述，工作任务包括企业会议摄像、企业运动会摄像；婚庆、生日宴会摄像；新闻采访摄像、访谈节目摄像、电视专题片摄像等。每一个学习领域都提供相关的必备知识，读者在经历明确任务、任务分析、任务实施、任务评价的全过程后，获得工作过程的知识和经验并掌握操作技能。

本书的特色主要包括以下4个方面。

1）结构新颖。以工作领域划分，涵盖范围广，分为生活摄影、商业摄影、企业宣传部门、影视工作室、广播传媒企业五大领域。

2）从工作岗位中提取典型工作任务，具有代表性，如：摄影爱好者、冲印店摄影师、平面摄影师、影楼人像摄影师、新闻摄影记者、宣传干事、婚庆摄像师、电视台摄像师。

3）以工作过程系统化为主线，以实用、够用为原则，按照工作过程序化知识，引领读者“在学中做、在做中学”。

4）每一个工作任务提供相关的必备知识，读者在经历明确任务、任务分析、任务实施、任务评价的全过程后，掌握操作技能，获得工作过程的知识和经验。

5）为落实立德树人的教育根本任务，本书通过将中华优秀传统文化等思政教育元素融入课程，培养学生勤奋刻苦、勇于创新的素质品质，实现价值引领。

本书教学建议课时为98学时，分配建议见下表。

项目名称		建议学时
学习领域1 导学		2
学习领域2　生活摄影	任务1　掌握花卉摄影	6
	任务2　掌握风光摄影	6
	任务3　拍摄城市夜景	6
	任务4　掌握动、静对比摄影	8
学习领域3　商业摄影	任务1　拍摄证件照	4
	任务2　拍摄静物产品	6
	任务3　拍摄全家福	8
学习领域4　企业宣传部门	任务1　录制企业会议记录	12
	任务2　录制企业运动会	6
学习领域5　影视工作室	任务1　跟拍儿童生日宴会全过程	6
	任务2　跟拍新人的婚礼全过程	8
学习领域6　影视传媒企业	任务1　掌握新闻采访摄像	6
	任务2　掌握访谈节目摄像	6
	任务3　掌握电视专题片摄像	8
合　计		98

全书由林蔚任主编，参与编写的还有何曦澜、吴帅宇和王伟。其中学习领域1、学习领域5、学习领域6由林蔚编写；学习领域2由吴帅宇编写；学习领域3由王伟编写；学习领域4由何曦澜编写。

由于作者的经验和水平有限，书中不足或疏漏之处在所难免，恳请各位专家和读者提出宝贵意见和建议。

编　者

目　录

学习领域1

——导学

1. 数字影像的发展历史

自1839年法国人达盖尔发明了银版摄影术起，摄影技术已经有170多年历史，是电影、电视艺术的先驱。摄影术自诞生的那一刻起，就满足了人们记录客观世界、传播人们视觉感受的需求，也满足了人们“眼见为实”的需要。传统摄影中，先通过相机镜头“看”到的真实影像经过“感光”化学反应之后记录在胶片上，然后再通过暗房冲印得到照片。但在当时，胶片的颗粒感以及底片冲印工艺的复杂，导致了影像质量的不可控性。

1990年，世界第一架柯达数码相机问世，这也是世界上首次确定了数码相机的一般模式。该相机采用性能先进的光电转换器件CCD（光耦合器件）或CMOS（互补金属氧化物半导体）来代替传统相机中的胶片，同时，由数码相机记录的影像质量已达到甚至超过了传统胶片的成像质量。再加上存储量大，使用方便，数码相机一经推出就备受追捧，数字摄影技术也因此获得了空前的发展。随着CCD的像素不断增加、相机功能的不断完善，数码相机的操作越来越简单，如今，各类数码摄影摄像工具早已成了人们生活中的必需品。

数码相机存在以下优点。

1）拍照之后可以立即看到图片，对不满意的作品可以立刻进行重拍，减少了遗憾的发生。

2）无须冲洗所有图像，不需要的照片可以删除。

3）色彩还原和色彩范围不再依赖胶卷的质量。

4）感光度不再因胶卷而固定，光电转换芯片能提供多种感光度选择。

5）机身体积小巧，拍摄模式丰富，功能人性化。

6）可以拍摄视频。

伴随着数字技术在摄影领域的全面运用，数字技术的应用不再仅仅停留在静态影像的拍摄上。动态影像记录仪也经历了从模拟到数字、从标清到高清的发展过程。1995年，索尼公司公布了第一台数码摄像机（Digital Video Camera）DCR-VX1000，成为了便携式数字摄像机的先锋。2003年，索尼、佳能、夏普和JVC四大厂商联合制定了“高清摄像标准HDV”。2004年，索尼发布了全球第一部民用高清数码摄像机Handycam HDR-FXIE，从此拉开了高清数码摄像机向民用普及的序幕。

数码摄像机存在以下优点。

1）超高解像度，画面清晰。

2）高保真音质。

3）体积小巧精致。

4）数字影像可无限次进行无损伤翻录。

5）高清晰彩色液晶屏，能及时展现摄录效果。

6）具有数字照相功能。

7）信息数字化处理，方便存储和后期剪接。

2. 数码相机的基本介绍

(1) 数码相机的种类

数码相机大致可以分为家用级、专业级两种。

家用级数码相机以民用为主，售价相对较低，常见款式如图1-1所示。家用级数码相机的镜头和机身不可分离，整体结构紧凑，外形小巧，便于携带，使用人群多为非专业人士，但其手动功能较少，参数调整主要由内部电路自动完成，操作较为简单。

图1-1　家用级数码相机

单镜头反光数码相机通常称为单反相机，如图1-2所示。这类相机采用专业相机机身，光学、机械性能较高，几乎所有参数均可手动调节。同时镜头与机身可分离，可根据拍摄需求更换不同类型的专业镜头。由于光学性能和机械性能优良，并具有高像素和大尺寸的图像传感器，所拍摄的画面质量已达到传统胶片摄影的画质，但售价较高。

图1-2　专业级数码相机

(2) 数码相机的参数

数码相机的参数有很多，主要包括图像传感器尺寸、分辨率、光学变焦、感光度、光学防抖等，其中图像传感器的尺寸和分辨率是衡量数码相机性能的重要指标。

1）传感器尺寸。图像传感器的物理尺寸是划分数码相机等级的重要依据。常见的有1/1.8in、2/3in、APS-C画幅（23.6×15.8mm）、全画幅（36×24mm）等。图像传感器尺寸越大，感光面积越大，成像效果越好。家用级数码相机的图像传感器通常小于2/3in，大尺寸的图像传感器主要用于专业级数码相机，佳能的5D Mark Ⅱ拥有全画幅的图像传感器，相当于135胶卷的尺寸。

2）分辨率。数码相机的分辨率取决于图像传感器上像素的多少，像素多则分辨率高。通常以拍摄画面的水平和垂直方向上的最大像素来表示数码相机的实际分辨率，如2592×1944。同等级别的数码相机分辨率越高，清晰度越高。但分辨率并不是决定画面质量的最重要因素，如1/1.7in的1000万像素相机所拍摄的画面效果通常好于1/2.4in的1200万像素相机，因为后者的图像传感器像素比只有前者的85%。

3）光学变焦。光学变焦（Optical Zoom）是数码相机镜头一个重要参数，数码相机依靠光学镜头的结构来实现变焦，通过镜片移动来放大或缩小被摄景物，镜片向前移动时，焦距变大，镜头视角变小，远处的景物变得更清晰，给人的感觉就好像物体在不断靠近，因此光学变焦倍数越大，能拍摄的景物就越远。家用级数码相机的光学变焦倍数大多在15倍左右，意味着可以清晰地拍摄10m以外的物体。专业级数码相机的光学变焦倍数则取决于所使用的变焦距镜头。

4）感光度。数码相机标识的感光度是根据传统胶片的感光度值等效变换而来的，用ISO表示。它反映了图像传感器的感光速度，是衡量数码相机感光灵敏度的重要指标。感光度越高，对光线的要求就越低，但感光度设置越高，图像传感器的增益越大，画面越容易出现噪点，画面质量越差。因此要慎用感光度。为了得到较高品质的画面，感光度不宜超过ISO 400，目前，数码相机的感光度最低为ISO 50，最高的可达ISO 12800。

参考值

ISO 100：晴朗、明亮的天气

ISO 200：多云、阴冷的天气

ISO 400：室内，夜晚

5）光学防抖。光学防抖包括镜头防抖和CCD防抖。光学防抖并不是让机身不抖动，而是依靠特殊镜头或感光元件，抵消由于抖动造成的画面模糊。

（3）数码相机的基本使用

1）测光。数码相机的测光系统一般是测定被摄对象反射回来的光亮度，也称之为反射式测光。相机自动假设所测光区域的物体都是反光率为18%的灰色（“中级灰”），以此作为测光的基准确定光圈和快门的数值。在同样的光照条件下，光圈值越大，快门值越小；光圈值越小，快门值越大。如果取景画面中白色调居多，那么反射光线将超过18%；如果是全白场景，可以反射大约90%的入射光；如果是黑色场景，可能反射率只有百分之几。当被摄体的反射率不是18%，相机测光系统测量出来的数值就不准确，若直接按此数值曝光，画面的影调和色彩就会出现失真。当背景以白色调为主，例如拍白茫茫的雪原时，测光区域的整体反射率大于18%，这时所拍的照片将会是一张欠“曝”的照片，雪原颜色发灰。当拍摄黑色的背景，例如黑漆漆的煤田时，照片往往会过“曝”，黑色的煤田也会变成灰色。

数码相机的测光模式包括中央重点平均测光、中央部分测光、点测光、多点测光、评价测光。在使用点测光的时候，要注意选择“中级灰”的物体进行测光，如图1-3所示。一般人物的拍摄，点测光应以人物皮肤作参考，被摄人物无论站在茫茫的雪原里还是站在黑漆漆的煤田前，只要对人物的脸部测光，基本都能重现正确的色彩和色调。

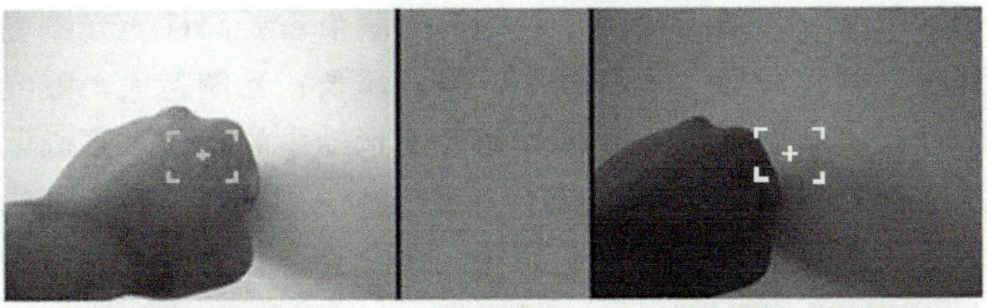

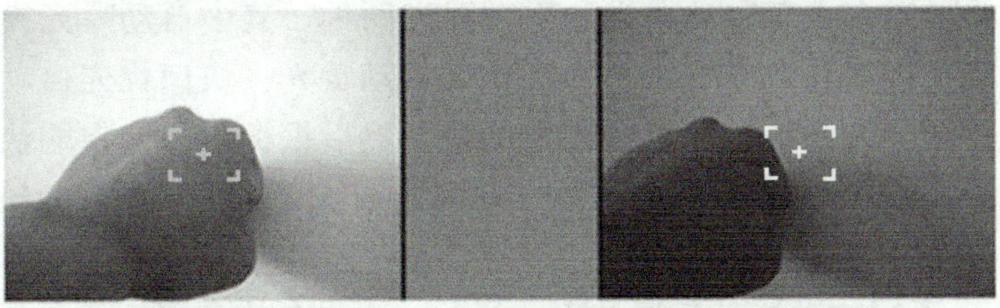

图1-3　选用中级灰的物体进行测光正确还原色彩

2）曝光。快门是相机上控制感光元件有效曝光时间的一种装置，与光圈配合使用，共同控制相机内部感光元件的曝光值。快门是一种让光线在一段时间里照射胶片的装置，也是在镜头前阻挡光线进来的装置。快门速度单位是“秒”，专业135相机的最高快门速度达到1/16000秒。常见的快门速度有：1、1/2、1/4、1/8、1/15、1/30、1/60、1/125、1/250 、1/500、1/1000、1/2000等。相邻两级的快门速度的曝光量相差一倍，即相差一级。如1/60秒比1/125秒的曝光量多一倍，即称1/60秒比1/125秒速度慢一级或低一级。一般来说，快门的时间范围越大越好。拍运动中的物体要用高速快门；当要拍摄夜晚的车水马龙，就要使用慢速快门，常见照片中丝绢般的水流效果也是用慢速快门拍出来的。

光圈是用来控制光线透过镜头进入机身内感光面的光量的装置，它通常在镜头内。通过在镜头内部加入多边形或者圆形，并且面积可变的孔状光栅来达到控制镜头通光量的目的，如图1-4所示。光圈大小用“F”值表示，完整的光圈值系列如下：F1.0、F1.4、F2.0、F2.8、F4.0、F5.6、F8.0、F11、F16、F22、F32、F45、F64。光圈F值越小，通光孔径越大，在同一单位时间内的进光量便越多，而且上一级的进光量刚好是下一级的两倍。例如光圈从F8调整到F5.6，进光量便多一倍，也称光圈开大了一级，且F5.6的通光量是F8的两倍。同理，F2是F8通光量的16倍，从F8调整到F2，光圈开大了四级。

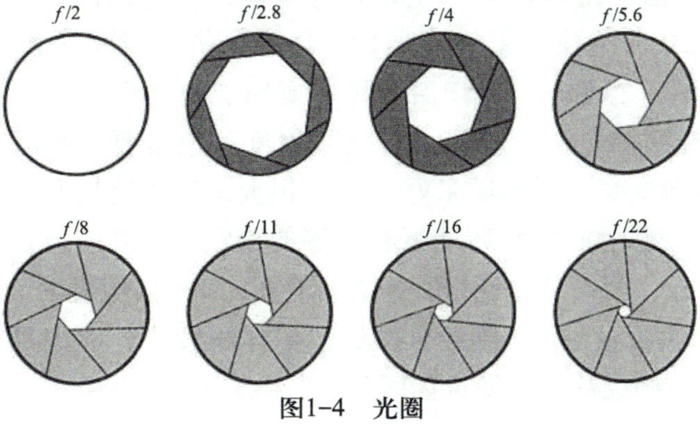

图1-4　光圈

光圈与快门的关系：光圈与快门是照相机的两个重要部件。光圈主要控制景深和曝光量，光圈越大，景深越短，光圈越小，景深越长；光圈越大，曝光量越大，光圈越小，曝光量越小。而快门主要控制曝光量和使运动中的影像“凝固”，快门速度越慢，曝光量越大，速度越快，曝光量越小。快门越快，越能抓住运动物体的瞬间静止状态。通俗地讲，光圈决定镜头开多大的孔，快门决定开多长时间，为了获得准确的曝光需要光圈与快门正确搭配。

数码相机的曝光方式有自动曝光和手动曝光两种，其中自动曝光模式包含以下几种：全自动曝光、程序化自动曝光、光圈优先自动曝光、快门优先自动曝光。快门优先是指由相机自动测光系统计算出曝光量的值，然后根据用户选定的快门速度自动决定用多大的光圈。光圈优先是指由相机自动测光系统计算出曝光量的值，然后根据选定的光圈大小自动决定用多少的快门。

3）白平衡。不同的光源其色温是不一样的，当设备的色彩平衡与景物照明的色温不一致时，照片的色彩还原就会出现偏差，这种因色温不同而在拍摄画面上出现的偏色现象，往往在后期难以校正。因此相机、摄像机上都设有白平衡调节功能，对光源的色温进行校正，使所拍摄画面的色彩能得到真实的还原。一般白平衡调整包括自动和手动两种。手动白平衡常见的模式主要包括日光、钨丝灯、荧光灯、阴天、闪光灯和自定义多种模式，拍摄前根据现场环境选择适当的白平衡模式。

4）对焦。为了获得清晰的画面，拍摄时必须进行对焦，其方式有手动对焦和自动对焦两种。自动对焦方便快捷，数码相机的自动对焦系统会根据被摄体的远、近自动调节镜头的焦距，使之达到对焦准确的目的。使用自动对焦进行拍摄时，通常要将相机的快门按下半程（Half Past），取景器的自动对焦符号会闪动，有声音提示的会发出“嘀”一声，这是相机在自动对焦、测光，这个过程是需要时间的，相机也在运行之中，当相机自动对焦、测光结束后才完全按下快门。

3. 数码摄像机的基本介绍

（1）数码摄像机的种类

1）按照用途分类：广播级、专业级、家用级。

① 广播级摄像机。广播级摄像机主要应用于广播电视领域，图像质量高，水平清晰度达到900线，信噪比为60dB以上，性能全面、稳定，但价格昂贵，体积也比较大。广播级摄像机还分为演播室专用（ESP）摄像机、新闻采访（ENG）摄像机、现场节目制作（EEP）摄像机。ESP摄像机主要用于演播室环境，需要CCU（Central Control Unit中央控制器）配合使用，对照明强度、色温要求较高，采用较大尺寸的成像器件，因而清晰度高、图像质量好，但体积大，价格高达几十万元。ENG摄像机体积小、重量轻，在恶劣的气候环境下有良好的稳定性，具有调试方便，自动化程度高、操控灵活的特点，画面质量比ESP摄像机稍低。EEP摄像机的工作条件介于上述两种摄像机之间，图像质量与ESP摄像机接近，但体积较小，能满足轻便型现场节目制作的需要。常见的广播级数字摄像机如图1-5所示。

图1-5　广播级数字摄像机

② 专业级摄像机。专业级摄像机一般应用在广播电视以外的专业电视领域，如电化教育、文化宣传等，体积小、价格适中，如图1-6所示。其图像质量仅次于广播级摄像机，专业级摄像机紧跟广播级摄像机的发展，更新很快，近几年一些高档专业摄像机在性能指标等很多方面已超过过去的广播级摄像机，有较好品质表现的镜头、CCD的尺寸比较大，只是彩色还原性、自动化程度还略逊一筹。专业级摄像机的水平清晰度一般在500～750线，信噪比低于60dB。

图1-6　专业级摄像机

③ 家用级摄像机。家用级摄像机主要应用在对图像质量要求不高的非专业场合，比如家庭、娱乐等，如图1-7所示。这类摄像机体积小重量轻，便于携带，图像质量和信噪比均低于专业级摄像机，但自动控制功能强大，非专业人员无需手动调整，就能使白平衡、聚焦、光圈、增益等参数自动调整到最佳状态，在要求不高的场合可以用它制作个人家庭的VCD、DVD，操作简单，价格便宜，在发达国家已普遍进入家庭消费。家用级摄像机的水平清晰度一般在500线左右，信噪比在45～55dB之间。

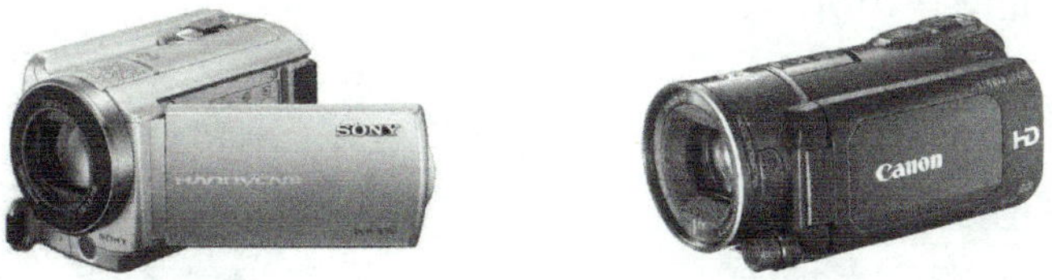

图1-7　家用级摄像机

2）按照存储介质分：磁带式、光盘式、硬盘式、存储卡式。

① 磁带式摄像机。这类摄像机使用金属蒸镀磁带来记录数字音视频信号。磁带种类较多，常见的有HDCAM、MEPG IMX、Digital Betacam、DVCAM、DVCPRO和Mini DV等，如图1-8所示。

图1-8　常见的录像带

② 光盘式摄像机。即DVD数码摄像机，存储介质是采用DVD-R、DVR+R、DVD-RW、DVD+RW来存储动态视频图像，操作简单、携带方便，拍摄中不用担心重叠拍摄，更不用浪费时间去倒带或回放，通过DVD播放器可立刻播放，导入计算机就能进行后期编辑，省去了视频采集的麻烦。该类摄像机是目前所有的介质数码摄像机中安全性、稳定性最高的，既不像磁带DV那样容易损耗，也不像硬盘式DV那样对防震有非常苛刻的要求。常见的光盘式数字摄像机，如图1-9所示。

图1-9　光盘式数字摄像机

③ 硬盘式摄像机。采用硬盘作为存储介质的数码摄像机，2005年由JVC率先推出，用微硬盘作存储介质。大容量硬盘摄像机能够确保长时间拍摄，用户外出拍摄不会有任何后顾之忧。可直接向计算机传输拍摄素材，减少了繁琐的视频采集环节，用户可以轻松体验拍摄、编辑视频影片的乐趣，但硬盘式DV还存在防震性能差等缺点。常见的硬盘式数字摄像机，如图1-10所示。

图1-10　硬盘式数字摄像机

④ 存储卡式摄像机。采用存储卡作为存储介质的数码摄像机，在闪存技术空前发展的今天，存储卡式摄像机不但拥有存取速度快、体积小的特点，还继承了硬盘摄像机拍摄时间长的优点，极大地满足了不同用户的各种需求。如Sony公司于2009年发布

的PMW-EXIR存储卡式摄录一体机，所有数据被记录在一张容量为16GB的SXSTM存储卡上，如图1-11所示。

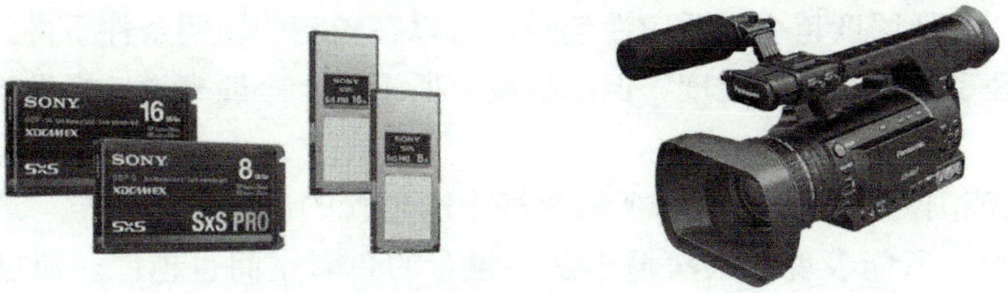

图1-11　存储卡式摄像机

（2）数字摄像机的性能指标

专业数字摄像机是精密、昂贵的设备，其灵敏度、信噪比、清晰度等指标是用户着重考虑的参数。

1）光学变焦。光学变焦是摄像机的一个重要指标，数码摄像机依靠光学镜头结构来实现变焦，通过镜片移动来放大与缩小需要拍摄的景物，光学变焦倍数越大，能拍摄的景物就越远，取景范围越大，可以在不改变拍摄距离的情况下拍到远处人物的远景、全景、中景、近景、特写画面。目前，数字摄像机的光学变焦倍数大多在10～25倍，意味着可以清晰地拍摄50m以外的物体。

2）灵敏度。灵敏度是指在同一照度下，拍摄同一物体，输出信号为额定值的情况下，摄像机所需的光圈指数F。通常以照度为2000lx、色温为3200K、拍摄反射系数为89.9%的灰度卡、信号输出为0.7Vpp时所需的光圈指数F来表示摄像机灵敏度的高低，数字摄像机的灵敏度通常能达到F8.0。灵敏度越高，在同样环境下拍摄的图像越清晰、透彻、层次感分明。目前数字摄像机的最高灵敏度为F12。摄像机的高灵敏度能使景深加深，并能得到满意的聚焦，即使在最快的快门速度下也可以在一定的光线下进行拍摄。从而使摄像机可以适应更广阔的工作环境，给摄像机的拍摄提供了更多的可能性。

3）信噪比。信噪比是指在标准照明条件下，摄像机输出视频信号电压与杂波电压之比，通常用符号S/N来表示，单位为dB。一般摄像机给出的信噪比值均是在AGC关闭时的值，因为当AGC接通时会对微弱信号进行提升，使得噪声电平也相应提高。在显示的画面中表现为不规则的闪烁细点，也就是人们常说的“雪花点”。信噪比越高，画面的信号质量越高。信噪比的典型值为45～55dB，当信噪比为50dB时画面有少量噪声，但画面质量良好；若为60dB时画面质量优良，不出现噪声。目前广播级数字摄像机的信噪比均已超过60dB，最高达到65dB。

4）水平清晰度。水平清晰度又称为水平分解力，是指摄像机拍摄垂直黑白线条时，在标准彩色电视监视器上能准确分辨垂直黑白线条的能力，通常以多少电视线表示。目前，专业级数字摄像机的清晰度通常在500～750线，广播级数字摄像机一般高于750线，最高可达900线。摄像机水平清晰度越高，输出画面越清晰、细腻。但是受后期制作和显示设备的限制，选购时不必一味追求过高的水平清晰度。

5）最低照度。最低照度是应急时或特殊环境条件下能够保证拍摄的最低照度条件，是一种电子处理手段，在最大光圈、最大增益和双像素读出等数字处理技术共同作用下，让画面达到规定值所需的最低照明程度。它与灵敏度一起，决定摄像机可以工作的最暗环境。最低照度越小，适应性越强，可以在较暗的照明条件下得到干净的图像。这种电子处理手段提高了灵敏度，但清晰度有所下降，一般来说，摄像机工作的标准照度是1400lx。

6）动态范围。动态范围表示视频信号中所包含的从“最暗”至“最亮”的范围。动态范围越大，所能表现的层次越丰富，包含的色彩空间也越广。通过对比度控制技术将对比度较高的被摄物再现为对比度适中的图像，从而达到可清晰再现高亮度区图像细节的目的。目前，广播级数字摄像机的动态范围最高可达800%，即把相当于原来亮度800%的高亮度图像压缩在标准视频信号内，等于增大了对比度范围。

（3）数字摄像机的维护与保养

能否正确地维护与保养数字摄像机是衡量一名摄像师是否合格的重要指标之一。为了延长数字摄像机的使用寿命，在维护与保养的过程中必须做到：

1）防强光。千万不要把摄像镜头对着强烈的太阳或其他强光源，因为强光会烧坏摄像管。在日出日落的精彩时刻，或有云层、树叶遮挡住大部分阳光的时候，允许对着太阳进行短时间的拍摄。切勿让太阳光直接射进观景器，因为强光会损害观景器的屏幕。使用灯光照明时，摄像机与灯光应有足够的距离，防止强灯光直接照射在摄像机上。

2）防高温。数码摄像机采用CCD电荷耦合器件，耐高温的能力是有限的，不能用数码摄像机直接对着太阳或者非常强烈的灯光拍摄，否则会在图像上形成严重的垂直拖影，使拍摄质量受到影响，特殊需要或无法避开时也要尽量缩短拍摄时间。数码摄像机长时间曝晒或者受热都会使机壳变形，所以在使用和保存时要注意不要把机器置于强光下曝晒，也不要将机器放在暖气管道或电热设备附近。另外，不要将摄像机遗忘在被太阳晒得炙热的汽车里。如果摄像机不得不晒在太阳下，要用一块有色而且避沙的毛巾或裱有锡箔的遮挡工具来避光。

3）防低温。摄像机只适应在0～40℃之间的温度里工作。在低温环境下拍摄应有防寒措施。可以通过将摄像机藏于口袋的方法让摄像机保持适宜温度，而且要携带备用电池，因为摄像机在低温下可能会停止工作，这就好像在寒冷天气下要给汽车预热一样。当机器从一个冷的地方拿到一个比较暖和的房间时，或者机器工作场所的湿度超过一定值时，磁鼓表面就会因结露而发黏，此时如果开机工作，磁带就会贴在磁鼓上。由于磁带和磁头之间相对高速运动，这时很容易损伤磁头和磁带，并容易造成机器故障。因此需用报纸或塑料袋将摄像机包好，直至摄像机温度升至室内温度时再使用。

4）防水防潮。数码摄像机如果贮存或工作在湿度较大的环境中，不仅容易造成电路故障，而且容易使摄像镜头发霉。视频磁头是个易磨损部件，要定期更换，但视频磁头的寿命除了取决于磁头的材料外，还与使用环境中空气湿度密切相关，空气湿度越大，视频磁头磨损越快。一般情况下，磁头工作在相对湿度为40%时寿命最长，可达到1000小时。在使用中如果不小心溅到水、淋到饮料甚至掉落水里时，应该立即将电源关掉，擦干机身上的水渍，再用橡皮吹球将各部位的细缝喷一次，彻底风干后，再测试摄像机是否已经有故障，千万不要马上开机测试，否则可能造成摄像机电路短路。

5）防震防碰。数码摄像机是一个光电设备，也是一个精密的机械设备，任何震动尤其是剧烈的震动、碰撞都会对设备产生损伤。数码摄像机的任何电子器件和决定成像质量的重要部件受到震动损伤都会严重影响数码摄像机的运行。因此，拍摄时要做到手不离机或机不离身，保证摄像机不会碰撞到硬物或摔伤，不用时最好放回摄像机套或摄影包里。

6）防腐。数码摄像机应当远离化学药品，当在一些化学用品生产厂区或有大量烟尘的地方拍摄时，应当用塑料袋包好，用完以后放在通风处透气。清洁摄像机时不能用酒精、石油醚一类有溶解力的液体，因为它们会腐蚀摄像机的外壳，有损机器外表的完美。

7）防烟避尘。数码摄像机应当工作和贮存在清洁的环境中，减少外界灰尘、污物、油烟等污染。因为油烟、灰尘等落入机器的镜头后就会影响摄像的清晰度并增加调整开关和旋钮的惰性。另外，当磁头与磁带相对高速运动时，落在磁头或磁带上的灰尘会像沙粒一样损伤磁头和磁带。在户外空旷地区，拍摄时风沙会比较多，甚至可能有狂风，由于风沙容易刮伤摄像机的镜头或渗入对焦环等机械装置中并造成损伤，因此除了进行拍摄工作时，应随时用护盖将镜头盖住，在风沙大的地区最好套上摄像机护套。

8）防磁。数码摄像机是光电一体的精密设备，其光电转换部件如CCD、DSP芯片对磁场和电场都很敏感，会影响到这些部件的正常发挥，直接影响到拍摄效果，甚至导致数码摄像机无法操作。摄像机不能靠近有磁力线的物体，如马达、变压器、扬声器、磁铁等，包括收音机、电视机天线也能使摄像机摄取的图像变形，最好也不要靠近。

9）防惰性。要避免连续、持久、固定地对着强光照射下的主体，尤其是明暗反差很强的主体，如夜间的灯光。不然，摄像管的光敏靶将会在该明亮主体的位置上留下“光点”，该光点会使以后拍摄的镜头，尤其是低调子的画面上，总是出现一个“光点”，这就是惰性。如果发生这种情况，应让摄像机“休息”几天，一般可在一周内康复。摄像机长期不用时，也应该每隔6个月至少运行1次，每次通电2～3小时。

10）不使用不合格的电源。不管在什么情况下，都不要使用厂家指定范围以外的外接电源。如果使用便携式充电电池，必须使用符合摄像机供电标准的合格厂商的电池，条件允许的话最好使用原厂原装电池，以免烧毁摄像机而造成无可挽回的损失。摄像机发生故障时，不擅自拆装，不要自行修理，应将摄像机送到厂家指定的维修站进行维修。

4. 一名优秀的摄影师、摄像师必备的素质

（1）熟练使用手中的设备

从事数码影像拍摄行业的从业员首先要了解数码影像设备的性能、特点和技术指标，熟练使用各种数码影像拍摄器材及设备，能根据环境及制作要求，正确选择拍摄设备和辅助器材，如相机、摄像机、镜头、脚架、灯具、反光板等，发挥设备器材的最佳效用，懂得相关设备的保养和维护。

（2）练好基本功

构图和用光是数码摄影、摄像的基本功。可以说，构图是摄影的骨架，用光是摄影的血肉，立意是摄影的灵魂。构图作为摄影摄像的第一步，也是最重要的一步，是拍摄者展现自己独特之处的重要手段，立意往往是通过构图的手段来表达和体现的。面对同样的光线，一个司空见惯而被人视而不见的平凡物体或场景，用一个非同寻常的角度去观察、拍摄，往往会得出令人不可思议的效果。从事数字影像拍摄的从业员掌握构图和用光是非常重要的技能。

（3）掌握一种后期制作软件

掌握一种图形处理软件以及一款后期剪辑软件都是非常重要的，这种技能可以帮助自己更好地控制作品。一幅优秀的摄影作品需要前期优秀的拍摄技术和后期的处理技术，传统的摄影通过暗房技术对照片进行后期处理，如今的数字暗房是利用图形图像处理软件进行修图，学习图形图像后期处理软件非常必要。

影视制作行业要求摄像师拥有良好的编辑意识，在领会导演意图的前提下，围绕主题，形成自己的思维，主动寻找和观察周围与片子主题相关的内容，及时、准确地拍摄下来。在完成一组镜头的拍摄后，要注意运用合理的画面完成场景转换，为后期制作创造良好的条件。这些编辑意识要通过摄像师亲自参与后期剪辑才能积累下来，掌握后期剪辑软件是摄像师培养编辑意识的基础。

（4）勤于练习

除了阅读摄影书籍、浏览摄影网站外，真正地拿起器材去拍摄是唯一的提高途径。只有不断地练习，才能创作出独一无二的作品，才能在作品中感受、领悟、总结和提高。

（5）多观察、勤思考

艺术水平很少会在与世隔绝的环境中提高，他人优秀的作品是帮助你形成自己风格和提高技巧的关键。大量地观摩别人的作品，思考他们是如何在作品中创作的，以及你如何能够重现这种效果，从而通过模仿、练习、触类旁通，提高自己的创作水平。

（6）勇于创新

创新是艺术的生命之所在，摄影艺术需要观念与手法、形式与内容的突破和创新，需要摄影者大胆开拓。但创新并不表示排斥永恒的题材，大自然的山川河流，风、雨、雷、电，人生的爱与憎、喜与悲等，都是艺术创作永恒的题材，只要挖掘得深、有新意就可再创造、再表现。同样拍摄天空的晚霞，但是在立意、色彩、构图或影调某一方面有所突破就是创新，如图1-12所示。

图1-12　立意与创新

学习领域2——生活摄影

任务1　掌握花卉摄影

任务情境

小钟是一位摄影爱好者，每年的春季，他都喜欢背着摄影器材来到城市或者郊外公园拍摄各种花卉。最近，小钟的朋友小宇迷上了摄影，与小钟相约一起出外踏青，拍摄美丽的花卉作品，小钟该怎么教会徒弟小宇拍摄花卉呢？

任务分析

三月春来，各地花开，居家出游踏青赏花是一件赏心悦目的事情，春意盎然、百花盛开的美好景色“谋杀”了很多相机快门。花卉摄影是以花卉为主要创作题材和摄影对象的摄影类别，花卉摄影的对象指天然的与人工培植的盆景花卉为主的静物以及花鸟虫鱼等。花卉摄影与风景摄影、人像摄影一样，已经成为一个单独的门类。

花卉摄影在技法上有许多特殊的要求，如取材、用光、构图、背景、色彩表现等都要适合花卉摄影的特殊要求和效果。同时，需要较多地使用微距、近摄等拍摄手段，才能拍摄出艺术性较高的作品。

花卉摄影的对象均为静物，很适合初学者进行拍摄学习，是摄影类别当中比较容易入门的类别。下面小钟将以一位摄影爱好者的身份告诉小宇，如何创作出优秀的花卉摄影作品。

任务实施

1. 花卉拍摄的镜头选择

在众多镜头里，初学者可以选择一款中长焦镜头，方便远距离抓拍，同时长焦镜头能很好地虚化背景，可以突出画面主体。另外还需再准备一款微距镜头，方便近距离抓拍微小昆虫、花朵表面的花蕾纹理等。

2. 花卉拍摄的手法

花卉摄影构图最基本的要求是突出主题，造型优美。具体地讲，花卉拍摄是由色彩、成像、影调、层次、线条、虚实等综合组成的统一体。不同的花卉，有不同的品格和风韵，同一种花卉也可以表达不同的格调与心情。常用的花卉拍摄手法有：

（1）九宫格构图和中央构图

如图2-1、图2-2所示的两幅荷花作品均采用最基本的构图方式进行表现。“九宫格”构图就是在一个标准画幅中以3:3:3的比例打一井字，画幅就出现了九个格，这就叫“九宫格”。在九宫格中有四个交叉点，当图形置于这四个点位上时最易引起观众的注意力，如图2-1是在九宫格构图的左上点位置实现画面构图。如果将九宫格的中间一格作为摆放被摄主体的位置就叫中央构图法，中央构图方式，如图2-2所示，把作为主体的荷花安排在画面的中央位置。

图2-1 九宫格构图

图2-2 中央构图

（2）色彩对比

当拍摄一片红花中的某一朵时，往往主体表现不够突出。俗话说“红花还需绿叶配”，最好能找出与主体有颜色对比的背景作为陪衬，效果才会显现出来。如图2-3就是红色花朵为主体，绿色为背景的例子。

图2-3 色彩对比

（3）虚实对比

为了突出主体，花卉摄影经常用长焦大光圈镜头进行拍摄，目的是为了得到很好地虚化背景，让主体以外的花朵绿叶都虚化并作为背景来衬托主体，为画面增添一定的环境氛围，如图2-4所示。

图2-4 虚实对比

（4）拍摄角度

角度是指拍摄时照相机与花卉两点之间的直线同平视线或垂直线相关联所构成的角度。俯拍，仰拍，偏左偏右拍，都会形成高低左右不同的摄影角度。一般来说，花朵的拍摄多用俯拍，由于花的向阳特性，要捕捉花的全貌，俯拍是较好的角度。但这并不是一成不变的，摄影者可以尝试多种角度，对比不同的效果，方可有所创新有所突破。仰拍可以以湛蓝的天空作为背景，颜色有对比的同时可以突出花的朝气蓬勃，充满生机的感觉，如图2-5所示。

图2-5 仰拍

3. 花卉拍摄的用光

花卉摄影大多采用自然光，因此对拍摄的时间非常讲究，但太阳在一天当中的光照强度和角度变化很大，直接影响花卉的拍摄效果。一般来说，最好选择日出后两个小时的时间来拍摄，由于早晨的花卉吸收了一夜的营养并沐浴了早晨的太阳，其色泽鲜艳，质地更加娇嫩，拍摄效果最佳。一般不要选择中午时分拍摄花卉，这是由于中午的光照角度与地面几乎垂直，光线大部分投射在花卉的顶部，正面受光少，造成画面反差大，缺乏层次，花卉色彩还原效果差。

从采光的角度上来分析，自然光的采光角度划分为五种：正面光、侧光、逆光、顶光和散射光。

采用正面光拍摄，光在画面中分布较大，花卉受光面均匀，但缺点是花卉缺乏立体感和层次感，影调平淡。若拍摄黑白照片，效果更差，因为黑白照片的画面效果，全靠影调的明暗，即黑、白、灰各种不同的层次来表现。

运用侧光（前侧光或后侧光）来拍摄花卉是最理想，也是最常用的摄影用光。这种采光对花卉光照造型效果好，立体感强，层次分明，阴影和反差适度，色彩明度和饱和度对比和谐适中。

顶光拍摄应避免运用，道理如同不选择中午时分拍摄花卉是一样的。

运用逆光摄影，光线从后面照射物体，能够勾画出清晰的花卉轮廓线，光的造型效果好，如果花瓣质地较薄，会使之呈现透明或半透明状，更细腻地表现出花的质感、层次和瓣片的纹理。运用这种光源，特别要注意花卉正面必须进行补光及选用较暗的背景衬托，才能更突出地表现花卉形象。

运用散射光拍摄也是较为理想的光源，它运用灵活，不受光源的方向性局限，受光面均匀，影调柔和，反差适中。如果选择雨后的散射光拍摄会使花卉显得非常清新，色彩饱和艳丽。

4. 花卉拍摄的技巧

花卉是摄影的永恒主题。拍好花卉的关键在于善于运用光影、色彩、景深、构图、背景突出主体，这五个要素既独立存在又相互融合不可分割，共同支持着一幅作品。

（1）光影

光影的运用是很难完全驾驭的，但初学者应掌握基本的光影运用法则。在自然光线条件下，正面光能够将花卉拍摄得较为清晰，各部分受光较为均匀，但弱点是缺乏层次，影调不分明，丧失花卉的美感。侧光是最好的花卉摄影用光，侧光以及斜射光线下的花卉，色彩清晰，层次分明，影调明朗，反差适中。散射光柔和细致，反差小，能把花卉的纹理和质感表现出来，比如在春天和夏天的早上大约6～9点、傍晚4～6点，柔和的自然光环境下拍摄花卉，可以获得明暗过渡更加自然的花卉照片。逆光能勾画出清晰的花卉轮廓线，光的造型效果好，而且可以隐藏杂乱的背景。如图2-6所示，逆光使菊花瓣有透光效果，显得晶莹剔透。暗背景利于表现花瓣优美的形态。此外，还可以利用正午强烈的阳光拍摄反差特别大的花卉照片，从而更加突出主体。如图2-7所示，在正午时分，利用照射在荷花上的一束阳光，让画面的明暗对比更加强烈。

图2-6　菊花

图2-7　荷花

为了表现花海无边的美景，可以采用顺光拍摄的方式。顺光条件下拍摄大片的花田，可以有较好的花色表现，既不会有太强的反差，色彩又足够明快。要表现花田的层次感时，可以采用侧光、斜射光的方式拍摄，因为在这两种光线条件下，花田的受光部位和阴影都表现出来，可以增加画面的层次和立体感。早晚拍摄大片花田时，通常不能使用逆光手法，因为如果控制不好，将会使得任何色彩的花色都偏红或是橙红。使用斜射光能使简单的画面显得非常有深度，意境悠远。

（2）色彩

色彩是花卉彩色摄影取材立意的先决条件，选定了花色后，就要考虑与主体相配合的景物色彩，这叫做构图中的色彩配合。画面上最好既有一个基调又有各色之间的细微对比与协调。花卉作品的色调要和谐，不能杂乱无章，每种花卉都有自己的色彩特点，根据不同的主题、不同的光线条件和不同的背景确定自己要采用的色调。利用湛蓝的天空把粉红的花朵映衬得更娇艳，突出被摄主体，如图2-8所示。

拍摄花卉时，主体颜色与背景颜色之间的相互作用和影响，会给人不一样的视觉感受，和谐的色彩搭配让人赏心悦目，对比强烈的色彩配置则会使主题更加突出。在实践中，花卉配色的原则如下：

1）对比色的配置。所谓对比色即色别不同、并列时能形成鲜明对比的成对色，如红绿蓝三元色对比，色彩鲜艳、醒目，颜色跳动感强，如图2-8所示。这是因为红与青、绿与品红、蓝与黄等互为补色的对比，因彼此间很少含有对方成分，在视觉效果上表现出强烈的色彩差别，颜色对比显得更加艳丽、鲜明，如“红花配绿叶”的色彩搭配就是用不同色别的成对色形成的动人色彩效果。按照光谱排列的色别顺序，如红与橙、橙与黄、黄与绿、绿与青等相邻色对比，色彩过渡自然、调和，但要注意相邻色的明度不能太接近，以免彼此相溶，浑浊不清。

2）同种色的配置。拍花卉一般不用与主体颜色相同的背景，不利于突出主体。但把握好同种色在明度和纯度上的差别，比如绿有深绿、浅绿之分，蓝有深蓝、浅蓝之别，同时红色，其纯度高低也不尽相同等。借助这些差别，选择与花卉相同颜色的背景，往往能取得意想不到的效果，如图2-9所示。此外，利用枝叶或花瓣上的其他颜色把主题与背景分别开，也是不错的选择。

图2-8　色彩配搭衬托主体

图2-9　同种色的配置

（3）小景深

小景深也就是一般所说的虚化背景，它可以轻松地突出花这个主体，让画面更有层次。景深与镜头使用光圈、镜头焦距以及拍摄距离有关，假定其他条件都不改变，它们之间的关系为：光圈越大，景深越小，光圈越小，景深越大；镜头焦距越长，景深越小，焦距越短，景深越大；距离越远，景深越大，距离越近，景深越小。因此使用大光圈、长焦、近距离拍摄是实现小景深的前提，建议使用数码相机的微距功能或使用微距镜头或长焦镜头。

拍摄大片的花卉时，把焦点对到要重点突出的部分，如图2-10a所示。拍摄花卉特写时，最好把焦点对准引人注目的花蕊上，使它成为画面的兴趣中心，如图2-10b所示。

a)

b)

图2-10　正确选择焦点

景深的控制：在拍大片花卉时可适当减小光圈增大景深。拍摄花卉特写时，最好能预视景深，根据花卉的大小实际控制好景深。虽然小景深能虚化背景突出主体，但并不意味着要一味地追求小景深，因为光圈开得太大，景深变得太小，主体不清晰；光圈开得太小，景深变得太大，背景虚化不到位。选择画面的前景模糊还是后景模糊也是至关重要的，前景模糊能增加气氛渲染，使画面富于情调；后景模糊能突出主体，使背景显得干净利落。

（4）构图

在摄影的所有题材中，花卉摄影是对构图的要求最高的题材之一。花卉摄影的构图要求主体突出，造型优美，构思新颖。因此，花卉摄影的构图目的是使主题思想通过选择对象，运用各种造型手段获得真实、生动、完美的形象及富有韵味的意境。不同的花卉有着不同的品格和风韵，如玫瑰的高洁，荷花的纯贞，兰花之幽雅，菊花之清芬等都应采用不同的构图手段和表现形式，表现出花卉各自的品格和特点。

构图有方法但无定法，常用的构图法有以下几种：

1）九宫格构图法。九宫格是摄影中永恒不变的定律，把要表达的主体放到图片的1/3处，就好比把整个图片分成9个相同的长方形，每4个长方形顶点的交点是图片的视觉中心，如图2-11所示。

图2-11　九宫格构图法

2）对比色构图法。在花卉构图中，要充分利用大自然提供的色彩差，尤其是红绿色差来提高图片的可观赏性，如图2-12所示。但要注意，这种色差一定要呈现非横竖性，也就是可以是斜的也可以是曲线，但不能横平竖直，否则会太呆板。

图2-12　对比色构图法

3）平行线构图法。在植物中，很多花卉的枝干俊俏挺拔，要想表现这种花卉，可以选取具有平行线的部分进行构图，如图2-13所示。注意平行线可以是竖的，也可以是斜的，尽量不要横放，否则就给人一种不自然的感觉。

4）对称构图法。以中央为界两侧图形对应相同的构图法则为对称式平衡构图，简称对称构图法，如图2-14所示。

图2-13　平行线构图法

图2-14　对称构图法

5）非对称性平衡构图法。如果是在两侧的对应位置上各摆放一个图形，不管是同质图形还是非同质图形，均称作非对称性平衡构图，现一般简称为平衡法构图。如图2-15中，石榴花与石榴果之间就是非对称平衡关系。

6）对角线构图法。对角线构图是花卉摄影最常使用的构图方法之一，如图2-16所示。

7）向心式构图法。向心式构图就是画面中的所有线条都向中心汇聚起来，将观赏者的视线引到中心汇聚点上，如图2-17所示。由于透视关系，画面上往往会出现汇聚线，特别是广阔画面与相机成直行线的景物，汇聚线在画面中更为明显。线条汇聚的中心是最引人注目的位置也是照片的视觉中心。

图2-15　非对称性平衡构图

图2-16　对角线构图

图2-17　向心式构图

8）放射线构图法。放射线构图法主要通过向上下左右延伸开来的对象形态来表现一种开放性和力量感，如图2-18所示。

9）曲线构图法。曲线构图法在风光摄影中适于表现道路、河流，而在花卉摄影中适于表现弯枝花卉与藤蔓植物，给人以优美稳定的感觉，如图2-19所示。

图2-18　放射线构图

图2-19　曲线构图

（5）背景

背景的处理是决定花卉摄影作品好坏的重要因素。背景在花卉摄影构图上，起着陪衬和烘托主题作用，拍摄彩色照片尤其重要。背景在画面上不是被摄的主要对象，但它在画面上占较大的面积，越是简练的构图，背景所占的面积就越大。背景的处理方法多种多样，主要分为两类。第一类是利用自然条件选择背景因势利导、就地取材。在自然景物中，如天空、地面、草丛、湖水、树林等，都可以选作背景，例如拍摄一幅以荷花为题材的特写画面，背景就可以多样变化。仰拍可用蓝天作背景；俯拍可以用水光倒影作背景；平拍或斜拍可衬以莲叶作背景；如果把荷花推远到中景，以莲叶和湖光山色为背景，得出的效果各自不同。第二类是人工布置背景，用彩色纸或彩色布衬托到花卉背景后，但背景的颜色不宜过鲜、过浅，一般采用较深暗，有时因效果需要也可以用浅色调来处理，但应含有较多的灰色，否则喧宾夺主，背景色显得太刺眼，会破坏主体和画面的整体化。

还有许多作品是画面中仅有花卉的花枝或花瓣，而没有明显的背景景物，背景完全曝光不足形成了纯黑界面，如图2-20所示。这样可以使画面显得非常简洁，作为主体的花非常突出，并且最为重要的是能够表现出彩色花卉的花瓣线条形态。拍摄这种效果的花卉，通常情况下的做法是摄影者多观察几个拍摄角度，为花卉寻找一个较暗的背景，然后对花卉上较亮的位置进行点测光，这样画面中原本较暗的背景就会曝光不足。

图2-20　腊梅花

任务评价

请根据表2-1中的内容对任务完成情况进行质量评价。

表2-1　任务评价表

任　务	评 价 指 标	具体实施的情况
前期准备	镜头挑选是否合适	
	是否准备了遮光罩快门线等小配件	
	是否准备了三脚架	
拍摄阶段	白平衡调节是否正确	
	构图是否恰当	
	用光是否正确	
	背景处理得是否恰当	
	景深控制是否恰当	
	根据景深控制光圈	
	曝光是否准确	
	是否需要曝光补偿	

必备知识

1．光学镜头

懂得在何种环境下选择什么样的镜头是一名摄影师必备的一种基本技能。要掌握这种技能，必须要读懂镜头的参数，这是一个必要前提。市面上镜头琳琅满目，不同的商家有不同的标示和简称，本项目以佳能（Canon）EF24-70mm F/2.8L USM标准变焦镜头为例进行讲述，如图2-21所示。

图2-21　佳能标准变焦镜头

（1）光学镜头的参数识别

不同的厂家会用不同的英文缩写和数字来表明镜头的一些参数，那么佳能（Canon）EF24-70mm F/2.8L USM所表示的镜头数据是多少呢？这几组参数表示的含义如下：

EF——Electro-Focus的缩写，意为电子对焦，表示EOS原产镜头的系列名称和佳能

EOS相机的卡口名称。

24-70mm——该镜头的焦距范围，镜头可以在24～70mm焦距范围内变焦。

F/2.8——该镜头最大的光圈值为2.8，光圈是控制拍摄时进入相机感光面光量的部件，它位于镜头内部，由一组叶片组成，可以伸缩以控制进光量。F后面的数值越小，进光量越大。

L——Luxury的缩写，意为奢侈，这种镜头的标志是镜头前端的红色标线，该种镜头属于佳能的高档专业镜头。

USM——Ultrasonic Motor的缩写，意为超声波马达，是指该镜头使用的对焦马达类型，能实现高速安静的自动对焦。

（2）光学镜头的特性参数

光学镜头是仿照人的视觉器官制造的，其成像原理与人的视觉器官相类似，人眼瞳孔后的晶体把物体反射过来的光线于视网膜上聚焦成像，镜头就等于瞳孔后的晶体。

镜头的光学特性是指由其光学构造所形成的物理性能，由焦距、视场角和相对孔径三个参数组成。任何一种光学镜头都可以用这三个技术参数来表示和区分它们的差别及其好坏。

1）焦距。镜头可以看做是一块或一组中间厚边缘薄的凸透镜，一束平行光通过镜头时，在光轴上汇聚一点，称为焦点。焦点到镜头中心的距离就是我们所称的焦距，以毫米（mm）为单位，如图2-22所示。焦距也称作焦点距离，焦距是光学镜头的重要性能指标之一。不同焦距值的光学镜头其性能也不同，它决定镜头的视角大小、拍摄范围、透视程度和景深范围等。

镜头焦距的长短与被摄物体在CCD上的成像成正比。如果在同一距离上对同一被摄对象进行拍摄，焦距越长成像面积越大，反之成像面积越小。一般把焦距与影像平面对角线接近或相等的镜头成为标准镜头，标准镜头焦距通常为25mm，焦距大于影像平面对角线的镜头叫长焦镜头，反之为广角镜头。

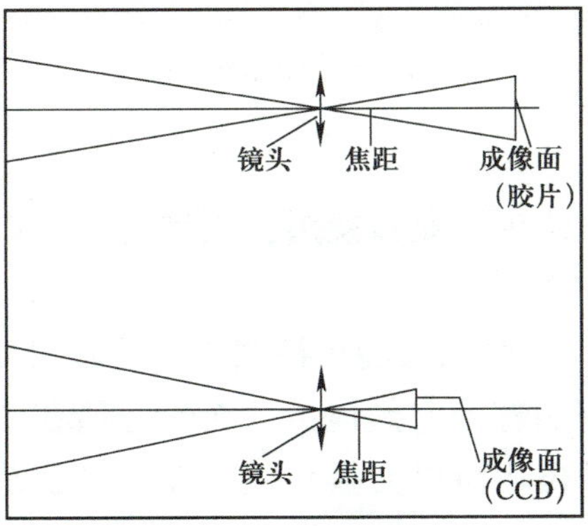

图2-22　焦距示意图

2）视场角。在现实生活中，人眼观察景物是有一定视野范围的。只有当物体处在人的视野范围内我们才能清晰地看到它们。同理，镜头的视场角反映了镜头记录景物范围的开阔程度。镜头视场角与被摄对象在画面中的成像效果成反比，镜头视场角越大，景物成像越小，视野越开阔；反之，镜头视场角越小被拍摄物体成像越大，画面的视野越小。

在同一距离上对同一被拍摄对象进行拍摄时，使用不同的焦距会改变景物在画面中的面积和背景范围，其实只是改变了镜头视场角。镜头的焦距越长，视场角越小；焦距越短，镜头视场角越大。标准镜头的视场角应为45°；广角镜头的视场角大于60°，为60°～130°；超广角镜头的视角为130°～180°；长焦镜头视场角一般小于40°。

3）光圈。镜头的光圈是决定镜头透光能力的重要因素。光圈是指镜头的入射光孔直径（D）与镜头焦距（f）的比值，即相对孔径。镜头的孔径越大透光能力越强，从而使同一被摄体能投射到成像平面处的最大照度也越大，在低照度下，即较暗环境下拍摄非常有利。

相对孔径的倒数称为光圈系数，一般被标刻在镜头的光圈环上，常见的有1.4、2、2.8、4、5.6、8、11、16、22等，如图2-23所示。开大光圈实际上就是从光圈调节环上由大F值调向小F值，即减少光圈系数值；缩小光圈则反之，比如从光圈8调到5.6就是开大光圈，通光量增大一倍，曝光量增加一级。大光圈有利于虚化背景，在弱光条件下，依然可以用比较快的快门速度拍摄，保证画面的清晰。

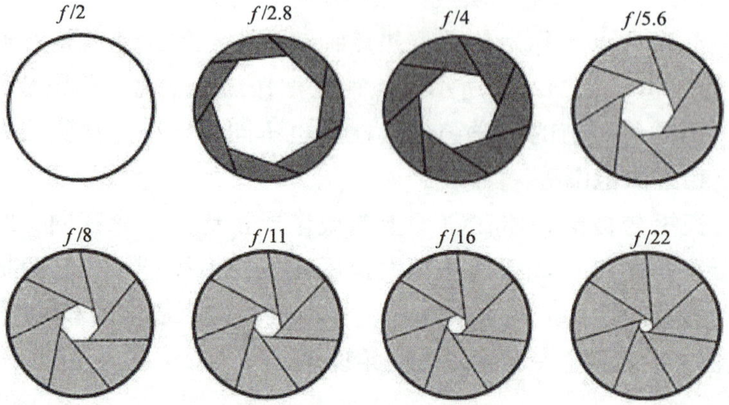

图2-23　光圈的系数

（3）光学镜头的种类

市面上的镜头分为定焦镜头、变焦镜头、长焦镜头、广角镜头、标准镜头、微距镜头等几大类。

1）定焦镜头与变焦镜头。照相机镜头按照焦距是否可变可以分为定焦镜头和变焦镜头两种。焦距值固定不变的称为定焦镜头，而焦距值在一定范围内可连续改变的称为变焦镜头。变焦镜头在拍摄中可以变换焦距、改变景物范围，可产生把对象推远或拉近的效果。

定焦镜头的设计相对变焦镜头而言要简单许多，而且对焦速度和成像质量要更稳定，另外定焦镜头画面细腻，测光准确。常见的定焦镜头有佳能（Canon）EF 50mmf/1.8II标准定焦镜头，表示焦距固定在50mm，最大光圈为1.8，如图2-24所示。

图2-24　佳能标准定焦镜头

定焦镜头的口径都很大，光圈也会比较大，一般光圈都在2.8以上，图2-24所示的镜头光圈达到1.8。这个特点让定焦镜头具备了通光量大的优势，便于在低照度下拍摄，同时大光圈可实现小景深和背景模糊的效果，在静物摄影、人像摄影等摄影领域应用比较多。

但定焦镜头也有自身的缺点，由于焦距的不可变，当需要调整拍摄物体大小时就只能通过移动照相机来实现了。

变焦镜头相对于定焦镜头来说优点十分明显，在拍摄中可以变换焦距，可以随意调节画面中被摄物体的大小，使被拍摄的对象推远或拉近。在一些特殊场地，无法改变与被摄物体的距离时，变焦镜头能把景物拉近或拉远。

2）标准镜头。标准镜头的焦距一般为40～55mm，是所有镜头中最基本的一种摄影镜头。标准镜头的成像很接近人们用眼睛观察事物的感觉，所以经常用于纪实类的拍摄。照片表现出一种很自然的效果，让人有亲近感。常见的纪念照多用标准镜头来拍摄。标准镜头的缺点是拍摄的画面效果十分普通，甚至可以说十分平淡，因此用标准镜头拍出生动的画面非常不容易。

3）广角镜头。广角镜头又称短焦距镜头，是视场角大于60°的镜头，特别在拍摄风景照或者大场景照片时，即需要在镜头中容纳更多的景象时，就需要视角很大的广角镜头。广角镜头具有视角宽景深大的特点，不仅能包容视域更宽的景物而且能够展现纵深方向上更深远的景物。常见的广角镜头有佳能（Canon）EF17-40mm f/4L USM广角变焦镜头，镜头的焦距范围在17～40mm焦距范围内变焦，最大光圈是4，如图2-25所示。

在广角镜头的分类里面，分为广角定焦镜头和广角变焦镜头，由变焦的广角镜头所拍摄的画面，如图2-26所示。广角镜头焦距短、视场角大，近距离拍摄某些物体时，由于镜头会出现几何像差的原因，线条透视效果明显，线条倾斜、变形，具有某种夸张效果。经常用于表现场面的雄伟宏大，或者需要夸大前景和后景距离的拍摄中。如图2-26中夸大的摩托车大小，似乎前轮和后轮的距离相隔很远；图2-27中古老的建筑在镜头下更显得沧桑。广角镜头的这种变形特性经常用于一些艺术创作，甚至用于一些新闻题材的拍摄，如图2-28所示。

图2-25　佳能广角变焦镜头

图2-26　摩托车

图2-27　建筑

图2-28　战争

4）长焦镜头。长焦镜头是指视场角小于40°，焦距大于25mm的镜头。长焦镜头可细分为普通长焦和超长焦镜头两种。常见的普通长焦镜头和超长焦镜头，如图2-29、图2-30所示。

图2-29　佳能EF 70-200mm f/2.8L IS II USM

图2-30　尼康800mm f/5.6

长焦镜头在远距离拍摄风光、人物、体育比赛，或者在野外拍摄动物等都是必不可少的。长焦镜头就好像望远镜，通过改变焦距可以瞬间“拉近”被摄物体，在远距离也能拍摄出被摄主体小景别的画面，这是标准镜头不可比拟的。长焦镜头拍摄出来的效果有种压缩空间的感觉，画面的纵深感和空间感减弱，能缩短前后物体的距离，这和广角镜头拍摄的效果是相反的。

长焦镜头拍摄画面时视场角较窄，拍摄的画面景深较小，便于突出画面主体部分。景深受光圈（F值）、物距（拍摄距离）和镜头焦距三个因素影响，在F值、物距不变的情况下，焦距越长景深越小，景深小产生主体清晰背景模糊的效果，如图2-31所示。长焦镜头的光圈不会很大，焦距越大，如果要得到相同的通光亮，镜头的口径必须很大。

由于长焦距镜头视场角窄、景深小，画面中呈现的景物范围受到前后（景深范围）、左右（视场角）的影响，因而画面中只能表现出较小的空间范围。长焦镜头在拍摄时要注意避免振动而导致的图像模糊，一般可以用三脚架，甚至利用快门线。另外可以采用高速的快门来避免，一般来说，如果用200mm的焦距来拍摄，比较保险的快门时间就要在1/250以上。

5）微距镜头。微距镜头是一种可以非常接近被摄体进行聚焦的镜头，通常都是中等焦距的镜头。有50mm的微距镜头，也有100mm的微距镜头或70～180mm的微距变焦镜头。给镜头赋予微距的名称是因为这种镜头跟一般镜头相比可以聚焦更近的被摄体，形成实物般大小的影像。

常见的微距镜头，有腾龙（Tamron）SP AF 60mm F/2 DiII LD（IF）MACRO1:1定焦微距镜头（佳能卡口）如图2-32所示。

微距镜头和一般镜头相比，它具有更高的最大放大倍率，经常用于拍摄微小物件，比如昆虫类、花卉类等，或者翻拍小画面图片。这种镜头的分辨率很高，色彩还原很好，是一种擅长拍摄花卉和静物，并可拍摄人像、风光等具有很高通用性的常用镜头。

图2-31　小景深

图2-32　定焦微距镜头

微距镜头拍摄的诀窍是聚焦要精确，因为微距照片的清晰焦点范围很小。例如，拍摄花朵上蜜蜂的微距影像，必须确保蜜蜂精确聚焦清晰，如图2-33所示。假设从镜头到蜜蜂的距离变化了哪怕不到1/4in，都会失去清晰焦点。因此在微距拍摄过程中，聚焦是极其考验摄影师耐心的。

图2-33　精细对焦

微距镜头的特点：清晰度、锐度极高；手动对焦行程长，对焦精细；对焦距离很近；大光圈时的景深极浅。

2. 拍摄模式

数码相机常见的拍摄模式包括全自动（AUTO）、程序自动模式（P）、快门优先模式（Tv或S）、光圈优先模式（A或Av）、手动模式（M）以及人像、风光、微距、运动、夜景人像、闪光灯关闭等情景模式等，如图2-34所示。掌握各种拍摄模式的特点，才能轻松自如地拍摄出“完美”的画面。

■ EOS 50D 的曝光模式

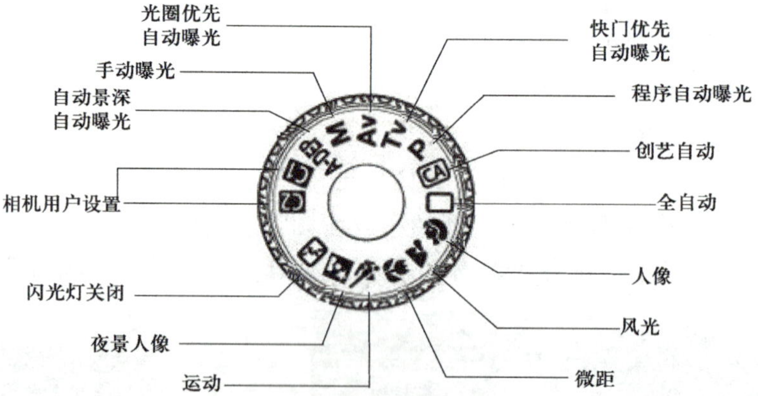

图2-34 EOS 50D数码相机的拍摄模式

（1）AUTO全自动模式

全自动模式完全由相机来确定测光模式、光圈大小、快门速度、ISO值、白平衡、对焦模式以及是否启用闪光灯等各项参数。

（2）P程序自动模式

P模式看似与AUTO模式类似，但实际上P模式中的“自动”仅仅是对光圈大小和快门速度进行自动设置。P模式允许用户调整ISO感光度值、白平衡、曝光补偿等参数，相对于自动模式来说，可操控范围更大，效果也更加完美。该模式适用于日常抓拍、纪念照的摄影。

（3）Av光圈优先模式

光圈优先模式是一种半自动拍摄模式，由用户设定所需的光圈值，相机根据主体的亮度自动设置相应的快门速度。该模式适用于人物、风光、花卉摄影。

（4）Tv快门优先模式

Tv快门优先模式由用户设置快门速度，相机根据主体的亮度自动设置相应的光圈值。该模式适用于运动摄影和动物摄影。

（5）手动模式

手动模式与全自动模式恰恰相反，完全由拍摄者根据需要来决定测光模式、光圈大小、快门速度、ISO值、白平衡、对焦模式等各项参数的设置，因此具有非常大的灵活性，特别适合表现独特的创意。该模式适用于创意拍摄、精确控制曝光、明暗反差大或摄影棚里的摄影。

（6）人像模式

与自动模式相比，人像模式的参数设置采用大光圈，拍摄出主体清晰、背景模糊的人像照片，以凸显人物，使人物更加醒目。画质也被设置为利用照片风格预设对照片色调进行调整，使肌肤质地更加柔和。同时，曝光也相对偏亮，使皮肤显得更加白皙，使人物显得更加健康、更具活力。此外还可以启用连拍功能，有利于抓住人物的瞬间表情。

（7）风光模式

风光模式会自动采用较小的光圈（较大的光圈值），能够对由近及远的大范围景物进行锐利的成像，能够对细节部分进行细致表现，加强了绿色、红色、蓝色的色调，使天空、树木等显得更加鲜艳。无论环境有多暗，内置闪光灯都不会自动闪光。在黄昏等场景下，由于光线不足，可能会因为抖动而虚焦，因此需要三脚架配合拍摄。

（8）运动模式

运动模式综合了适合拍摄高速运动物体的各种功能设置，可用于拍摄各种运动主体，也适于拍摄儿童或宠物。运动模式设置了较高的快门速度和ISO感光度，以凝固瞬间动作。为了更好地捕捉瞬间，抓住最佳拍摄时机，相机自动启用连拍功能。

（9）夜景人像模式

夜景人像模式专门用于在室外微光下或在夜间拍摄人物。闪光灯照亮人物主体，慢速快门获得背景的正确曝光，更好地表现背景中自然的灯光效果，避免背景完全变黑的情况。慢速快门要求人物在按下快门后继续保持不动，直到快门关闭，完成对背景的正确曝光。

（10）微距模式

微距模式用于近拍各种微小的拍摄对象，如花草、昆虫等，它可以放大进而展现大自然中的神奇之处，彰显出惊人的美艳。微距拍摄的光圈基本采用大光圈（较小的光圈值），这样可以强调主体前后的虚化效果，使聚焦部分更加醒目。同时由于手持相机拍摄，ISO感光度被设置为“自动”，这样可以根据光线条件适当调高ISO值，防止手抖而导致画面模糊。内置闪光灯被设置为“可自动闪光”，因此即使光线不佳也可以通过闪光灯补光来获得适当的亮度。

（11）闪光灯关闭模式

虽然启用闪光灯对昏暗场景中的拍摄对象进行布光，是非常方便的功能，但由于拍摄条件和场所不同，例如演奏会、博物馆、海洋馆等，拍摄的时候并不希望闪光灯闪光，这时可以使用闪光灯关闭模式，在弱光环境中，相机会自动提高ISO值，以保证能够清晰拍摄的快门速度。

3. 白平衡

在了解白平衡之前，应先了解一个概念：色温。色温是用来描述光源光辐射特性的表述方法，它所表示的是光源的色彩成分，而不是光源本身的实际温度。其含义是当绝对黑体在某一特定温度的作用下，所辐射出的光与某一光源的光具有相同的性质时，这时的特定温度就被定义为该光源的色温，单位为开尔文（k）。

例如，当黑体受到的热力相当于500℃～550℃时就会变成暗红色，达到1050℃～1150℃时就变成黄色，温度继续升高会呈现蓝色。如在打铁过程中黑色的铁在炉温中逐渐变成红色，就是黑体理论的最好例子。当光源的色温与数码相机或摄像机的平衡色温相同时，画面色彩还原正常；当光源的色温与机器的平衡色温不相同时，画面的色彩还原不正常，这就需要对色温进行校正。

由于人眼具有独特的适应性，因此有时并不能发现色温的变化，但摄像机的CCD并不能像人眼那样具有适应性，当摄像机的色彩平衡与景物照明的色温不一致时就会发生偏色，造成色彩还原出现偏差，调整白平衡是为了让摄像机真实还原眼睛看到的颜色。

如钨丝灯泡发出的光色温为2600～3500k，日光灯的光色温为4000～4500k，日出日落的色温大概为2000k，而中午日光的色温为5500k，通过这几组数据对比，不难发现一个规律：色温越高，光线中的蓝色成分越多；色温越低，光线中的红色成分越多。当光源色温高于摄像机白平衡时，所拍摄的画面色彩偏蓝；光源色温低于摄像机白平衡，所拍摄的画面色彩偏红。

一般单反相机的白平衡调节参数的几种模式，见表2-2。

表2-2 照相机的白平衡调整模式

模　式	色温/k	说　明
自动	3000-7000	由相机自行根据现场测光来调节白平衡，适用于一般场景拍摄，如晴天的户外、光线充足的室内等，如果现场光源色温超过范围，此功能将会失效
日光	5500	可以根据现场光源情况具体选择哪一种模式
阴影	7000	
阴天	6000	
钨丝灯	3200	
白色荧光灯	4000	
闪光灯	6000	当现场光源不足，需要用到闪光灯时，可以调到该模式。否则照片出来的效果颜色会偏蓝偏白。特别是人像摄影时，人物皮肤会比较“苍白”
自定义	2000～10000	可以用一张白色纸充满镜头进行拍摄，然后告诉相机这就是白色
手动	2800～10000	这个模式是很好的训练模式，多用此模式多实践

照相机或摄像机在白平衡调节上一般有自动白平衡、预置、自定义（手动白平衡）几种模式提供给用户选择。拍摄前，摄影师要根据环境、时间及个人需要选择合适的模式调整白平衡，例如：用户在使用暖光灯的室内拍摄，假如选择预置模式，可以选择“钨丝灯”这档进行白平衡调整，也可以用自定义（手动），用一张白色A4纸在现场光线下进行拍摄，使照相机“参照”白纸设置白平衡。

表2-2中很清晰地告诉用户在什么样的外部光源色温的情况下用哪种白平衡模式，目的就是为了得到正确的“白色”。为了让大家更加直观地了解白平衡的设置，我们拍摄了一组对比照片，如图2-35所示。图2-35a为阴天的时候拍摄的室外照片，这张照片原色还原正确，阴天室外光源色温大概为6000k，在阴天模式下，色温高，相机内部的感光元件会抑制蓝色光线的输出，得到正确颜色还原。如果用钨丝灯模式下拍摄就会出现如图2-35b所示这样的效果，钨丝灯模式适合现场光源色温较低的情况拍摄，色

温大概为3000k左右，照片偏蓝，色彩还原就不正确了。

图2-35　白平衡调整

a）选择阴天（多云）模式　b）选择钨丝灯模式

综上所述，由于现场为阴天，色温大约6000k，而调整白平衡的时候选用的钨丝灯色温为3200k，即现场的色温值比白平衡调整模式的色温值要高，照片就会偏蓝色，冷色调。因此要反复地练习，才可以自如地控制照片实际拍摄的效果。

4. 景深

景深是指在聚焦完成后，在焦点前后的范围内都能形成清晰的成像，这一前一后的距离范围便叫做景深。在镜头焦点的前、后有一段一定长度的空间，当被摄物体位于这段空间内，其在底片上的成像恰位于焦点前后这两个弥散圆之间，如图2-36所示，被摄体所在的这段空间的长度就叫景深。

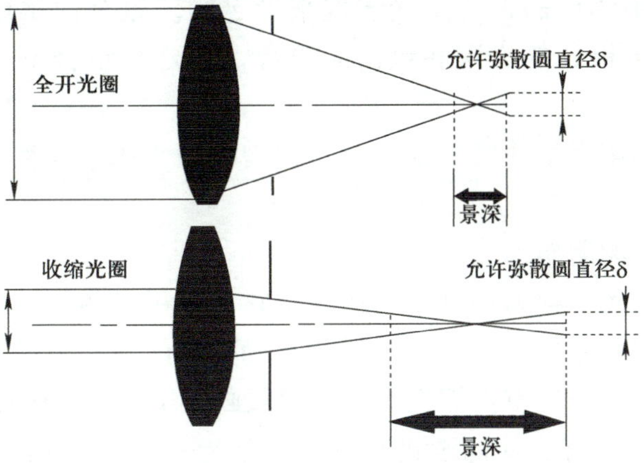

图2-36　景深的大小

景深与镜头使用的光圈、镜头焦距、拍摄距离有关。在其他条件都不改变的情况下，这些主要因素对景深的影响如下。

1）镜头光圈：光圈越大，即光圈值越小，景深越小；光圈越小，即光圈值越大，景深越大。

2）镜头焦距：镜头焦距越长，景深越小；焦距越短，景深越大。

3）拍摄距离：距离越远，景深越大；距离越近，景深越小。

因此，花卉的拍摄多数为小景深照片，焦点前后清晰范围小，主体清晰，背景模糊虚化。但风景照片就需要大景深，因为观众希望看到无限远的景物都要清晰。同样景物的大、小景深的对比，如图2-37所示。

图2-37　大景深与小景深

左图是大景深照片，主体与背景都很清晰；右图为小景深照片，使用了大光圈F1.7，定焦50mm镜头进行拍摄，背景完全虚化，突出了主体。由此可知，景深的大小与拍摄时采用光圈的大小有光，大光圈可以拍摄出小景深，也就是背景虚化的效果。

5．测光

所谓测光就是相机根据入射光线的条件自动确定曝光量，数码相机的测光系统一般是测定对象反射回来的光亮度，也称之为反射式测光。测光的原理是假设测光区域的反射率均为18%，并根据此反射率来给出光圈、快门的组合参数。而18%这个数值是根据自然景物中的中间调的反光表现来设定的。这个似乎比较难理解，其实测光就是为了得到一个最佳的光圈和快门的组合，在这个组合下，物体的明暗能正确地被还原。

但现实生活中环境光线非常复杂，会干扰肉眼测光的准确性，由此数码相机提供了许多测光模式。

（1）中央重点平均测光

中央重点平均测光简称为中央平均测光。它是采用最多的一种测光模式，主要考虑到一般摄影者习惯将拍摄主体也就是需要准确曝光的东西放在取景器的中间，所以画面中央是最重要的。中央重点测光主要是测量画面中央约2/3的位置的长方形或者圆形范围内的亮度，而画面的其他区域为平均测光，一般占画面的20%～30%。中央平均测光将中央部分的测光数据与画面中央以外的测光数据加权平均之后，得到拍摄的相机测光数据。在大多数拍摄情况下中央重点测光是一种非常实用、也是应用最广泛的测光模式，但是如果需要拍摄的主体不在画面的中央或者是在逆光条件下拍摄，中央重点测光就不适用了。

适用拍摄用途：个人旅游照片，特殊风景照片等。

（2）中央部分测光

中央部分测光简称为局部测光。中央部分测光和中央平均测光是两种不同的测光方式，中央部分测光是只对画面中央的一块区域进行测光，测光范围大约是3%～12%进行测光。在一些光线比较复杂的场景，采用中央部分测光可以使拍摄主体准确曝光。当被摄主体与背景有着强烈明暗反差，而且被摄主体所占画面的比例不大时，运用这种测光方式最合适。

适用拍摄用途：特定条件下需要准确的测光及测光范围比较大时。

（3）点测光

中央平均测光虽然可以充分地表现整个画面的光线反应，但是需要精准的小范围物体曝光准确时，中央平均测光范围过大，因此厂商研发出点测光（SPOT）模式。点测光只对很小的区域准确测光，区域外景物的明暗对测光无影响，所以测光精度很高，其用途主要是对远处特定的小区域测光。但掌握这种测光方式要求摄影者对相机的点测特性有一定了解，测光点不同，得到的曝光值也不同，如图2-38所示。例如：点测光在人像拍摄时可以对人物的脸部或眼睛进行测光以获得准确的曝光。错误的测光点所拍出来的画面不是过曝就是欠曝，造成严重的曝光误差。

适用拍摄用途：舞台摄影，个人艺术照，新闻特写照片等。

图2-38　点测光

（4）多点测光

多点测光是通过对景物不同位置的亮度，通过闪光灯补偿等办法，达到最佳的摄影效果，特别适合拍摄背光物体。首先，用户要对背景测光，一般对光源物体进行测光，然后进行AE锁定；第二步是对背光景物进行测光，大部分相机都会自动分析，并用闪光灯为背光物体进行补光。多点测光可以测定多个不同点上的亮度，根据这些点的平均值计算出最后的曝光量。在拍摄多个对象时，可以采用多点测光，甚至可以每个拍摄对象都进行一次测光。

适合拍摄用途：多点测光适用于高对比度、复杂的光线环境、多拍摄对象等特殊场合。

（5）评价测光

评价测光方式又称分割测光，是一种比较新的测光技术，最早由尼康（Nikon）公司率先开发。评价测光将取景画面分割为若干个测光区域，每个区域独立测光后再整合加权计算出一个整体的曝光值，这样照片不会出现某个区域过曝或者过暗，即使不熟悉测光的人用这种模式也能够得到曝光比较准确的照片。这种模式更加适合于大场景的照片，例如风景、团体合影等，在拍摄光源比较正、光照比较均匀的场景时效果最好，目前已经成为许多摄影师和摄影爱好者最常用的测光方式。

适用拍摄用途：团体照片，家庭合影，一般的风景照片等。

点测光、中央平均测光、评价测光这三种测光方式的比较，如图2-39所示。

a)　　b)　　c)

图2-39　三种测光方式的比较

a）点测光　b）中央平均测光　c）评价测光

6．微距拍摄

微距摄影一般指拍摄比物体正常尺寸要大的图像，即图像大小与实物大小的比例超过1:1，如树上蠕动的爬虫，花间采蜜的蝴蝶，层次丰富、背景虚化的小花等。传统相机镜头的焦距较长，要较好地实现微距拍照，需要配备微距镜头、三脚架等附件。而微距摄影是数码相机的特长之一，许多数码相机都配置了微距、甚至超微距功能，如图2-40所示。在拍摄一些细小的东西，如水滴、珠宝、花鸟、鱼虫等方面有着巨大的优势。

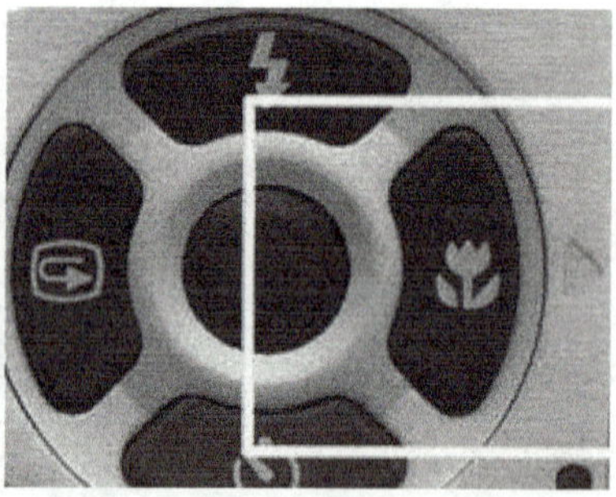

图2-40　微距功能

在微距摄影过程中，要注意灵活把握好光圈、焦点、景深及光线等影响照片效果的几个重要因素之间的关系。

（1）焦点与聚焦

不同焦点的选择能营造出不同的图像效果。微距模式下，对小昆虫一类的主体拍摄，焦点的选择应该落在昆虫的眼睛上。眼睛是生命的灵气所在，拍得越清晰越好，尤其是像蜜蜂、小青虫和蚂蚁这样微小的生物，更要重视对眼睛的表达。

拍摄微距照片的诀窍就是聚焦要精确。因为微距照片的清晰焦点范围很小，例如，拍摄花朵上蜜蜂的微距影像，必须确保蜜蜂精确聚焦清晰。假设从镜头到蜜蜂的距离变化了哪怕不到1cm，都会失去清晰焦点。正确的对焦方法是：先粗略对焦，再构图，再精确对焦。保持快门的半按状态，在焦点对准以后再从容地按动快门，为了避免相机抖动而导致拍摄出的照片虚焦，脚架是最佳的固定相机方式。

（2）聚焦与景深

景深在微距摄影中往往是成败的关键。由于微距拍摄时镜头距景物很近，所以景深一般都很浅，背景都几乎看不清楚。但有时为强调画面效果，需要适当加强景深，因此要特别注意聚焦与景深的调整。景深一般取决于三个因素：

1）光圈大小。在焦距不变的情况下，光圈越大景深越浅，光圈越小景深越深。为了展示花鸟鱼虫细节方面的微距拍摄，纵向增加主体的清晰度，一般适宜用较大的光圈值以加深景深。

2）镜头和景物的距离。距离越远景深越深，距离越近景深越浅。拍摄时最好把要拍摄的主题都能放到同一个与镜头轴向垂直的平面里，否则会有一部分主题可能不够锐利。如果条件允许，可以配置一枚广角镜头，这样不仅可以增加景深，而且可以让你更靠近景物。

3）焦距。焦距越大景深越浅，焦距越小景深越深。不同的光圈和焦距的组合可以产生不同的景深。学会合理地利用光圈和焦距的组合，既能虚化背景又能保证主体清晰。

（3）曝光和背景

由于微距拍摄的物品一般都是很小的，占很小部分篇幅，曝光程序很可能被背景误导，造成曝光过度或曝光不足，这时就要用到曝光补偿进行调整，如果背景太暗就增加曝光，如果太亮就减弱曝光。

（4）光线的控制

微距摄影的光线尽量控制在柔光环境下，一般不要使用闪光灯。虽然，闪光灯能减弱因曝光时的抖动或物体运动所带来的影响，但微距拍摄时使用闪光灯很容易造成曝光过度，使用人工光线最好柔化处理（加柔光罩）。进行微距拍摄时要注意观察光线的照射方向，尽量利用好自然光，确保光线平均地照射在被摄物体上。在大多数情况下，从侧面射入的光线能更好地突出物体的质感，让光线均匀地洒落在花瓣上，得到出色的纹理、色彩和细节，如图2-41所示。如果自然光线的不足或光线照射位不当，可以用反光板给阴影中的细节部分（如花蕊）补光。

图2-41　出色的纹理及细节

拍摄时的注意事项如下：

1）拍摄花草类的静物，使用大光圈能获得极好的浅景深，并且有大的透光度，可以获得艺术美感的效果。

2）拍摄怕惊扰且行动迅捷的小昆虫，高速快门是第一要素，使用大光圈提高快门速度；在高ISO并足够精细的画面情况下提高ISO；用白板纸或反光板补光。

3）为了获得清晰的照片，辅助相机平稳的三脚架、独脚架是必不可少的。

4）遥控或快门线的使用有助于获得清晰的照片。

5）测光与聚焦模式尽可能不用点测，因为在点测时反而测焦不准。

6）使用液晶屏、取景器取景不易端稳相机。

7）注意虚化背景，背景尽量简单。

8）适当尝试逆光效果，特别是边缘薄且透的植物花、叶之类，逆光下会表现出特别的美感。

9）旅游景点中，像风蚀的石刻、锈迹斑斑的门锁之类，在微距拍摄中会表现出强烈的质感。

7. 辅助器材

根据不同的摄影对象以及不同的摄影场景，辅助的设备工具是不同的。一般来说，除了相机和各类镜头，还需要准备以下几种的摄影工具：

（1）三脚架

三脚架是花卉摄影的必备器材，由于花卉通常位于较低的位置，因此，选择三脚架时要考虑它能调到的最低程度，可以选择一些能够调到很低位置的便携三脚架作为主三脚架备用。

（2）反光板与闪光灯

反光板可以在光线不足的时候为花朵补光，在反差太大时减低反差。如果光线不够充足，可以试用闪光灯，配合柔光罩让光线更加柔和。

（3）偏振镜

偏振镜是一种很有用的辅助工具，它可以消除反光，使花的色彩更浓郁。

（4）背景布

拍摄花卉要突出主体，使用背景布可以解决背景凌乱的问题，可以准备一些黑色、白色、灰色、红色、蓝色的背景布，或人工布置的背景。

（5）小喷壶

准备一个装水的小喷壶，对着鲜花喷洒，就可以拍摄到花瓣上可爱的小水珠，使画面更加生动。

任务2　掌握风光摄影

任务情境

小钟经过小宇的指导后，摄影技术有了很大的提高，现在小钟已经不满足拍摄花卉了，他想拍摄场景更宏大的自然风景。大自然的景色美轮美奂，山村河流、瀑布雪峰、蓝天白云、古城断壁，同样的地貌不同的季节也有不一样的景观。风光摄影作为摄影题材当中的一大分类，有着独特的摄影技巧。小钟希望能在旅途中把风光美景拍摄下来，那么究竟风光摄影有哪些不一样的摄影技巧呢？在本次任务中，我们也随同小钟一起进行风光摄影的学习。

任务分析

每个人都希望能把眼前令人惊叹的梦幻风景捕捉到自己的相机里。从表面看，风景摄影似乎很容易拍摄，只要找到自己认为漂亮的景物，拿着相机对着风景拍摄就可以了。但有时候回看照片时会发现根本没法与拍摄时眼前的壮丽景致同日而语。要拍好风光摄影，抽象一点来总结，可以把要点归结在三个方面：时间、地点、构图。

广义的时间可以理解为在不同的季节，如春、夏、秋、冬，同一地点的风光景物，随着季节气候的变化会呈现出各种不同的姿态，四季就有不同的景色特点。狭义的时间可以理解为一天不同的时段，如一天中清晨至黄昏的光线变化，以及云、雨、雪、雾等气候的影响。对时间的选择是拍好风光照片的关键，它会带给画面不同的光影效果，启发摄影师拍出更具表现力的照片。

地点可以理解为所选取的地域，即风光摄影的题材，除了名山大川、森林原野和名胜古迹外，城市风光、工矿场景、农村面貌、湖滨公园及沙漠、草原、雪地、海景、高山流水等一切大自然景物等都是风光摄影的题材。

如时间决定了光线，地域决定了画面的题材，构图则决定了摄影者的立意和风格。哪怕在同一时间同一地点，每个人拍摄到的影像会略有差别，甚至完全不同。原因很简单，构图是个人主观世界的产物，思考的逻辑不同，表达景物的逻辑亦不相同。每一张摄影作品都是摄影者所表达的一种心境一种情绪。

任务实施

1. 风光摄影的构图

一样的拍摄环境和拍摄对象，好的构图就能把人们习以为常的景物拍摄成为一幅杰作。因此构图的作用比其他任何因素都重要。风光摄影的构图也有不少“法则”，掌握这些法则会使摄影初学者在不同场合都能游刃有余。

（1）利用人物增强画面的感染力

在拍摄大海、雪原、沙漠、草原、山川等广阔的场景时，用远景拍摄，并在画面中加入人物，能够极大地增强画面的感染力。人本身就是大自然的组成部分，有了人物的风景照片就有了人文性，这会让画面带有浪漫的气息，使风光作品更具有深远的意味，并富有活力。加入了人物的风景照片，如图2-42、图2-43、图2-44所示。

图2-42　增添浪漫的气息

图2-43　利用反差衬托场景的辽阔

图2-44　为死寂的沙漠注入活力

（2）利用前景增加纵深感

世界是三维的，而拍摄的照片是二维的，为了体现出照片的纵深感，放置前景起到了重要的作用。在画面的前景放置一个有力度的兴趣点，通过这种方式突出前景，赋予照片一种距离感和规模感。如图2-45所示的两张作品前景都放了一些吸引注意力的物体，船和海星，如果没有这两样“道具”，照片会显得平淡无奇，添置了这些“道具”后，照片的距离感就体现出来了，画面平衡了许多，而且色彩更丰富了。

图2-45　前景放置兴趣点

（3）利用好引导线

风光摄影中常用到“引导线”，它起着连接画面中各个元素的作用，是引导观众视线进入画面的路径。引导线的一端是视线的起点，另一端是画面中最吸引人的地方。它通过各种形式在两端之间建立联系。生活中线条无处不在，小径、河流、小桥、路灯、花基、海岸沙滩等，它们本身也是画面的一部分，通过优美的线条有效地表现出画面的透视感，如图2-46、图2-47、图2-48所示。

图2-46　利用公路和黄色的麦穗做引导线

图2-47　利用公路边界做为引导线

（4）利用空白建立相互呼应的联系

画面空白是指画面上主体和陪体等实体对象之间的空隙部分，虽然没有图像，却是视觉元素中不可缺少的组成部分。在风光摄影中，摄影师常常利用云烟、雾气、水面、天空等空白，创造性地经营画面的虚与实。空白的取舍与呼应是一种引起观众模糊思维、引发联想的艺术表现手法。在拍摄这类作品时，应观察景物的方向性，合理安排画面的空白距离，使主体相互之间保持呼应关系，如图2-49所示。

图2-48 利用湖面上的桥做引导线

图2-49 留白令视线集中在巍峨的雪山

（5）用强烈的色彩吸引视线

在风光摄影中，色彩为画面注入了生命和情感，选择和搭配色彩能够更好地表现出照片的主题。有些颜色比其他颜色更加醒目，具有更强的表现力，能够强烈地吸引人的视线。因此利用色彩间的对比关系，会给画面带来具有震撼效果的视觉冲击力。

2. 风光摄影的用光

“光”对于摄影的重要性是不言而喻的，摄影又被喻为光和影的艺术。在风光摄影中，有了光的照射，画面才会产生明暗层次、线条和色调。风光摄影主要以太阳光作为光源，太阳光线变化多样，时强时弱，而且还会随着季节和气候的变化而改变，产生不同的光影效果。

利用光影的明暗关系突出主体是风光摄影中一项重要的手段，光影赋予画面质感，烘托主体气氛，光线运用越巧妙，越能表现出独特的风格，越能更好地表现出画面的内涵。因此，拍摄前首先要了解每种光线的色温、光线的强弱和光线的方向给予的影响，从而很好地加以运用，才能充分表达景物的光影效果。

（1）利用光线的颜色

太阳从早到晚的颜色是慢慢变化的，清晨和傍晚是暖暖的红黄色，而中午时分就变成了白色，而在阴影和阴天时，又呈现出神秘的幽蓝色。摄影者可以充分利用这些色光来营造出绚丽的画面。例如：早晨与傍晚天空中的霞光色彩丰富，可用来增加画面的感染力。在同一地点，不同时刻光线照耀下，相机记录下的颜色就会有所不同：日出、日落时分，光谱中橙、红光的成分较多，如图2-50所示；太阳升高后，光谱颜色为白色；阴天与景物的阴影处，光谱中蓝、青光的成分较多。

（2）利用光线的强度

光线的变化还体现在强度的变化。晴天的中午，光线的照射角度最大，直直地照在地面上，此时物体会在地面上透射出阴影，受光的一面和背光的一面，光照的强度相差很大。而在早晚时分光线弱，光比小，投影大；薄云遮日、阴天时光线弱，光比小，投影小甚至无投影。多数情况下，光线强、光比大，不利于风景摄影。风光摄影要善于抓住早晚阳光照射角度小，光照柔和的特点，来充分表现景物的细节变化。因此，拍摄时一般应该选择光线较弱，光比小的时候拍摄，这样能较好控制反差，达到比较好的拍摄效果，如图2-51所示。

图2-50　晚霞增添了画面的感染力

图2-51　光线柔和的晨光

（3）利用光线的方向

光照方向对于拍摄至关重要，同一个地点，光照方向的不同可以使景物发生微妙的变化。根据光照的方向，通常分为顺光、侧光、逆光等。

1）顺光拍摄。在风光摄影中，顺光拍摄景物能给人以明亮、清爽的感觉。但是由于顺光照射景物过于平正，往往会使景物主体与背景的层次不分明，画面效果缺乏立体感。但在顺光的环境下拍摄能获得正确的曝光，容易拍出不错的作品，如图2-52所示。

2）侧光拍摄。侧光拍摄是风光摄影当中最能表现层次、线条的光线，也是最适宜拍摄风光照片的采光。由于光线斜照景物，景物自然会产生阴影，显现明暗的线条，使景物有立体感，主体与背景的色调就不易互相混淆。因此侧光能增强景物的立体感和画面的层次感，同时让景物画面有明暗反差，对色彩的还原也比较理想。在侧光拍摄的时候，要用点测光模式进行测光，选择景物的亮部（接近中性灰的亮部）为侧光基调，把景物阴暗部分的层次充分显示出来，使画面层次丰富，如图2-53所示。

图2-52　顺光拍摄

图2-53　侧光拍摄

3）逆光拍摄。光线的照射方向与照相机的拍摄方向相对，并且来自被摄体后方的光线被称为逆光。逆光拍摄会使景物边缘部分被照射，可以很好地表现景物的立体感，同时能表达较强的空气透视效果，使画面的影调和层次非常丰富。景物中被光线照射的部分会产生光亮的轮廓而形成剪影，使主体与背景截然分开，这是逆光独有的特点。拍摄逆光景物往往会因光亮的轮廓影响曝光量，容易造成曝光不足。因此，逆光拍摄时应以景物的阴暗部分或中性灰来确定曝光时间，才能充分显示出景物的层次，如图2-54所示。

图2-54　逆光拍摄

任务评价

请根据表2-3对任务完成情况进行质量评价。

表2-3　任务评价表

任　务	评价指标	具体实施的情况
器材准备	三脚架	
	快门线	
	偏振镜的准备及使用	
构图	采用三分构图法	
	前景放置兴趣点	
	引导线构图	
用光	顺光	
	侧光	
	逆光	
清晰度控制	景深控制	
	快门设置	
	ISO设置	
	对焦方式	

必备知识

1．拍摄模式的选择

风光摄影一般采用光圈优先或者手动模式去拍摄。采用光圈优先是为了确定光圈值的情况下能得到比较恰当的快门速度。由于具体的拍摄场景不同，采用何种模式不是一个定论，如果你对快门速度需要有必要控制的话，手动模式就是最好的选择。

在风光摄影中，应从以下6个方面对数码相机进行合理的设置。

1）对焦模式与对焦点：风光摄影的对象多为静物或相对静态的物体，因而最好将对焦模式设为单次自动对焦，对焦点设为单点自动对焦。

2）曝光模式：在可供使用的程序曝光（P）、快门优先（S）、光圈优先（A）和手动（M）4种模式中，作为新手应选择光圈优先（A）。在此模式下，当确定了光圈的大小来控制景深效果后，相机将自动选择可产生最佳曝光的快门速度。

3）最佳光圈：光圈不仅控制曝光量，更重要的是控制景深以达到独特效果。拍摄风光照片，理论上要尽可能使用小光圈以求获得大景深，即前、中、后景物都清晰。但不少品牌镜头在超过F18后很难达到理想的清晰度和锐度。因此光圈设置在f8-13之间比较合适。

4）测光方式：正常光照情况下，最好选择中央重点测光。但如果现场光照情况复杂，需要照顾整个画面影调层次时，则应采用平均测光方法。测光时要特别注意测光点的选择，一是要选准测光主体，二是相对于全画面，测光主体亮度既不能过高，也不能过低，以防曝光过度或不足。

5）白平衡：白平衡是否得当会直接影响照片色彩还原质量。风光拍摄均在室外自然光条件下进行，无论是晴天、阴天或雾天，色温都会在相机自动校正的4500～7000K范围内，一般选用“自动”白平衡模式。如要追求特殊色彩创意，可以通过提高或降低色温来达到偏暖或偏冷的效果。

6）感光度ISO：由于越低感光度拍摄所获的图像质量越高，噪点越少，画质越精细，影像过渡也越平滑。在条件许可的情况下，尽可能选择ISO50～100的感光度。只有在光线差且没有使用三脚架时才需要提高感光度。但尽可能不要提高太多，否则画面暗部噪点会增加，颗粒粗糙，高光部分甚至会出现“死白”。

2．风光摄影的技巧

（1）避免被摄主体放在画面中央

把被摄主体放在画面中央的构图会使画面显得呆板，反而被摄主体放在画面的三分之一处却能吸引观众的视线产生极富视觉冲击力的效果。

（2）避免地平线位于画面中央

首先，保证地平线是水平的；其次，尽量不要把水平线放在画面的正中间，这会导致主次不分明，不知道重点要表达天空还是地面。如果天空更有趣，就让地平线低一些；如果大地更有趣，就把地平线提高，如图2-55所示。

（3）避免与地平线相交

如果地平线与被摄物体相交，会分散观众的注意力，严重时可能会毁掉一个出色的构图。在图2-56中，特别注意了不让地平线与人物的头部相交，假如地平线处于人物的颈部，会产生极不协调的效果。

图2-55　着重表现海水的清澈

图2-56　避免与地平线相交

（4）巧妙使用偏振镜

偏振镜也叫偏光镜，可以消除空气中的漫反射光从而提高空气的通透度，使蓝天更蓝；也可以部分消除物体表面的反光，消除物体表面反射高光形成的光斑，改善色彩饱和度，是风光摄影必备的一种滤色镜工具。使用偏振镜的效果如图2-57所示。

使用偏振镜的场合：

1）把蓝天拍摄的更清澈更蓝。

2）蓝天给所有景物都染上了一层蓝色，希望消除景物上的蓝色使得景物更饱和。

3）拍摄水中物体时水面反光而看不清物体，例如游鱼，或者让水面暗一些。

4）拍摄静物时要消除物体表面的反光。

5）透过玻璃拍摄后面的景物。

注意：人像摄影时最好不要使用偏振镜，因为偏振镜能过滤掉脸部的反光，使人脸失去立体感。此外，偏振镜在广角镜头上容易出现暗角，要选择超薄型偏振镜。

a）

b）

图2-57　使用偏振镜的效果

a）没有使用偏振镜　b）使用了偏振镜

任务3　拍摄城市夜景

任务情境

小钟完成了风光摄影的训练后，开始对自己居住的城市夜景感兴趣。城市的夜景灯火璀璨。路灯、车灯，建筑物上的装饰灯、探照灯、广告牌等，无不呈现现代大都市的美丽。如何才能把这些美景尽收于你的相机？这是小钟在本次任务所要解决的问题。

任务分析

都市的夜晚是光和影的世界，五光十色的霓虹灯、华灯齐放的街道广场、灯光灿烂的建筑工地、川流不息的车灯闪烁、喧闹不止的人来人往……构成了一幅幅优美、生动、别具特色的夜景，让城市的夜晚变得比白天更加绚烂多彩。夜景拍摄与白天不同，需要更加注意对光线的把握，因此，要拍出好的作品并不是简单的事情。为了得到清晰的图像，要在小光圈、慢快门、低ISO值的情况下拍照，在低照度情况下如何保证画面的质量，以及由于光源的复杂，白平衡的设置也是一个难点。由于夜景拍摄通常需要较长时间曝光，因此相机要保持稳定才可以拍出清晰的照片，为避免因震动而破坏照片效果，必须配备三脚架，尽量配备快门线以减低相机的晃动。

任务实施

1．夜景拍摄的器材准备

1）照相机：应选择具有手动对焦、曝光补偿调节以及手动快门光圈设置等手动设置功能。

2）遮光罩：由于夜晚四周都是各种灯光，使用遮光罩可以避免其他灯光的干扰。

3）三脚架：夜景拍摄中大部分时间都需要长时间曝光，相机抖动会使景物一片模糊。

4）快门线：避免按动快门时引起相机的震动。

2．夜景拍摄的角度

（1）低角度

灯光映衬下的建筑物、灯火辉煌的街头都是可以拍摄的夜景题材。当拍摄这样的局部夜景时，一般采用低角度来拍摄，低角度可以突出建筑物的高大雄伟，如图2-58所示。由于角度较低，需要拍摄者蹲下仰拍，为保证相机不抖动应使用三脚架，并调整好角度。

（2）高角度

俯视都会夜景风情，是夜景拍摄的常用取景题材。为了拍摄城市夜景的壮丽，需要选择一个高位拍摄点，可以在天台、阳台，也可以在摩天大楼等，如图2-59所示。

图2-58　仰拍

图2-59　俯拍

（3）平角度

为拍摄对岸绚烂的灯饰美景，把三脚架放置在江边以平摄的角度进行拍摄，如图2-60所示。

图2-60　平拍

3．夜景拍摄的设置

由于城市夜景的拍摄是在特殊的光线下进行的，它不仅受到亮度、距离和环境等因素的影响，而且明暗度极不均匀，所以曝光控制、题材处理等方面都有很大的难度。拍摄城市夜景时，在取景、曝光和快门速度、拍摄模式的使用上都应注意控制好。

（1）拍摄模式

目前许多数码相机除了提供P（自动）、A（光圈优先）、S（快门优先）、M（手动）曝光的拍摄模式，还提供了夜景模式的场景拍摄模式。新接触的摄影者采取夜景模式进行拍摄是比较稳妥的方法，一般推荐使用AV光圈优先模式，如图2-61所示。将光圈值设置为F8左右，就能充分发挥出镜头的分辨力。另外，因为相机固定在三脚架上，所以即使使用低速快门，也不用担心发生抖动，因此没有必要设置高ISO感光度，可以将ISO感光度（ISO100～400）调低，以ISO100为基准，进行长时间曝光拍摄。虽然M全手动模式也常用来拍摄夜景题材，但要求全程手动控制光圈、快门数值，对摄影者的要求较高。另外，由于在长时间曝光过程中，容易产生噪点问题，所以拍摄时最好开启抑制噪点功能，以提供较为纯净的影像画质。

（2）构图

夜景的构图和白天的构图有所区别，由于天空完全黑暗，建筑物的造型都是通过灯光勾勒出来的，所以灯光成为主要表现的对象，拍摄时要注意拍摄到发光建筑物下面部分的面积，水平线控制在画面的三分之一处，这样的建筑物拍摄出来才有稳定感，如图2-62所示。

图2-61　夜景拍摄选用AV光圈优先模式

图2-62　水平线控制在画面三分之一处

（3）曝光

控制曝光在夜景拍摄中至关重要，在大部分夜景摄影情况下，相机的测光会失去作用，无法测得准确的曝光数据。由于拍摄环境中存在大面积黑色区域，如果运用自动整体曝光系统测光，相机的测光系统会被误导，认为场景中的光线很暗，自动增加曝光量，容易出现曝光过度，拍摄时受到射灯或其他强光影响，照片则可能曝光不足。为了保证照片能反映出当时夜景的氛围，可以采用曝光补偿的办法，如图2-63所示，在曝光时酌情减少1～2档的曝光补偿，曝光补偿值用EV表示，减1档即减1EV。

（4）对焦

由于数码相机对低反差和低亮度的景物难以准确对焦，而拍摄的夜景往往都是处于这样的环境下，所以在进行夜景拍摄时，先寻找一个对比比较强烈的点（如：路灯、色彩丰富的广告牌等），将焦点对准这个明亮的景物上，对准焦点后再锁定焦距进行构图，特别是在人像夜景创作时可以提高拍摄成功率。也可以用手电筒照亮要拍摄的被摄主体，把焦点对准被摄主体的主要部分，对焦完成后，切换到手动对焦模式锁定焦点。距离一旦确定，在拍摄过程中就不能任意变动。

除了自动对焦，还可以选择手动对焦，常见的数码相机手动对焦包括数字调节式和对焦环式。数字式手动对焦通过LCD显示屏来查看对焦的效果（实时对焦），如图2-64所示，大概估计景物和相机之间的距离，然后通过显示屏上的数值显示，选择合适的焦距达到准确对焦，对于拍摄夜景能发挥相当效用。 若是为了表现大场景或者远处的景物，那么可以直接将焦距调整到无穷远处。

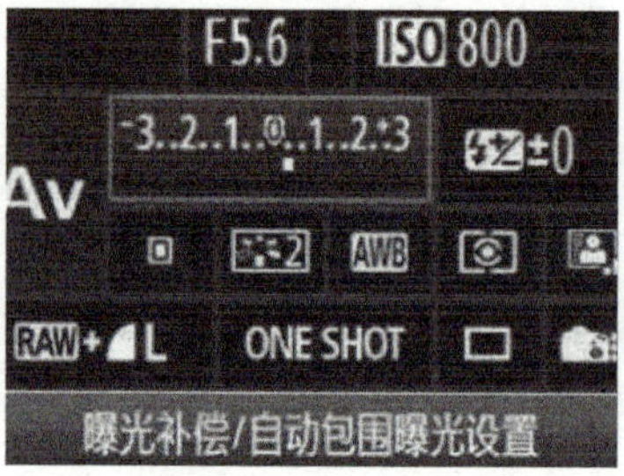

图2-63　曝光补偿

图2-64　实时对焦方式

（5）快门速度

快门是镜头前阻挡光线进来的装置。快门的速度影响进入镜头的通光量，快门速度越慢，曝光量越大，快门速度越快，曝光量越小；由于夜间光源微弱，相机需要放慢快门以获得更多的光线，在光圈和快门的配合下，才能使夜景得到正确的曝光，因此夜景的快门一般使用慢速快门，如图2-65所示。由于使用慢速快门时，快门从打开到关闭需要几秒的时间，因此按下快门后，在没有听到快门关闭的声音前，不能接触相机，防止相机抖动使画面模糊。

如果没有快门线，可以使用相机的自动倒计时的自拍功能，如图2-66所示。

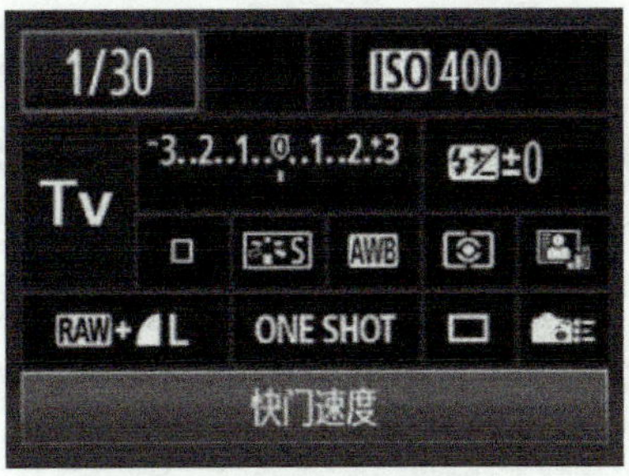

图2-65 快门速度

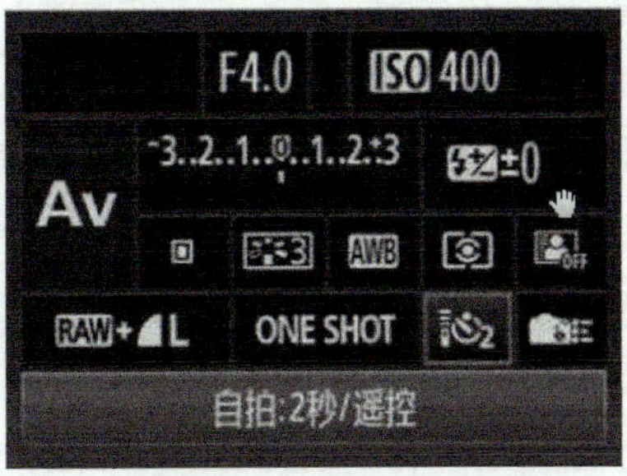

图2-66 自拍模式

(6) 白平衡

在进行夜景摄影时，选择不同的白平衡，将直接影响到照片的色调以及所表达的意境，因为夜晚中的建筑物及景物的泛光灯所产生的光线，在数码相机上可呈现比肉眼更为艳丽的色光。因此在夜景拍摄时，要打破平时一直依赖的自动白平衡，这样会影响到灯光固有的颜色，使之失去特有的色温感觉，丧失了景物艳丽的色彩，照片层次平淡无味。为了突出表现更加鲜艳的彩灯色彩，可将白平衡设置成“日光”或“户外”模式，如图2-67所示。

把照片保存为无损模式（RAW）很有用，这样不仅可以把一张照片编辑成不同光线情况下的数张照片，而且在调整白平衡时也非常有用。在城市环境里有很多差别很大的可见光源，因此色温差别也很大，所以选择RAW无损模式，对于后期调整白平衡非常有用，如图2-68所示。

图2-67 白平衡

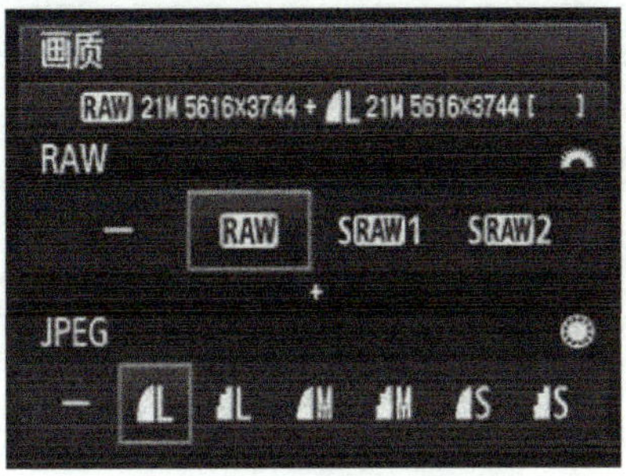

图2-68 RAW存储格式

(7) ISO值

感光灵敏度（ISO）在夜景拍摄中扮演着重要的角色。实际拍摄中，存在着即使使用最大光圈也不能得到足够光量的情况，以及为了达到某种意图而固定光圈值但又想提高快门速度的情况，这时候可通过提高ISO感光度提高快门速度。提高ISO数值可以提高快门速度，有利于拍摄的稳定，但是ISO的提升使画面的噪点增加，影响画面质量。对于没有手动曝光控制的数码相机，只能通过调高ISO数值获得稳定的成像效果，如图2-69所示。

但高档的数码相机具有广泛的ISO选择范围，ISO值甚至达到ISO800、ISO1600。在提高ISO值的情况下，为了降低画面噪点，应开启数码相机本身的“降噪”功能，在一定程度上减少噪声干扰。

（8）光圈

为了保证画面清晰，要扩大景深尽可能采用小光圈。光圈较小时，由于对焦范围较广，容易拍出大面积的清晰影像，而且在小光圈下，还能捕捉到单点光源所散发的星芒效果，非常迷人。在漆黑的环境中，较大的光圈能使更多光线进入镜头令快门速度提高，可以很好地防止相机抖动，但大光圈会使景深变浅，由于对焦范围相对变得较小，会拍出前方模糊或后方虚化的影像，呈现出一种独特的朦胧感，尤其在灯光的衬托下更显漂亮。光圈值如图2-70所示。在夜景拍摄中，大光圈并不适合大场景拍摄，只适合局部摄影。

图2-69　ISO感光度

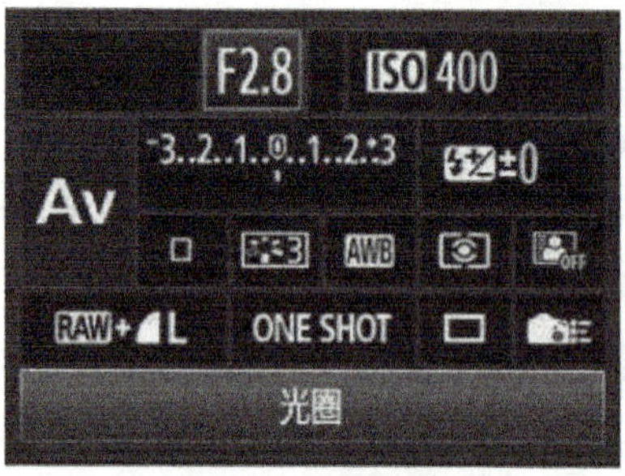

图2-70　光圈值

任务评价

请根据表2-4对任务完成情况进行质量评价。

表2-4　任务评价表

任　务	评 价 指 标	具体实施的情况
器材准备	三脚架是否准备	
	快门线是否准备	
	遮光罩是否准备	
前期准备	拍摄角度的选择是否合适	
	反光板的预升功能是否打开	
	白平衡的设置	
	照片存储格式选择	
	ISO值的设置	
	光圈的选择	
拍摄阶段	曝光模式选择	
	对焦模式	
	现场干扰的排除	
	快门设置	
	ISO设置	
	曝光补偿量级	

必备知识

1. ISO感光度的选择

ISO（International Standards Organization，国际标准化组织）对感光度做了量化规

定。但数码相机的ISO值，其实是源自于胶片相机的感光度。在数码相机中，可以将其理解为感光器件对光线的灵敏度。

一般，ISO值为50以下称为低感光度，在这一段可以获得极为平滑、细腻的照片。为了能够把照片拍清楚，应尽量使用低感光度。比如，在能够保证景深的前提下，宁可开大一级光圈，也不要把感光度提高一挡。ISO100-200属于中感光度。当感光度在这一段时，需要认真考虑这张照片的用途和要放大到什么程度。假如能够接受噪点，中感光度设定能降低手持相机拍摄的难度，提高了在低照度条件下拍摄的安全系数和成功率。ISO400以上是高感光度，在这一段噪点明显。当摄影师使用高感光进行拍摄时，说明他拍摄到的题材内容的重要性超过了影像的质量，毕竟有的时候拍摄的条件太差，拍到一张质量稍差的照片总比根本捕捉不到影像好。

图2-71与图2-72虽然相同构图，但是不同的ISO值下画面的细腻程度是不一样的。在如图2-73、图2-74所示的例子中，放大对比后就可以发现图2-74中的噪点更多。

图2-71　ISO100拍摄

图2-72　ISO3200拍摄

图2-73　ISO100

图2-74　ISO3200

那么，什么时候该用低ISO，什么时候该用高ISO呢？一般在城市夜景拍摄中，ISO的高低选择并没有定论。如果条件允许，宁愿选择低ISO去拍摄夜景也不希望牺牲画质。如当相机架设在稳定的三脚架上，可以确保在无抖动的情况下长时间曝光时，就应选择低ISO值来保证画面的质量。而当手持拍摄夜景时，虽然提高ISO值会提高噪点，但能够减小光圈、提高快门速度，从而获得稳定清晰、景深大的画面。

2. 夜景拍摄时快门速度的选择

城市夜景拍摄下，快门速度的选择要取决于现场环境。

1）当光线条件好且没有脚架时，在保证曝光的准确前提下，快门速度可以调节为安全快门速度。

2）要拍摄细腻的城市夜景就需要长时间的曝光，一般会设置为几秒或者十几秒钟的快门时间。

3）为了拍摄夜景流水瀑布喷泉或车灯等，也会采用长时间的快门。这是为了捕捉到动态模糊的效果而使用慢快门的例子，如图2-75所示。

图2-75 慢快门捕捉到喷泉雾状效果

3. B门曝光

“B门”是一种完全由摄影者控制的快门释放方式，快门时间长短完全由摄影者按下快门的时间长短来决定，因此也称为“手控快门”。“B门”的“B”在字典上原意是Bulb，是指以往的那种用手操作的球状气动快门释放器或是在闪光。

“B门”是指按下快门时，相机开始曝光，直到松开快门为止。在B门下，曝光时间长短取决于按快门的时间长短，而一般的快门会按照设定的速度自动关闭。“B门”在整个曝光过程中，快门按钮始终要处于按下的状态，快门松开即停止曝光。“B门”解决了长时间曝光的问题。一般相机最慢快门大约在16～30s不等，能适应绝大部分情况的需要。当需要在暗光环境中拍摄一些特殊的场景时，比如拍摄烟花，这个速度可能仍然不够慢。

把拍摄模式设为M手动模式，选择Bulb，设定好光圈值后，完全按下快门按钮，相机将持续释放快门。“B门”曝光时，推荐使用三脚架和快门线。

4. 曝光补偿

曝光补偿是基于测光而言的，测光是曝光补偿的基础，没有准确的测光，曝光补偿也就失去了它的意义。通俗地讲，曝光补偿就像是在测光的数值上做加减法，从而使补偿后的曝光值更符合拍摄的需要。

（1）对亮部测光时适当增加曝光补偿

目前，测光方式主要包括3种：矩阵测光（平均测光）、中央重点测光和点测光。这3种测光方式的主要区别在于测光区域的不同。矩阵测光选取几乎全部视野区域进行测光，再根据亮度、色彩的分布设定最终数值；中央重点测光则选取画面中央圆形区域测光；点测光就是选取画面中的一点进行测光，如图2-76所示。

图2-76 三种测光方式的拍摄效果

a）矩阵测光样张AV光圈优先 1/40s F5.6 ISO200 0EV b）中央重点测光样张AV光圈优先 1/320s F5.6 ISO200 0EV
c）点测光样张AV光圈优先 1/400s F5.6 ISO200 0EV

当将被摄物体相机放于一束阳光下，相机的金属机顶与Logo成为画面的高光区域，背景基本全黑，前景稍有纹理。这种光线条件属于比较复杂的一种情况，相机的矩阵测光很难还原当时场景。拍摄时使用相机的光圈优先模式，将光圈设定为F5.6，感光度均为ISO200。通过不同的测光方式拍摄，实拍快门速度发生了变化。点测区域选取的是画面的高光部位即相机Logo位置，快门速度为1/400s，而矩阵测光的快门速度为1/40s，它们相差了约3档曝光量。

根据现场光线与经验，这个场景的拍摄应该在点测光的基础上增加2档曝光，可以获得接近现场光线的曝光效果，如图2-77所示。

点测光+曝光补偿 样张
AV光圈优先 1/80s F5.6 ISO200+2EV

图2-77 增加2档曝光补偿的效果

曝光补偿后相机Logo位置曝光过度2档，呈现出高光效果，而Logo左侧又保留了适当的细节。机身上处在暗部区域的K1000标志也显示出适当的纹理。

也就是说，如果对画面中高光部位测光，曝光补偿需要增加若干档，要是对画面中暗部测光，补偿值应该减少若干档。这张照片，如果改变测光方式，曝光补偿值也要做相应调整。

（2）对暗部测光时适当减小曝光补偿

拍摄主体仍为前面的相机，只是把相机前移，移出了阳光的直射区域。把相机放在阴影区，处在阴影中的相机与前景有了相似的照度，而背景阳光照射区域成为干扰测光的主要因素。现在使用矩阵测光方式，分别进行正常曝光拍摄、减一档和减两档曝光拍摄，如图2-78所示。

a) b) c)

图2-78 适当减档曝光和正常曝光的比较

a）矩阵测光正常拍摄样张AV光圈优先 1/2s F5.6 ISO200 0EV
b）矩阵测光-1档曝光补偿 样张AV光圈优先 1/3s F5.6 ISO200 -1EV
c）矩阵测光-2档曝光补偿 样张AV光圈优先 1/6s F5.6 ISO200 -2EV

图2-78a为正常曝光，在这张照片上，前景与拍摄主体都得到了充足的曝光，颜色靓丽，但黑色的相机机身已经开始变灰，拍摄主体是处在阴影中的相机，正常曝光的拍摄使照片失去了现场感。减1档曝光后（图2-78b），相机的机身纹理与Logo处的高光部位都得到良好的表现，给人一种处在阴影中的现场感。减2档曝光后（图2-78c），机身细节损失严重，整体感觉昏暗。

综上所述，如果拍摄阴影中的物体并对其测光的话，则适当减小曝光补偿可以获得良好的现场感。

（3）夜景曝光补偿

自然界的物体颜色和亮度都千差万别，要想尽可能准确地还原现场效果，曝光补偿不可或缺。图2-79是在夜晚的灯光下拍摄的物体，现场光线均衡，使用了矩阵测光模式，对这一场景进行了从－3档～＋3档的包围曝光，从图片亮度的变化中，可以对整档曝光补偿有更直观的感受。

曝光增加2档和3档的照片已经丧失了大部分细节。正常曝光的照片（0EV）虽然“漂亮”但缺失了现场感，减3档曝光补偿的照片给人以夜晚的感觉，但由于影调过暗，主体细节已分辨不清。减2档与减1档曝光补偿的照片现场感和主体纹理都较好。本场景是在夜晚的环境下拍摄的，因此减1档曝光的照片是该组包围曝光的最佳照片。

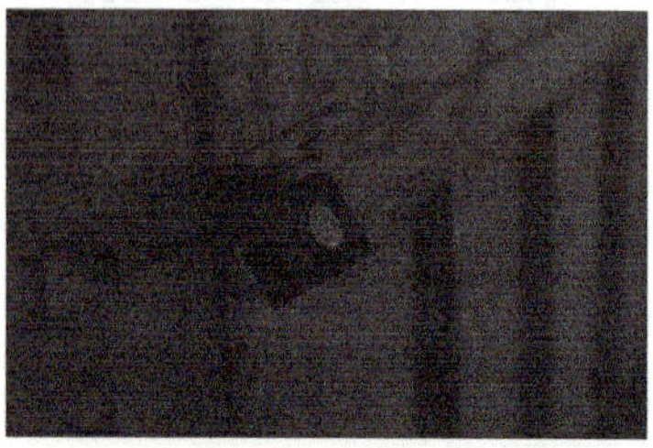

矩阵测光-3档曝光补偿 样张
AV光圈优先 0.77s F5.6 ISO100 -3EV

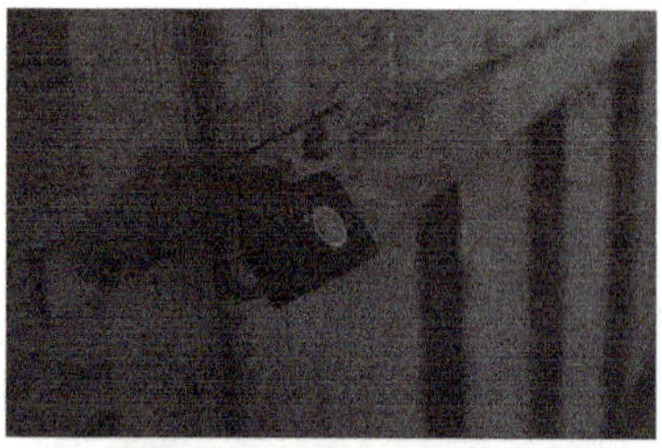

矩阵测光-2档曝光补偿 样张
AV光圈优先 2s F5.6 ISO100 -2EV

矩阵测光-1档曝光补偿 样张
AV光圈优先 3s F5.6 ISO100 -1EV

矩阵测光 正常曝光 样张
AV光圈优先 6s F5.6 ISO100 0EV

矩阵测光+1档曝光补偿 样张
AV光圈优先 12s F5.6 ISO100 +1EV

矩阵测光+2档曝光补偿 样张
AV光圈优先 25s F5.6 ISO100 +2EV

矩阵测光+3档曝光补偿 样张
AV光圈优先 30s F5.6 ISO100 +3EV

图2-79　夜景拍摄的曝光补偿比较

（4）日光曝光补偿

拍摄时是否需要补偿取决于测光主体的反光率和亮度。图2-80拍摄的一组水与木桩的画面，采用中央重点测光方式，测光主体为木桩，从减0.3档到减2档曝光补偿的包围曝光拍摄。根据经验，这个场景在减曝光补偿1～2档会获得良好的曝光效果。从样张上看，减补偿1.7档的照片的光线、影调还原比较到位。

-0.3EV

-0.7EV

-1EV

图2-80　日光拍摄的曝光补偿比较

图2-80　日光拍摄的曝光补偿比较（续）

（5）曝光补偿技巧总结

目前，绝大部分数码相机都普及了曝光补偿功能，数码单反相机的曝光补偿按钮大多设置在机身外部，使用起来方便顺手。测光时尽量选取接近中级灰的物体测光，比如水泥地和柏油马路都可以提供近似中级灰的测光数值，人的手背也是很好的测光板。在现场光线复杂条件下，我们可以对心中有数的物体进行测光，比如按高光物体测光后，通常需要增加2～3档的曝光补偿操作。拍摄深色物体时，减补偿的量可以控制在4档以内，具体拍摄时还要根据实际情况适当加减。

5. 夜景拍摄时必备的辅助器材

（1）三脚架

对于提高夜景拍摄的稳定度，使用三脚架是首要的必备工具。它的主要作用就是能稳定照相机，以达到某些摄影效果。最常见的就是长曝光中使用三脚架，用户如果要拍摄夜景或者带涌动轨迹的图片时，曝光时间需要加大，这个时候，数码相机不能抖动，需要三脚架的帮助，如图2-81所示。

（2）快门线

快门线就是控制快门的遥控工具，远距离控制拍照、曝光、连拍，如图2-82所示。随着数码相机的发展，快门线的功能也随之增加，包括了B模式下锁定功能，实现长时间曝光，间隔时间拍照、连拍、计时拍照等。快门线广泛应用在夜景摄影以及摄影棚里，摄影师不用碰触相机机身，可以更好地确保相机的稳定，把发生抖动的可能性减少到最低。

图2-81　三脚架

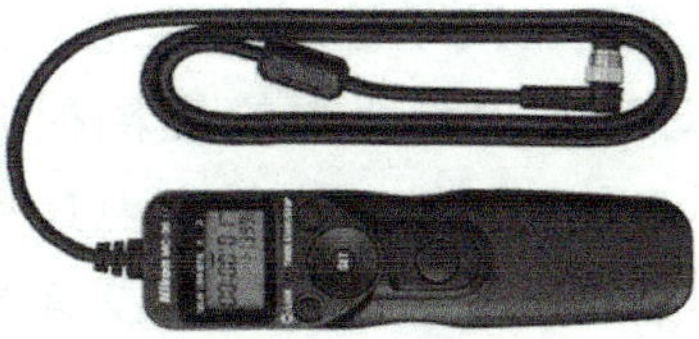

图2-82　快门线

（3）遮光罩

遮光罩是安装在摄影镜头、数码相机以及摄像机前端，遮挡有害光的装置，也是最常用的摄影附件之一，如图2-83所示。夜间由于四周常有许多光源，使用遮光罩可减轻光线经过镜头折射后，在图像传感器上所产生的碍眼光斑，因此在不遮住画面的原则下，遮光罩越长越好。不同镜头用的遮光罩型号是不同的，并且不能互换使用。

图2-83　遮光罩

任务4　掌握动、静对比摄影

任务情境

摄影其实是一门时间的艺术，通过对快门等参数的控制，能捕捉到肉眼无法看到的瞬间。例如水珠滴落的一瞬间，短跑运动员冲刺的一瞬间，或者子弹从枪膛中射出的一瞬间。摄影技术能帮助摄影师记录下生活中的精彩瞬间。小钟完成了城市夜景的拍摄练习，掌握了夜景拍摄的摄影技巧，他希望向更有难度的摄影题材挑战，他想捕捉城市车流的光轨，也想捕捉如丝状雾状的溪流瀑布，更想捕捉惊涛拍岸的浪花。以上的拍摄题材都需要解决快门的设置。

任务分析

生活中不乏很多运动的物体，例如城市中来来往往的人，夜晚中流动的车流，奔流而下的瀑布等，如何才能“恰当”地捕捉到这些流动的美丽呢？

1. 明确自己要表达的艺术效果

本任务的主题为动静对比，照片当中有静止不动的部分，也有运动的部分。由于照片是静态图片，表现运动的手法可以通过控制快门来控制运动对象在照片中的模糊程度，如图2-84所示。例如溪流，当想表现其柔美的一面，可以适当地用慢快门，而没有必要把溪流拍“清晰”；而当在运动竞技比赛现场，要捕捉运动员在比赛现场的状态表情和动作，就要用高快门来凝固一瞬间。不

图2-84 明确画面的艺术效果

同的快门能产生不一样的画面效果，进而使照片传达出不一样的艺术效果。

2．明确画面清晰的部分与模糊的部分

如图2-85所示，舞龙的演员相对清晰，而龙本身被拍成了模糊，为什么不采用高速的快门把所有的对象都拍清晰，因为模糊才能表达出舞龙的速度，而演员相对清晰也突出了主题。

又如图2-86所示，模特是清晰的，而手中的风车是模糊的。使用这样的处理手法，其效果很好。如果将风车也拍摄清晰，画面会显得毫无生气。既然是风车，就应该要转动起来，不仅让画面产生动态的效果，也让观者能够感觉到凉风拂面。

图2-85　动静对比

图2-86　转动的风车

3．熟能生巧

最后要积累对快门的感觉，知道在什么样的快门范围内，可以将何种速度的物体拍摄成清晰或者模糊，或更深一步，能很好地把握清晰和模糊的程度。如图2-92，模糊了龙而相对清晰了舞蹈演员，要达到这样的效果，必须估算一个可靠的快门速度，在这样的速度下，龙是模糊的，而舞蹈演员是相对清晰的。当然，要掌握这种拍摄技巧还需要多试验、多积累。

下面分别以溪流瀑布、浪花拍案和车流光轨这三种摄影类型的动静对比题材，说明任务如何具体实施。

任务实施

1．溪流瀑布的柔美

相信同学们都有过踏青或者登山的经历，当在山间看到潺潺的小溪流水和滂沱的瀑布，人们都有冲动将它们拍摄下来。拍摄溪流和瀑布有两种方式，一种是瞬间凝固的方式，就是用较快的快门将小溪和瀑布瞬间凝固，另外一种就是用较慢的快门将溪流或瀑布运动的轨迹捕捉下来，后者可以拍出溪流或瀑布呈现雾状或绸缎丝质般的感觉。从画面效果来看，人们更喜欢后者。采用多少快门数值才能捕捉到第二种的画面效果呢？一般来说，采用1/15s甚至更低的快门速度来拍摄。实验告诉我们，如果高于

这个快门速度，出来的动态效果会有所欠缺。

由于低速快门拍摄，因此需要配备三脚架。选好位置且稳固地放置好三脚架后，就可以架好相机进行构图了。如果没有快门线，可以采取倒计时快门的模式。为了方便操作，一般选择快门优先，配合iso值的调整来获取准确曝光，如图2-87、图2-88所示。

图2-87　F2.8　1/200　ISO 250

图2-88　F9　1/15　ISO 250

慢快门能把流水变成丝一样滑，把快门放到1/15s甚至数秒，浪花也会拥有像雾一般的效果了，如图2-89所示。

图2-89　宁静柔美的海岸

展现溪流瀑布延绵的柔美，需要注意以下几项。

1）使用快门优先拍摄模式，在手动定义快门的情况下通过相机测光而获取光圈值，或使用手动拍摄模式。

2）一般都用慢速快门曝光，例如设置快门速度为1s或者更长。务必要用三角架来固定机身，其快门速度应该根据流水的速度来调整相机的快门速度。

3）ISO感光度设置以100为基准，保证良好的画质。

4）用偏振镜来去除水面的反光程度。

5）半按快门针对亮度均匀适中的区域测光，不要对着瀑布与流水直接测光，尝试以岩石或草木作为测光主体。

6）以环境光线来评估曝光补偿值的加减幅度。

7）在阴暗的溪谷拍摄瀑布或流水，由于色温偏高，相片很多时候都会呈现偏蓝的冷调，可以使用RAW格式拍摄，方便后期调色。

2．惊涛拍岸的动感

海，有宁静的海，也有波涛汹涌的海。要拍摄出宁静深远祥和的海岸，应采取低速快门、长时间曝光来进行拍摄。具体可以参照如图2-90所示的溪流瀑布的拍摄方法。而惊涛拍岸的海浪，需要利用高度快门捕捉那海浪拍打岸边岩石的瞬间，把浪花的力量感表现出来。

图2-90　溪流瀑布

无论拍摄惊涛拍岸的浪花，还是拍摄瀑布“飞流直下三千尺，疑是银河落九天”的效果，要表现这样的雷霆万钧的壮美景象，都要用高速快门的仰拍角度来拍摄，如图2-91所示。

展现波澜壮阔的景象时，需要注意以下几项。

1）挑选合适的拍摄位置。为了获得具有动感的画面，突出海浪拍打岸边的力量，应选择岸边有较大礁石的海滩，海浪以高速冲击拍打到礁石上，激起的无数浪花形成了壮观、澎湃的场景。

2）架稳三脚架，相机做好防水。沙滩的沙细软，有必要刻意把重物挂在三脚架上增加三脚架的稳定性。由于在岸边，浪花有可能会沾湿相机，相机也有可能会沾到沙子，拍摄前应给相机做好防沙防水措施。

3）设置拍摄模式。将拍摄模式设置为快门优先，为了捕捉跃动的浪花，凝固水花飞溅的瞬间，将快门提高到1/500s以上，如图2-91所示。

4）调整好相机的参数。根据现场的环境设置好白平衡，根据光线条件适当提高ISO值，保证足够的快门速度。

5）直接针对海浪测光，然后切换到手动模式，根据测光结果设置中等光圈。

6）半按快门对海浪对焦，保持半按快门状态移动相机重新构图。

7）采用逆光拍摄，尽量压低角度仰拍，能更好地表现海浪的气势。

8）确定取景范围后完全按下快门进行拍摄。

图2-91　惊涛拍岸的动感

3. 美丽的车流光轨

车流是城市夜景拍摄的亮点之一。拍摄车流时，考虑周边的环境配合，并通过快门速度控制车灯产生的景象，能取得不错的拍摄效果。在繁忙的道路旁，支好三脚架，采用低速快门，适当延长曝光时间，来来往往的车灯会形成一条条红色和白色的光迹，在城市道路中形成车流光轨，如同彩色的丝带缠绕在高楼大厦之间。

展现美丽的车流光轨应注意以下几个方面。

1）准备好必要的器材。拍摄车流最好选择广角镜头，因为拍摄的是较大的场景，视野开阔，同时利用广角特有的透视畸变强化照片的纵深感。由于需要长时间的曝光，三脚架是必不可少的器材，最好配上快门线和遮光罩。

2）选择好拍摄的地点。拍摄地点最好选择有红绿灯的路口，红灯时会滞留大量的机动车，一旦转换到绿灯就能拍到车流。需要注意的是由于汽车的前灯呈黄白色彩，而尾灯和刹车灯的线条呈红色，因此适当地调整拍摄方向，效果会非常独特。

3）选择好拍摄的角度。有两种角度可供选择，高空俯拍的角度，街道低角度。高空俯拍的角度下，可以挑选有弧度的城市街道。制高点可以选择人行天桥或者高楼大厦的天台。街道边的拍摄同样也可以表现夜晚城市街道的炫彩迷离。

4）相机的参数设置。拍摄模式设置为快门优先，将ISO值设置为100，以保证良好的画质，设置1/10s～15s的较慢快门速度，使车灯呈现出美丽的线条。

5）将测光模式设置为平均测光，针对拍摄景物亮度均匀的区域测光。

6）半按快门进行测光、对焦，使用快门线或自拍模式进行拍摄。

曝光时间的长短决定光迹的长短，可设置最小的光圈和ISO值，加长曝光时间，因此小光圈和慢快门是这种拍摄题材的相机设置原则。到底多小的光圈合适呢？一般来说，F11或者更小的光圈最适宜。光圈小一点，还可以拍出路灯的光芒，快门则为10s～30s，如图2-92所示。如果快门速度不够慢，则光轨比较短，如图2-93所示。

图2-92　快门20s光圈为F11

图2-93　快门2s光圈F8

照片中我们发现很多光束比较短，这是由于快门时间相对较快的原因，而一段的光轨距离则是一辆机动车在2s时间内经过的距离。

面对车灯拍摄的时候，光线强很容易引起炫光和过曝。有遮光罩的一定要装上遮光罩，并且升高三脚架避免车灯的平射。

任务评价

本项目分3个任务重点讲解了快门的控制方法。在完成本项目中几个任务的过程后，通过表2-5来检查任务完成的质量。

表2-5 任务评价表

任　务	评价指标	具体实施的情况
溪流瀑布	器材准备的情况	
	角度选择	
	白平衡设置	
	快门速度设置	
惊涛拍岸	器材准备的情况	
	选择拍摄地点	
	白平衡设置	
	相机保护的措施	
	快门速度设置	
车流光轨	器材准备的情况	
	拍摄位置的选择	
	快门速度设置	
	光圈数值设置	

必备知识

1. 动态摄影时快门速度的选择

快门速度是表示快门帘幕打开的时间，高速快门能够将被摄物体的瞬间“定格”，而低速快门能够有意图地展现出被摄物体的抖动，快门速度不同对最终影像的效果有着很大的影响。

快门速度用于表示光线照射在影像感应器上时间的长短。在影像感应器前面有一层用于遮挡光线的快门帘幕，当按下快门按钮后，快门帘幕以设定的时间打开，使光线照射到影像感应器上。绝大多数拍摄时都使用几十分之一秒到几百分之一秒的快门速度，而数码单反相机则能够使用几千分之一秒的高速快门。可以将动作敏捷的人物、动物瞬间“定格”于画面中。另外，如使用从几秒到几十秒的低速快门进行拍摄，就能展现出被摄物体的运动轨迹。如图2-94所示，不同的快门速度在拍摄运动被摄物体时，展现出了不同的影像效果。

a）

b）

图2-94　不同的快门展现不同的意图

a）使用低速快门拍摄　b）使用高速快门拍摄

（1）使用高速快门“定格”运动被摄物体的瞬间

对于拍摄运动着的主体来说，采用高速快门拍摄的作用，一是凝固动态，获得清晰的细节；二是便于快速抓拍，以展现瞬间造型；三是有利于连拍，从而获得精彩的画面。高速快门的获得与环境明暗有很大关联。提升快门速度的办法是开大镜头光圈，提高感光度，使用照明设备。如图2-94b所示，流水在使用高速快门拍摄下，水流运动的瞬间被完全“定格”了。

（2）使用低速快门拍摄出被摄物体的流动性

低速快门是相对动体速度而言，一般指1/15s以下的快门时间。从画面效果来讲，凡是快门速度不能将运动着的物体记录清晰的，就可以称为低速快门。低速快门的运用比较广泛，它能使画面中出现各种线条和虚影，以虚衬实，易于表现动感，能够渲染气氛，创造特定的意境，例如可将流水拍摄成如丝绸般延绵。在夜间或室内等比较昏暗的条件下拍摄时，可以使用从几秒到几十秒的低速快门。以不同秒数的快门拍摄的交通要道效果，如图2-95所示。图2-95b中的红光是车尾灯拉出的轨迹，图2-95a中的白光是车大灯拉出的轨迹，快门速度越慢，光影的轨迹越长。当拍摄奔跑的人物时，使人物的手或腿适当抖动能够使画面更具动感，如果是拍摄汽车或火车，则车轮仿佛在画面中还在旋转似的。不仅如此，背景也会展现出漂亮的流动性，画面整体展现出速度感。想获得低速快门，首先依赖于环境的光亮，降低感光度，缩小光圈，加用灰镜等都是获得低速效果的办法。

a）

b）

图2-95　快门速度越慢光轨越长

a）使用10s的快门速度进行拍摄　b）使用3s的快门速度进行拍摄

项目小结

本项目主要进行了花卉摄影、风光摄影、城市夜景、动静对比四个任务的训练。每一种拍摄题材都有相应的摄影技巧，但它们并不是割裂独立开来的，而是你中有我，我中有你，例如风光摄影中就包括海景岸边，也包括溪流瀑布。动静对比中的光轨车流也属于城市夜景拍摄的范围。除了内容，拍摄的技巧也是可以相互迁移的，例如风光摄影中大景深，小光圈的拍摄参数就适合城市夜景的拍摄参数设置。在进行各种摄影题材实践时，要多思考原理与本质，讲技巧活学活用。本项目的内容对于初次接触摄影的同学尤为关键，可帮助同学们由一名摄影的爱好者逐步向专业摄影师成长。

实战强化

1. 寻找校园盛开的鲜花植物

利用本项目所学的构图和用光，拍摄几组花卉的作品。然后全班同学相互展示交流。

2. 快门速度练习

利用课间休息的时间，拍摄同学们在操场运动的场景，尝试几组不同的快门速度。

3. 白平衡的设置

在校园寻找一个最佳的角度，能将校园大部分的建筑拍摄下来。白天拍摄一组、黄昏拍摄一组、晚上拍摄一组。每组尝试用不同的白平衡设置。

4. 低速快门练习

尝试拍摄出图2-96所示的效果，在长时间曝光下用光源绘画。

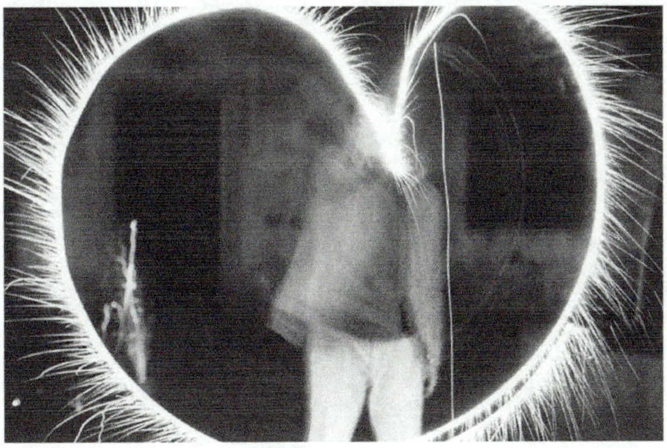

图2-96　长时间曝光下的光源绘画

学习领域3
——商业摄影

任务1 拍摄证件照片

任务情境

小英是一家照相馆的实习摄影师，这家照相馆位于公安局的附近，所以他们的顾客大多数是来公安局办理各种证件的人。因此，小英需要在最短的时间内拍摄出客户需要的标准照片。

任务分析

生活在现代社会，证件是时时刻刻都要用的。从上小学就用到的学生证，一直到以后的身份证、护照、通行证，办事填各种各样的表格，都需要一张近期免冠证件照片。

优秀的证件照不是形象呆板的照片，它应该是能够在照片上反映出一个人的精神面貌而不仅仅是外在的形式。翻看历史上很多好的标准像照片，比如伟人的经典标准照片，其意义早已超出了标准照片本身了。

因此，摄影师一定要重视证件照的摄影技术，绝不能只是照谁像谁就行了，还要加上美。拍摄难就难在“美”字上，因为不可能每个人面部长得都那么美观匀称，肯定有不尽如人意的地方，如何扬长避短，把人物美的方面放大，把不美的局部隐藏和掩盖，需要靠摄影师恰当地应用拍摄角度，合理地使用光和影来弥补和纠正。

注意：公民享有肖像权，未经本人同意，不得以营利为目的使用公民的肖像。照相馆一般会挑选一些优秀作品在橱窗展览，但必须经过被摄者本人同意并授权，方可对外公开陈列，否则属于侵犯被摄者肖像权，对方可依法要求照相馆停止侵权，赔偿损失。

任务实施

1. 拍摄居民身份证照

居民身份证相片为正面免冠彩色头像，尺寸为32mm×26mm，照片规格为358像素（宽）×441像素（高），分辨率为350dpi，头部占照片尺寸的2/3，背景颜色为白色，颜色模式为24位RGB真彩色。要求正面、免冠、彩色，人像要清晰、层次丰富、神态自然、无明显畸变、密度适中、彩色还原良好、无明显偏色。居民身份证照片尺寸，如图3-1所示。

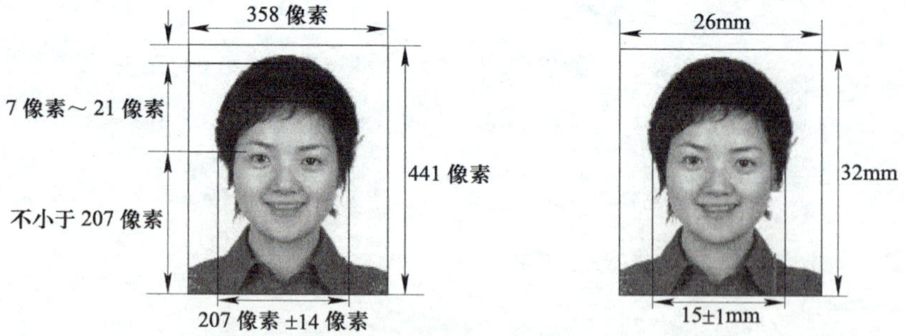

图3-1 居民身份证照标准尺寸

人像在相片矩形框内水平居中，脸部宽207像素±14像素，头顶发迹距相片上边沿7～21像素，眼睛所在位置距相片下边沿的距离不小于207像素，当头顶发迹距相片上边沿距离与眼睛所在位置距相片下边沿的距离不能同时满足上述要求的情况下，应优先保证眼睛所在位置距相片下边沿的距离不小于207像素，特殊情况下可部分切除耸立过高的头发。

2. 拍摄驾驶证照

驾驶证照片尺寸为32mm×22mm，头部长度为19～22mm，头部宽度为14～16mm，背景颜色为白色。

驾驶证照片的拍摄要求和第二代身份证基本完全一样，只是尺寸大小不相同。实际上，第二代身份证照片调整裁切尺寸后也就可以办理驾驶证了。

3. 拍摄护照（通行证）照片

护照照片和通行证照片尺寸均为48mm×33mm，原始照片人像尺寸要求头部宽度为21～24mm，头部长度为28～33mm，头像大小超出规定尺寸范围的照片不予受理。护照照片背景颜色为白色，通行证照片背景颜色为淡蓝色。

4. 仪容仪表要求

1）服饰：国家公职人员不能穿制式服装，如工作服、警服、军服、学生服等；儿童不系红领巾。最好穿深色有标准领的衬衣或西装，而灰色和白色最好不要穿，假如相片的背景是纯白色，这两种颜色最易融入背景，会视为不合格。

2）眼镜：警方建议，如果市民是一向戴着眼镜的，还是要戴着眼镜照相，如眼镜反光大，可以戴无镜片的镜框代替，镜框不能挡住眼球。

3）发型：不要梳太高耸的发型，长发者可放下头发，但头发不可遮挡眉毛、耳朵、眼睛、眼角。不戴帽子，不佩戴项链，不戴任何影响拍摄效果的饰品，包括非黑色钢丝发夹。虽然公安部没有具体规定不能染发，但计算机会对染发者的头发进行自动检测，一旦发现颜色怪异，可能会当作颜色偏差，测定为不合格相片。

4）仪容：面容整洁，无汗渍、油污，不化浓妆。

5）表情：要求端庄大方，最好是笑不露齿。

5. 具体操作方法

1）选择适当的背景，在背景前约2m处架好三脚架，调整好光源的大致位置（室外应选择在避免阳光直射的地方拍摄，并做好补光工作）。

2）请被摄者在背景正前方1m左右的位置坐下，根据其面部特点摆放光位，采用顺光或侧光布光。顺光即将最亮的一盏台灯放在接近镜头光心主轴到被摄者的延长线上，另一盏台灯放在另一侧辅助照明，第三盏用于背景的照射。顺光拍摄可将人物拍得更丰满一些。侧光布光时将主光放在人物的一侧，约30° ～40° 的位置，适当调整辅助光的位置，可将人物拍得更有立体感（室外拍摄应用挡光板补光，避免阴影过重）。此外，对于戴眼镜的被摄者应将主光源放得稍高一些，避免眼镜的反射光形成光斑。

3）拍摄前应用手动校正白平衡，并试拍测光（可选用重点测光方式为人物脸部测光）。

4）调整人物姿态和眼神，抓住人物临场表现自然的一瞬间，按下快门完成拍摄。

任务评价

请根据表3-1进行任务完成质量评价。

表3-1　任务评价表

阶　段	评 价 指 标	具体实施的情况
拍摄身份证照	选择适当的背景	
	被拍摄者的着装和仪容是否符合要求	
	布置灯管、调试光源	
	抓拍自然、稳重的表情	
拍摄驾驶证照	选择背景	
	被拍摄者着装、仪容是否符合要求	
	布置并选择合适的灯光	
	抓拍自然、稳重的表情	
	冲洗、裁剪成合适尺寸的照片	
拍摄护照照片	选择背景	
	被拍摄者服装、仪容是否符合要求	
	调试光源	
	抓拍自然、稳重的表情	
后期处理	使用专业证件照片处理软件处理照片及头像尺寸	
	冲洗符合尺寸的照片	

必备知识

1. 证件照的种类及尺寸（宽*高）

1）第二代身份证（26mm×32mm）

2）驾驶证（22mm×32mm）

3）黑白小一寸（22mm×32mm）

4）彩色小一寸（27mm×38mm）

5）彩色大一寸（40mm×55mm）

6）普通证件照（33mm×48mm）

7）1in（25mm×35mm）

8）2in（35mm×49mm）

9）3in（35mm×52mm）

10）港澳通行证（33mm×48mm）

11）赴美签证（50mm×50mm）

12）日本签证（45mm×45mm）

13）大二寸（35mm×45mm）
14）护照（33mm×48mm）
15）毕业生照（33mm×48mm）
16）结婚证照（60mm×40mm）
17）行驶证车照（60mm×88mm）

2. 常用证件照的尺寸说明

常用证件照的尺寸，见表3-2。

表3-2 常用证件照的尺寸

证件照名称	相片尺寸（宽*高）/mm	脸颊宽度/mm	头顶距离/mm	背景颜色
标准1寸	25×35	13	2	红或蓝
驾驶证	22×32	12	1	白色
结婚证	60×40	32	2.5	红色
毕业证	33×48	17.5	2.2	红色
美国签证	50×50	22	2.5	白色

3. 拍摄前的道具准备

1）证件照拍摄实际上对数码相机的要求不高，通常具备2、3倍的光学变焦，200万像素以上的数码相机都可胜任。

2）拍摄焦距最好控制在中长焦段（相当于135传统相机85～135mm）的范围之内，避免广角端夸张的形变，或长焦端对脸部刻画缺乏立体感的现象。

3）背景布是证件照拍摄必不可少的重要工具，拍摄前问清楚拍摄要求，以便选择合适的背景颜色（护照、身份证、驾驶证为白色背景）。

4）一副稳定的三脚架是证件照拍摄的关键，特别是在没有影室灯光的室内和阴天的室外拍摄尤为重要。

5）准备2～3盏可移动并可方便调节高度的灯具，如柔光灯，如图3-2所示。

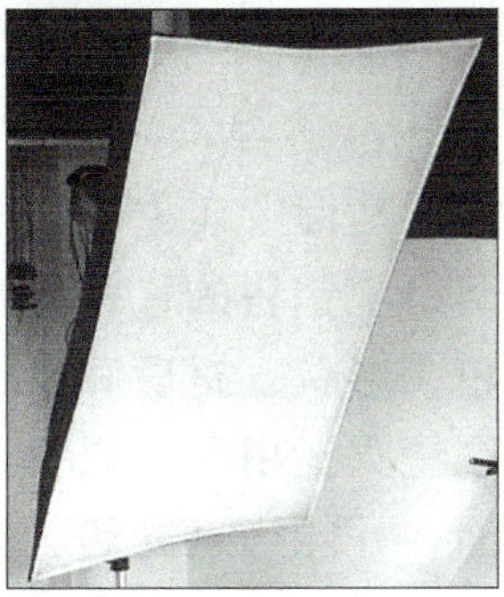

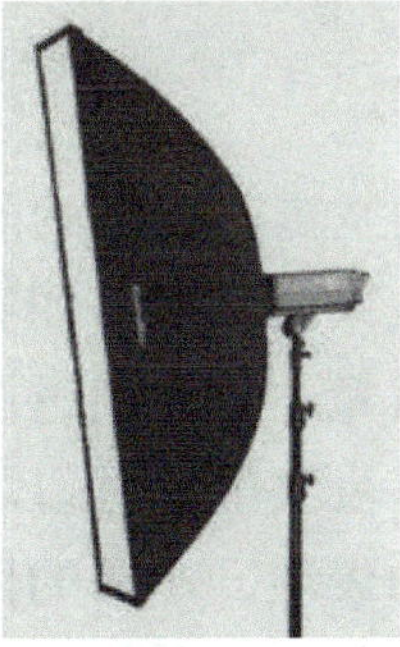

图3-2 柔光灯箱

6）在室外拍摄时最好准备一张反光板，以便进行阴暗面的补光，控制大反差时的光影效果。

4. 证件照的拍摄技巧

1）无论是身份证还是驾驶证或者护照，这些证件照的要求都有明确的规定，要求被拍摄者衣着得体、整洁，发型和服装搭配，表情自然，拍摄时视线要投向相机镜头方向。因此，摄影师要对规定了然于心，首先对被拍摄者仪容装扮先进行把关。拍摄前，必须明确所拍摄证件照片的类型，以此决定人物的摆位及背景和灯光的选择。

2）拍摄时照相机保持与被摄人物头部处于同一水平面，拍摄距离不要太近，太近面部可能会变形，距离大概2m左右，画面主要为人物的头部和半胸，注意头部与上下边框的间距不要过大，双眼处于水平线。在此基础上，引导拍摄者的情绪，抓拍到自然的神情，拍出稳重、庄重的照片即可。

3）注意人和背景的距离，靠得太近，人的投影会影响后面的背景。

4）国内几乎所有常见的证件照都是正面免冠照，然而，某些用于企、事业领导人等的证件照则稍微有些变化，即身体的位置稍微向左或向右大约15°，通常这样的证件照比端坐的姿态显得更加具有亲和力。此外，办理到美国等国家的移民证件照必须为45°的半侧面角度。

5）拍摄前进行光线和白平衡调整，试拍几张确认尺寸大小、布光、白平衡是否准确。

任务2　拍摄静物产品

任务情境

小王是一个淘宝平面摄影师，他的客户是淘宝上开店的小型经营者。小王擅长静物拍摄，他的工作包括皮具摄影、化妆品摄影、饰品摄影。这些摄影任务绝大多数在室内，依靠布光、物件摆放构思以及精巧构图，拍摄出精致、质感强的照片，以显示或者提高产品的档次。

任务分析

小王从事的是商业摄影中的产品摄影，他的客户是淘宝店主，他需要为客户所售卖的产品拍摄效果图、细节图等。由于产品是在网络上销售的，顾客看不到、摸不着实物的材质和质量，只能通过图片了解产品的颜色、形状、材质和结构，因此摄影师需要营造客观、真实的感觉以增强产品可信度，在镜头运用和拍摄手法上多对产品进行整体加细节的表现。产品的照片必须清晰、全面，并能通过光线、道具衬托及美化产品，提高产品的质感和档次。图片是商品的灵魂，一张漂亮的商品照片可以直接刺激顾客的视觉感官，让他们产生了解的兴趣和购买的欲望。因此，产品的拍摄效果决定了产品的销售情况。

产品摄影一般是在摄影室内进行，也可以自己搭建一个小型静物摄影台，如图3-3所示。因为静物台或摄影室的灯光条件是完全可以控制的，摄影师可以使用各种光源，不断试拍效果。

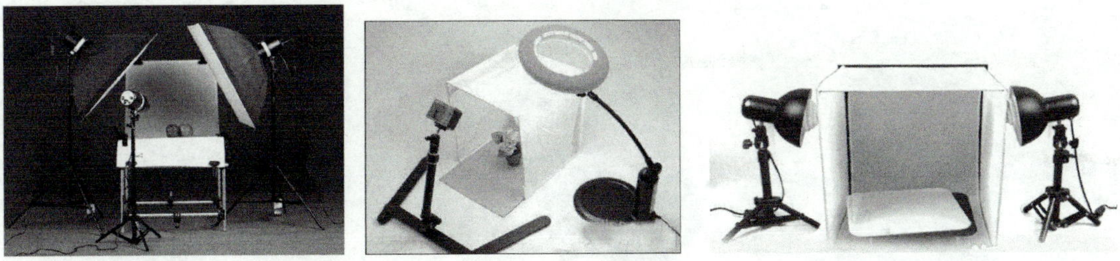

图3-3 静物摄影台

任务实施

1. 拍摄皮具（皮鞋、皮包等）

（1）拍摄皮包、皮鞋

在拍摄皮包的时候，为了体现其立体感，需要在包里装一些塑料袋或是废报纸作为填充物，不仅让皮包有型，更让买家清楚地知道在实际使用中皮包的模样，从正面、背面、侧面等不同角度拍摄，充分展示皮包的外形，如图3-4所示。

图3-4 皮包的正面、背面、侧面图

皮鞋和皮包的材质一样，在拍摄时容易产生反光，如图3-5所示。照明的控制很关键，建议在拍摄过程中至少需要两盏照明灯，同时还要使用反光板，使光效柔和一些。

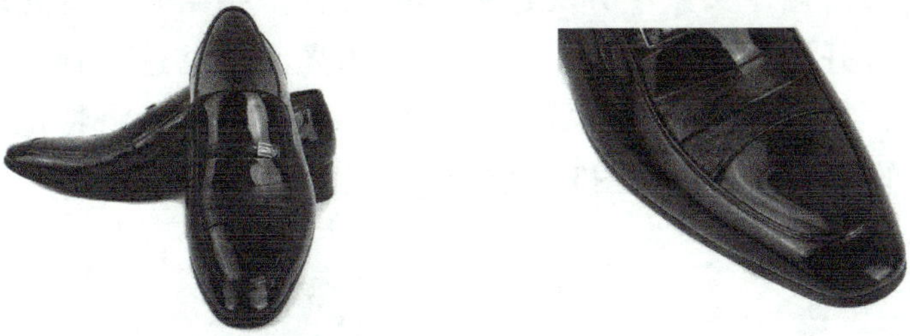

图3-5 皮鞋的材质

（2）拍摄钱包

在拍摄钱包时，希望其看起来很美观，一定要在摆放上多下些工夫。若是将钱包随便放在静物台上是无法拍摄出富有美感的钱包的。大部分钱包无法直接独立地站立起来，摄影师可以在钱包的背后放置稍厚的磁带盒子或者其他透明的物体，以撑起钱包，用透明盒子支撑，落在皮夹后方的阴影不那么显眼，钱包靠着盒子，倾斜地站立，摆放很自然且不呆板，如图3-6所示。配上一些道具的话效果更好，如图3-7所示。

a）　　b）

图3-7　配上道具效果更好

图3-6　钱包摆放效果对比

a）平放在拍摄台，效果单调　b）将钱包立起来，拍摄效果好很多

一般在拍摄时使用两盏以上照明灯，可以得到非常柔和的光线，如图3-8所示。

为了使商品的阴影或者高光区看上去更加自然，左右两侧照明灯的位置最好是不对称的，形成主灯与辅灯的位置，如果两盏照明灯在商品左右两侧以相同的角度对称地进行照明，商品所产生的阴影和加亮区就会对称出现，看上去非常别扭，如图3-9所示。

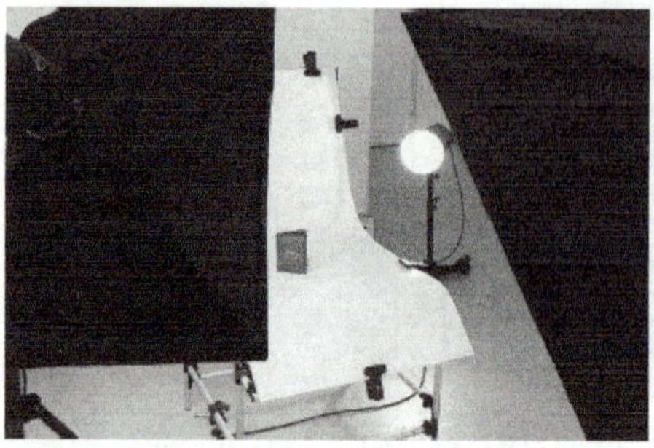

图3-8　拍摄现场布光图

图3-9　对称式布光，会出现两个阴影

接下来拍摄局部细节。对商品外形的第一印象是买家决定是否购买的关键。但对背包、钱包这类商品而言，买家十分关注内部的设计。拍摄时，首先取出钱包里的填充物，将钱包完全打开然后进行拍摄。尽量让照明光线能够进入到钱包里面。钱包通常由特定材质做成，如果想充分表现钱包的材质，拍摄时最好将特定部分放大，同时还要仔细拍摄钱包的特色部分，如图3-10所示。

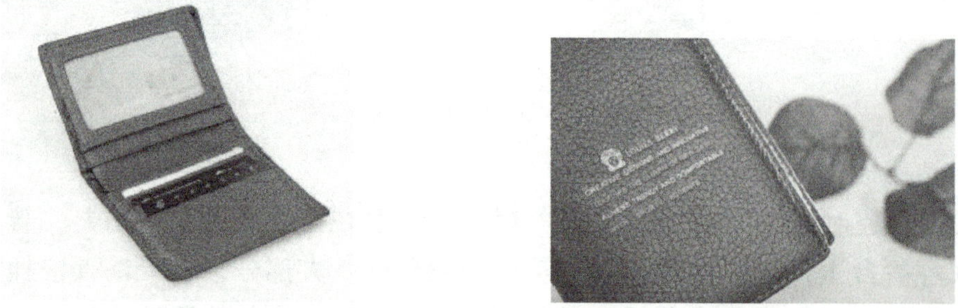

a）　　b）

图3-10　皮质钱包的拍摄

a）钱包的内部设计　b）钱包的皮质细节

对背包来说，肩带非常重要，牢固的缝制和结实的拉锁能体现背包的品质，所以在拍摄的时候一定要表现出来，如图3-11所示。

图3-11　背包的各部位细节图

2. 拍摄化妆品

对于化妆品的拍摄，其拍摄角度很重要。化妆品的包装一般都很精美，无论从材质上还是颜色来看都很精致，所以要把它们表现得尽善尽美，应考虑灯光和拍摄角度的问题。

（1）拍摄护肤品

对于爱美的女性来说，爽肤水及乳液的使用是必不可少的，对于网店摄影来说，这些也是经常要拍摄的产品。这类产品应尽量拍摄得清新、淡雅，才能体现产品的特性，如图3-12所示。

画面构图是化妆品摄影的关键，合理摆放是化妆品摄影的技巧，如何体现出层次关系、画面平衡与色彩搭配将直接影响到照片的可看性。对于一些造型特殊的化妆品，在拍摄时要尽量采用能体现它们自身特点的角度进行拍摄。灯光的运用在化妆品摄影中相当重要，摄影师应根据拍摄体反光与否、形状、材质来决定灯光的柔和度，把灯光适当拉远还是贴近，是一侧光强一侧光弱，还是两边平衡，这些都需要考虑。一般爽肤水瓶子的材质都是半透明的塑料或者玻璃，这样的材质，通常都使用柔光照明的方式来表现。尽量使用柔光罩，若是使用直接照明的方式，会使瓶子产生强烈的反光，非常刺眼，所以拍摄时应使用硫酸纸柔化光线，如图3-13所示，柔化前后的效果对比，如图3-14所示。

图3-12　化妆品官网图

图3-13　硫酸纸用于柔化光线

图3-14　直射光照射与柔化后的拍摄效果

在背景的选择上可以使用白色的静物台，也可以根据产品的颜色来选择背景的颜色，使画面的色彩更加丰富。也可以使用渐变纸，渐变纸使背景呈现非常自然的明暗渐变，可以提升产品的格调，使画面富有情趣。不同的背景纸可以营造出不同的效果，同时借助道具的衬托能使产品更加诱人，画面也显得更加均衡，如图3-15所示。

图3-15　不同的背景营造不同的效果

（2）拍摄香水

香水大部分是透明的，通常会用玻璃瓶包装，这种材质最大的特点是可以“透过”光线，稍有疏忽就会曝光过度，所以要想把香水拍好，并非一件容易的事。拍摄时一般采用偏后侧的逆光照明为主，重点表现香水瓶晶莹剔透的质感。

在拍摄香水瓶时一般都使用黑色背景纸或白色背景纸。黑色背景下拍摄的香水给人一种神秘、诱惑的感觉，白色给人一种干净、清新的感觉，摄影师可以根据不同的感觉来使用不同的背景以及配景。对于半透明的香水瓶，在拍摄时应当透过瓶子拍摄出它里面装的香水，所以要充分利用间接照明和光的反射。例如在图3-16中，使用白色背景纸拍摄香水，将照明灯位于香水瓶的两侧，照明灯使用柔光箱，能使光线柔和，避免直接照明产生浓重的阴影。由于背景是白色的，背景反射的照明光线会穿过香水瓶照出瓶子里的颜色。

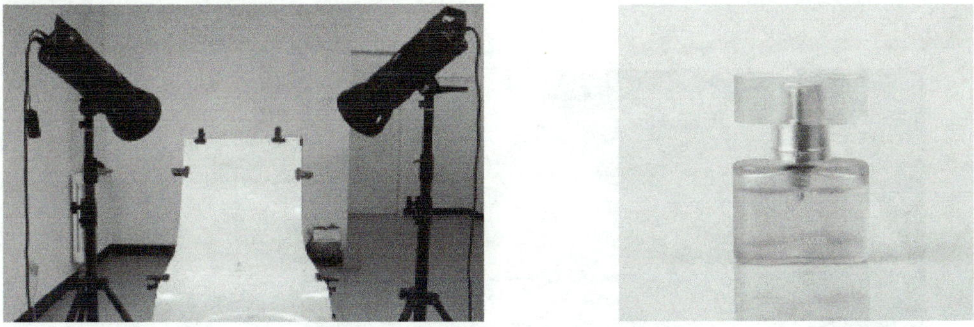

图3-16　香水的布光及效果

若使用暗色背景，没有照明光线穿过容器，商品就会发暗。摄影师可以自制反射光，根据香水瓶的大小在它的后面竖起一小块白色反光板，该反光板会对照明光线进行反射，使之穿过香水瓶。从图3-17中的对比可以看出，没有使用反光板的香水瓶在黑色背景下显得瓶体发暗，使用反光板后拍摄出的照片更好地表现了商品的材质、颜色和晶亮通透的瓶体质感。

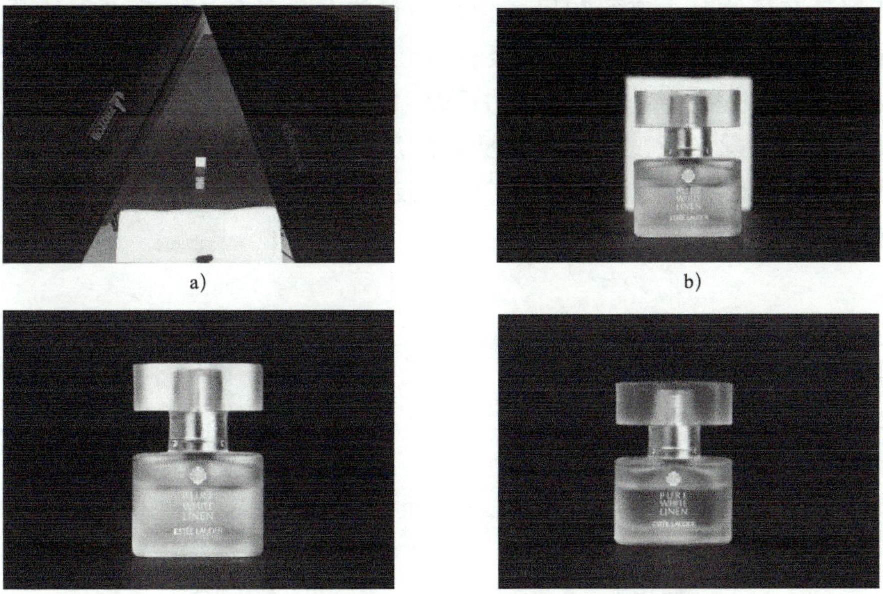

a)　b)　c)　d)

图3-17　使用黑色背景的拍摄技巧

a）使用反光板的布光图　b）使用自制反光板　c）后期将白纸修掉后的效果　d）没有反光板的暗色背景

将香水瓶放在白色背景上，左右两盏照明灯对香水瓶进行均匀照射，这是香水拍摄经常使用且最简单的布光方式。还有一种布光方式是加顶灯拍摄，两盏照明灯分别位于香水的左侧和后面正中央，左侧的照明灯光最好使用柔光箱进行照明，而位于产品后方的灯可以使用直接照明，且亮度比左侧的灯光亮，使光能够更好地穿过瓶子，使瓶子颜色看上去更加晶莹剔透，如图3-18所示。假如拍摄的是一个瓶体透明而瓶盖颜色较深的香水，如果没有充足的光线照射到深颜色的瓶盖，那么很容易出现瓶身曝光正常，瓶盖欠曝的问题，瓶盖变成黑糊糊的一片，很难分辨瓶盖上的Logo，应尽量让光线照射到瓶盖上。

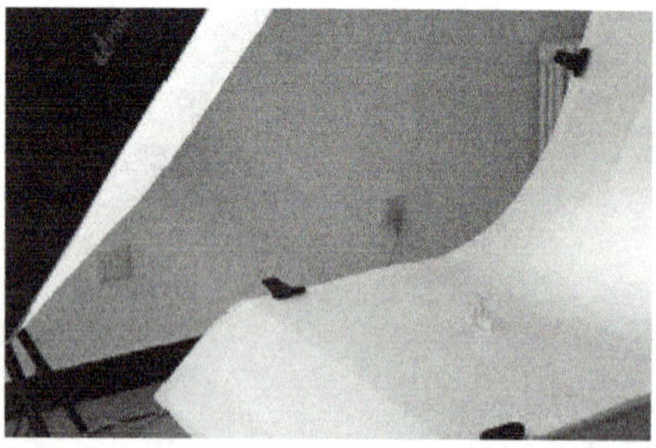
a)

b)

图3-18　白色背景的拍摄效果

a）布光图　b）拍摄效果

（3）拍摄口红

口红的外包装上基本都是金属材质的，所以很容易产生反光，一般使用柔光箱来进行拍摄，若使用闪光灯直接照明的话，最好在灯前面加用硫酸纸来柔化光线。一般拍摄口红都是在静物台上进行拍摄，使用白色的背景颜色，白底可以使画面非常干净、雅致。如果没有专业拍摄台，需要在口红下面铺一张足够大的白纸，避免周边的环境在包装上产生反射，特别是口红的正面，需要留出一大部分空间，否则就容易产生反射。注意使用反光板，从主光的反方向反射光线，如图3-19所示。没有使用反光板的拍摄效果缺乏立体感，而使用了反光板后可以看到在口红的右边有明显的“光边”，使口红看起来更加立体、高档。

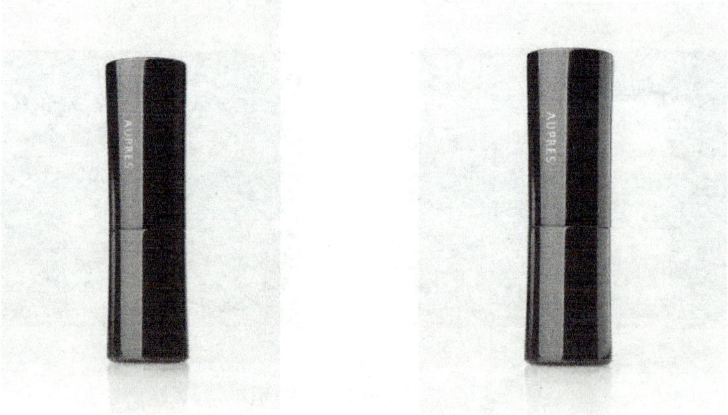

图3-19　使用反光板的区别

拍摄口红这类化妆品时，一定要在摆放上多下工夫。若是将口红立直排成一排，此构图不但毫无新意，而且顾客也看不到里面的实物，画面会显得非常单调、乏味，如图3-20所示。摄影师可以灵活地将其进行摆放，例如一支放高，一支横放在平面上，形成一个错落有致的画面；还可以搭配花朵或其他的道具进行拍摄；也可以利用口红的外包装，将其做配景，使画面更加丰富，如图3-21所示。拍摄时，若口红的盒盖非常漂亮，尽量使其中的一支外表完整，另外的可以去掉盒盖，看清口红里的实质。摄影师也可以将口红盖子拿下来平放在一旁，把口红旋转至合适的长度，也让买家有真实的感受，这样的画面设计更舒服，拍摄效果会更出色。

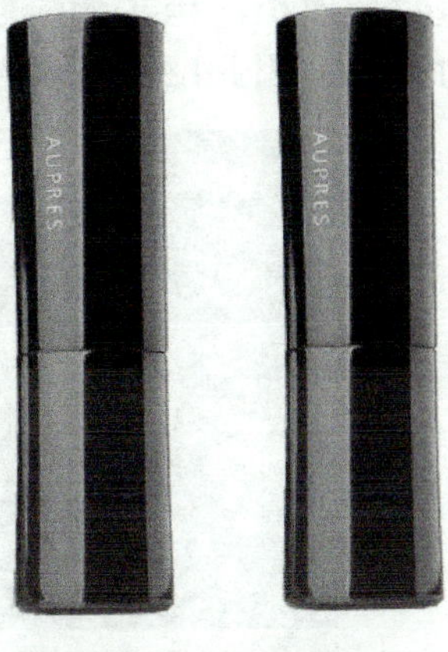

图3-20　缺乏美感的构图

图3-21　艺术的构图

（4）睫毛膏的拍摄

睫毛膏的外包装通常都是用塑料瓶包装，拍摄难度较香水及口红稍低一些。这类商品只需要如实地表达出商品的外观即可。当然，化妆品在网购中存在很多假货，如果为了让买家信服自己的商品，可以对商品进行细节拍摄，如生产日期、生产代码、货号，等等。如果允许，还可以将真假商品进行对比拍摄，既提高自己出售商品的真实性。瓶身或瓶底的条码或喷码是睫毛膏的身份证，能够让买家了解睫毛膏的真假，用微距镜头将瓶底的细节清晰地拍摄出来很有必要，如图3-22所示。

通常情况下，睫毛膏的瓶身都很光滑，也容易产生反光，所以需要两盏灯进行照明，同时又不能直接将光线照射到睫毛膏上，而是在灯头前加上柔光箱，放置在睫毛膏的两侧，让瓶身接受到柔和的光照。拍摄时，注意两边照射光亮度的一致以及反射区域大小的一致，这样拍摄出来的照片比较好看。如果将其摆放在白色拍摄台的中间拍摄，会发现拍摄出来的睫毛膏的下半部分会有明显的拍摄台的反光，影响了光斑的形状，使画面效果不理想。将睫毛膏摆在拍摄台边缘位置，如图3-23所示，后期用计算机软件将多余的拍摄台修掉，效果会比放在拍摄台中间好很多。不同的拍摄效果如

图3-24所示。由于拍摄时使用了镜头反光布遮住自己拍摄的影子，同时又照亮了商品的Logo，因此Logo非常清晰。

图3-22　拍摄瓶底的细节

图3-23　布光图

a)　　　b)

图3-24　不同的拍摄效果

a）放置在拍摄台中间　b）放置在拍摄台边缘

单独拍摄睫毛膏的构图会比较单调，摄影师可以配搭其他的化妆工具或者化妆品进行拍摄，如小镜子，效果会好很多，画面看起来也更加丰富。另外，将睫毛膏拿在手里拍摄可以让买家看到拿在手中的商品的真实大小，将刷头拔出拍摄其细节，让买家了解刷头的形状等，如图3-25所示。

图3-25　拍摄细节图

3. 拍摄首饰饰物

常言道“一张好图片胜过千言万语”，试想一下，在一个首饰实体店里，顾客如果看中耳环、项链或戒指等首饰时，会先看看，再详细触摸它，握在手里甚至带在身上，然后才决定是否购买这件首饰。作为网络销售的首饰店，您的顾客唯一能做的就是看照片和商品介绍信息，他们需要以图片的好坏来决定是否购买产品。因此，图片的表现力非常关键。

网店销售的并非都是身价不菲的首饰，还有一些材质相对大众化，为爱美、爱时尚的人们所拥护的首饰，如图3-26所示。怎么样才让材质普通的首饰展现出时尚的魅力，吸引消费者的目光，这就要考验摄影师雕琢塑造首饰光彩的技术水平。

图3-26　展现时尚的魅力的首饰

珠宝首饰小而精，要在方寸之中既表现其品质又要表现其独特的创意，对摄影师的摄影技术和艺术鉴赏力均提出了较高的要求。首饰种类繁多，有戒指、耳饰、项链等。质地有金、银、各种宝石及其他材质。它们加工精美、造型别致、光色耀眼，拍摄时应充分表现其精度、美感和价值。特别是首饰的光洁度高，反光率强，要表现这种光芒的同时又要兼顾切割面的结构线条，例如，金银需要拍出高光线条，水晶需要拍出通透感，玉器需要拍出柔润的反光面，如图3-27所示。拍摄钻石首饰时，若光芒过重则结构全无，若结构清晰而全无光彩，其高贵品质就难以体现。

图3-27　各种首饰的拍摄效果

如何捕捉珠宝首饰的光芒呢？在首饰摄影中，用柔和的光线拍摄珠宝很重要，把首饰放在轻型帐篷式摄影棚内，启用外部灯光照明，让光线通过帐篷照射进来，如图3-28所示。这样光线会很散，创造一个扩散效果，使光线很柔和。否则直射光照射到首饰上产生的阴影，很容易分散顾客的注意力，使首饰失去了精致的视觉效果。为了使摄影棚内部的光线分布更均匀，可使用无阴影摄影台，如图3-29所示。它的特点在于铺设了底光，底光起到了非常重要的作用，基本能够避免照片中产品底部发灰或是比较黯淡的情况产生。这种摄影台可以自己制作：用透明的玻璃，将玻璃垫高做出一个底部可以附加灯光的产品摄影台（但桌子上一定要铺设白布或是白纸，否则使用底部光源照射时，桌子的颜色会反射到商品上）。拍摄时左右和底部都要布光，如果需要效果更好一些，再准备一个移动灯具，从稍远的地方照射商品，制造高光或反射点，进一步强化商品的质感。因此，拍摄珠宝首饰时，使用四个灯具布光是比较合适的选择，左右两盏灯，一个底灯，手里一个活动灯具随时作补光用，要求四盏灯的颜色必须保持一致。

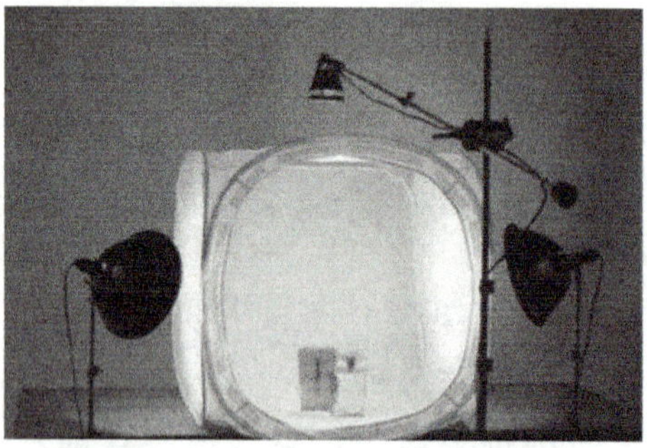

图3-28　轻型帐篷式摄影棚

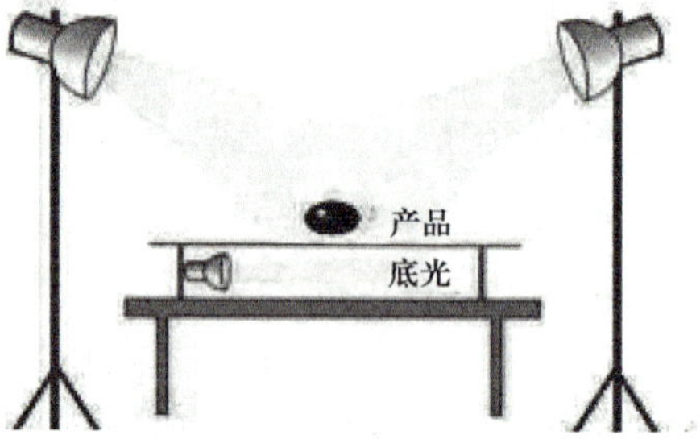

图3-29　附加底光的拍摄台

相机等器材的选择也非常重要。由于首饰大多体积很小，因此，在首饰摄影中，微距摄影是最常用的技巧，具有微距功能的专业摄影设备必不可少，它可以很近距离地拍摄珠宝高清晰度的照片，并压缩景深，使焦点落在被拍摄的首饰上，从而最大限度地突出主题并强调出画面的空间感。三脚架也是拍摄好珠宝的摄影基本工具，摄影师要很近距离地拍摄珠宝，手持拍摄时相机会有抖动，导致拍摄出的照片聚焦不清晰、画面模糊，因此使用稳固的三脚架是必不可少的。

摄影师在为首饰拍摄前一般要做到以下几点。

1）重点找出最能表现美丽光泽的部位和雕刻面的细部，突出产品的做工。

2）手持照明等从各个角度上观察首饰的受光情况，找出完美再现首饰光泽和色彩的角度，突出其独特的质感，并确定使用反光镜、还是反光板以及遮光板。

3）配备相机和微距镜头、道具及各种辅助材料，譬如拍摄所需要的灯光、台面、背景、硫酸纸、反光板、支架、夹子、双面胶或粘土等。粘土的作用是帮助戒指立起来拍摄，通过后期处理使戒指比平放时更有立体感，如图3-30所示。

4）在接触首饰前要戴白棉布手套，用羊皮认真擦净首饰，避免指纹印在首饰上影响拍摄效果；尽可能穿白色的服装，穿色彩鲜艳的服装容易将自己的影子映到首饰上。

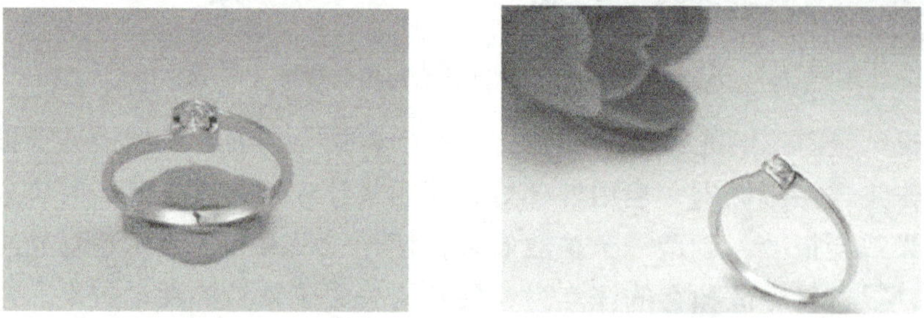

图3-30　处理前后的效果

任务评价

请根据表3-3对任务完成情况进行质量评价。

表3-3　任务评价表

阶　段	评价指标	具体实施的情况
拍摄皮具	布置背景，选择合适的辅助器材	
	正确布光，有无明细阴影或高亮区	
	局部细节的表现	
	整体构图及装饰的美感	
拍摄化妆品	选择合适的静物台	
	拍摄化妆品的正确布光	
	正确使用反光板	
	体现产品高档的材质	
	造型及构图美观	
	产品的光泽度及晶莹剔透感	
	避免不必要的反光	
	后期处理使画面更纯净	
拍摄饰品	拍摄饰品的正确布光	
	正确使用微距拍摄	
	突出饰品的光洁度和做工	
	后期处理使画面更纯净	

必备知识

布光是静物广告摄影的主要造型手段，作为一名产品摄影师，需要充分利用光影这一元素对静物产品进行视觉再创造，光影不仅可以对静物产品形象做客观记录，而且能使静物产品的视觉形象更加优美，让人印象深刻。布光能使作品的影调层次和色调层次更加丰富，使主体形象更加具体化，从而使静物产品更加生动，富有表现力和创造力。

1. 照明灯具的运用

灯光在摄影中起着非常重要的作用。它不仅可以照亮被摄商品，不同的照明灯具利用不同的光比强度、色温、灯光的位置高低等因素，使物体显现出不同的视觉效果，拍摄出效果不同、风格各异的画面。用于摄影的照明灯具种类多种多样，常用的有荧光灯、钨丝与卤素灯、闪光灯、小台灯等。

(1) 荧光灯

荧光灯是价格最便宜、最常见的照明灯，如图3-31所示。它的优点在于：光线柔和、能够淡化被照商品的阴影。如果照明灯中光的三个基本原色——红、绿、蓝的含量都很丰富，那么在拍摄时就不会产生任何颜色。但是，荧光灯却并非如此，它本身带有较强的绿色，红色和蓝色则相对不足。从可见光的分布图中可以看出（见图3-32），蓝色波长和绿色波长是相邻的，因此，比起蓝色波长，荧光灯中的红色波长更显不足。

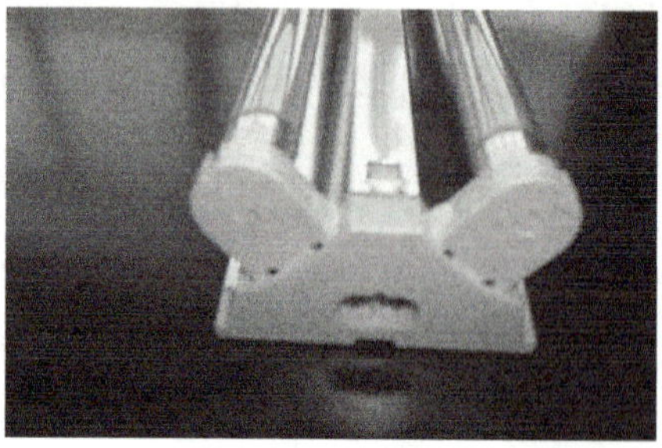

图3-31　荧光灯

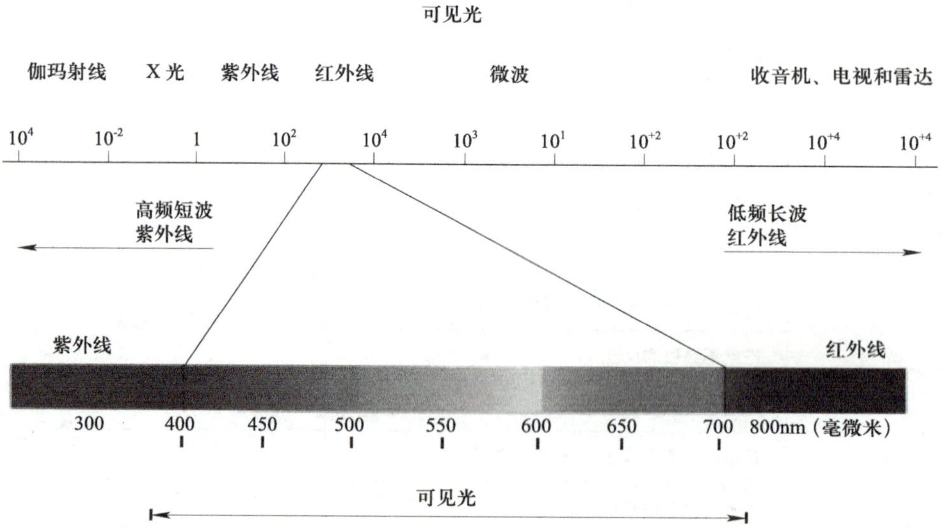

图3-32　可见光分布图

荧光灯照明的缺点在于它很难准确展现出红色系列，比如红色或粉红色等颜色商品的原有颜色，存在一定色差。荧光灯拍摄红色物品产生色调偏冷的效果，如图3-33所示。

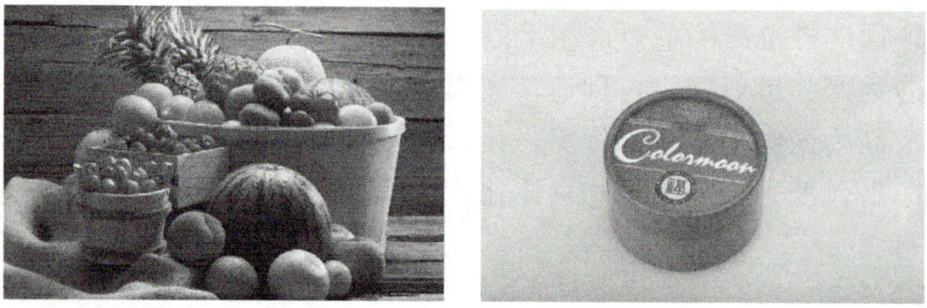

图3-33　荧光灯拍摄效果

(2) 钨丝灯与卤素灯

钨丝灯与卤素灯具有相似的分光特性，比起钨丝灯，卤素灯具有灯管体积小，瓦数较为齐全等优点。钨丝灯和卤素灯外形如图3-34所示，它们的共同特点是能够提高商品的对比度，获得比在荧光灯条件下更为清晰的图像。此外，它们独有的照明颜色也使得它们适合在体现温暖感觉时使用。

图3-34　钨丝灯与卤素灯

当你走进一家咖啡厅或是装饰得比较好的商店时，经常会看到里面采用卤素灯照明，此类照明灯会散发出一种橙色的光，带有橙色也就意味着灯光里缺乏蓝色和绿色。严格来讲，卤素灯中的蓝色波长要比绿色更显不足。因此，利用钨丝灯或是卤素灯进行拍摄，很难准确体现出带有青色的蓝色和紫色色调，如图3-35所示。

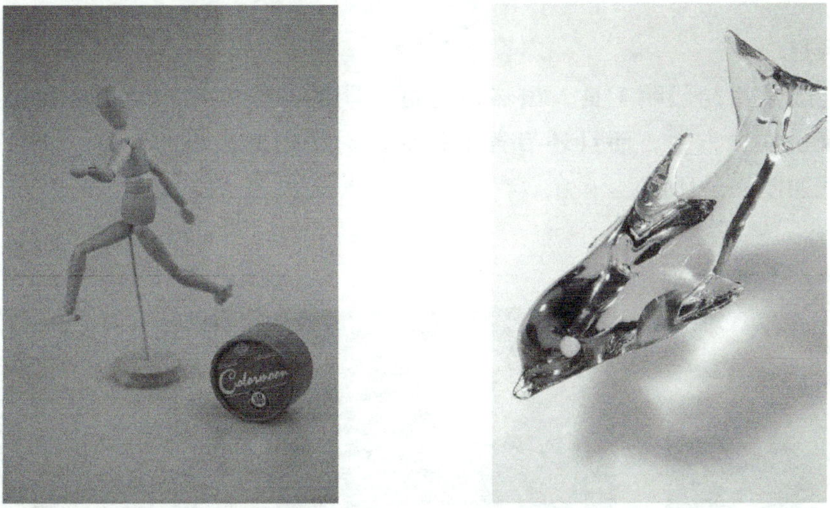

用钨丝灯拍摄的物体色调偏黄　　用钨丝灯拍摄青紫色物体会偏色

图3-35　用钨丝灯拍摄物体出现的色差

由于这两种灯都是点状光源，因此，想获得柔和的图像还需要使用反光板对光进行反射或投射。此时，需要注意的是，由于灯管产生的热量较多，所以不适宜长时间拍摄，应该在拍摄时注意安排间歇时间，让照明灯冷却下来再继续拍摄，这样比较安全，如果拍摄易燃的商品，则应该注意不要让照明灯灼伤商品。

（3）闪光灯

闪光灯具有与日光相似的分光特性，也就是说，闪光灯与日光一样，其光的基本三原色的含量非常均匀，能够准确拍摄出所有的颜色。闪光灯外形，如图3-36所示。但是闪光灯也有一定的缺陷：①闪光灯是瞬间放电，照明时间非常短，对不经常接触的人来说，使用闪光灯拍摄存在一定的困难，这个问题可以通过一定时间的练习得到解决；②使用闪光灯照明拍摄出来的图像色感偏冷。但可以在图像处理软件中稍稍作些修正就能够解决这一问题。

图3-36　闪光灯

虽然闪光灯有上述缺点，但是它仍然是最能够准确表现出被摄体颜色的照明灯，光照均匀，视觉感受很好，而且还有耗电量少、产生热量较少等优点，如图3-37所示。除此之外，它还可以通过安装在前部的各种配件自由调节光的强弱，实现多种形式的拍摄。

（4）台灯

台灯是最常用的照明工具，虽然用台灯照明的拍摄效果不及用专业摄影灯，但是它使用起来确实很方便，而且还节省了开支，对于拍摄较小的商品，小台灯是可以满足要求的，如图3-38所示。

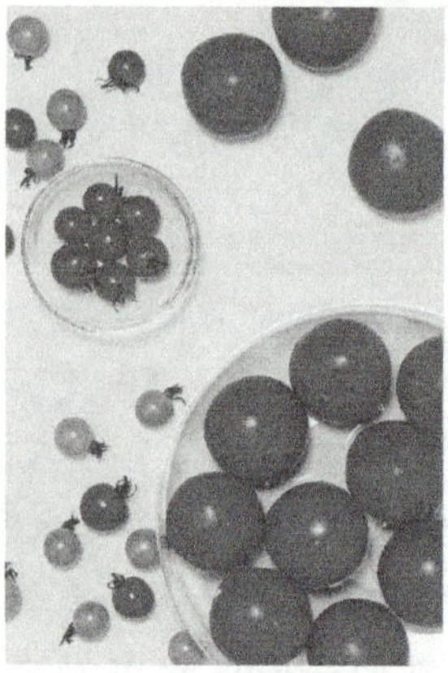

图3-37　闪光灯拍摄的效果

图3-38　台灯布光的拍摄效果

2. 光源的投射方向

如何使用人工光源进行拍摄，要根据拍摄对象的具体条件和拍摄者对于表现方面的要求决定。灯光是以点状光源或是柔光棚光源及反射光线等形式对商品发生作用。许多情况下，拍摄对象的表面结构决定着光源的使用方式。

在一般情况下，商品拍摄是依靠被摄商品的特征吸引买方的注意，光线的使用会直接关系到被摄商品的表现力。要善于运用光线明与暗、强与弱的对比关系，了解不同位置的光线所能产生的效果。

侧光：能很好地显示拍摄对象的形态和立体感。

侧逆光：能够强化商品的质感表现。

角度较低的逆光：能够显示出透明商品的透明感。

角度较高的逆光：可用于拍摄商品的轮廓形态。

顶光：加强物体的轮廓，使之清晰。

底光：底部的用光可以拍摄出没有投影的商品照片。

熟悉和掌握上述各种位置灯光的作用和效果，在拍摄过程中，可以先使用一只照明度较大的单灯在拍摄对象的前后、左右不同的位置进行照明实验，细心观察不同位置光线所能产生的不同效果，了解它对拍摄对象的表现所产生的作用。

3. 不同光型的运用

利用室内灯光进行商品照片的拍摄，其光线的类型大致可以分为主光、辅助光、轮廓光、背景光、装饰光、顶光、地面光等几种。在一般情况下，拍摄的过程只采用3～4种光线类型即可。

对于拍摄者来说，在布置各种类型的光线时，切忌将所有的灯光一下子全部照射到被摄对象及其背景等处。这样势必会造成光影的混乱。正规的布光方法，应该注重使用光线的先后顺序，首先要重点把握主光的运用。

1）主光。主光是所有光线中占主导地位的光线，是塑造拍摄主体的主要光线。当主光作用在主体位置上后，其灯位就不再轻易移动，然后再利用辅助光来调整画面上由于主体的作用而形成的反差，要适当掌握主光与辅助光之间的光比情况。

2）辅助光。辅助光的位置一般都安排在照相机附近，灯光的照射角度应适当高一些，目的是降低拍摄对象的投影，不致影响到背景的效果。辅助光确定以后，根据需要再来考虑轮廓光的使用。

3）轮廓光。轮廓光的位置一般都是在商品的左后侧或右后侧，而且灯位都比较高。使用轮廓光的时候，要注意是否有部分光线射到镜头表面，一旦发现就要及时处理，以免产生眩光。其后再按照拍摄需要考虑背景光等其他光线的使用。

4）背景光。背景光又称为“环境光”，用它可以调整人物周围的环境及背景影调，加强各种节目及场景内的气氛。

5）装饰光。装饰光主要是打出眼神光，使用的是较小的灯或者在其他光种（主光、辅助光、轮廓光、背景光）达不到的地方，细部加强亮度，表现质感和轮廓，也可以用这种灯光消除人物面部的缺陷，如使瘦削的面庞显得丰满些。

全部所需光线部署好以后，再纵观全局，做一些必要的细微调整。当然这种有主有从，有先有后的布光顺序是对一般情况下而言的，当面对一些特殊的拍摄对象，光线的使用并不一定拘泥于主光到辅助光再到轮廓光这种用光顺序。有时只需要一盏灯照明，有时将顶光作为主光使用。摄影师可通过反复实践，掌握用光的规律就能很好地把握商品拍摄中光线的使用效果了。

4. 道具与背景的运用

1）摄影棚：首饰光滑的表面及其特殊的光泽决定了它必须在摄影棚中拍摄，摄影棚主要起到一个柔光的作用，而且能有效地解决首饰表面反光的问题。

2）静物台：通常使用半透明的亚克力板，最大的好处是可以从静物台的背面和底部透过亚克力板打光，在拍摄一些玻璃制器或透明物体时，能反映出玻璃制品的通透质感，而且亚克力板本身比较光滑，底部光源比较暗的话会有倒影效果，在半透明的亚克力板底部打光，可以消除阴影。

3）静物箱：可以把物品全包起来，柔光布可以起到分散光源的作用，在拍摄表面有镜面反光效果的物品，比如不锈钢制品时，使用得比较多。如果想要倒影效果，一般要再配合一块白或黑色的亚克力板作为倒影板。

4）背景：在选择拍摄背景时，应根据商品的材质选择最适合的背景和纹理来烘托所被拍摄的对象。例如，拍摄首饰的背景应该与首饰的质地产生鲜明的对比来突出首饰的特点，这种对比包括粗糙与平滑，明亮与暗淡，柔和与坚硬。一块黑色丝绒能体现出钻石的剔透，木质的纹理可以体现出珍珠的华贵，粗糙的花岗岩纹理能够显现出金银首饰的圆润和质地，彩色的背景代表着宝石的多变。因此背景的选择对体现首饰的内涵起着非常重要的作用。背景色彩的处理应追求艳丽而不俗气，清淡而不苍白的视觉效果。背景色彩的冷暖关系、浓淡比例、深浅配置、明暗对比，都必须从更好地突出主体对象的前提出发。可以用淡雅背景衬托色彩鲜艳的静物，也可以利用淡雅的静物配以淡雅的背景，只要将主体和背景的关系处理得协调、合理即可。

5. 光线的运用

“光是色彩之源”，光对静物产品的色彩还原起着直接作用，静物产品布光的每一细小变化都会给作品带来不同的感受，因此，不一样的光线拍摄出不一样的质感和档次，对于不同材质的商品在运用光线方面应注意：

1）粗糙表面商品的光线运用。有许多商品具有粗糙的表面结构，如皮毛、棉麻制品、雕刻等，为了表现好它们的质感，在光线的使用上应采用侧逆光或侧光照明，这样会使商品表面表现出明暗起伏的结构变化。

2）光滑表面商品的光线运用。一些光滑表面的商品，如：金银饰品、瓷器、漆器、电镀制品等，它们的表面结构光滑如镜，具有强烈单向反射能力，直射灯光聚射到这种商品表面，会产生强烈的光线改变。所以拍摄这类商品，一是要采用柔和的散射光线进行照明，二是可以采取间接照明的方法，即灯光作用在反光板或其他具有反光能力的商品上反射出来的光照明商品，能够得到柔和的照明效果。

3）透明商品的光线运用。玻璃器皿、水晶、玉器等透明商品的拍摄一般都采用侧逆光、逆光或底光进行照明，就可以很好地表现出静物清澈透明的质感。

4）无影静物的光线运用。有一些商品照片，画面处理上完全没有投影，影调十分干净。这种照片的用光方法是使用一块架起来的玻璃台面，将要拍摄的商品摆在上面，在玻璃台面的下面铺一张较大的白纸或半透明描图纸。灯光从下面作用在纸的上面，通过这种底部的用光就可以拍摄出没有投影的商品照片，如果需要也可以从上面给商品加一点辅助照明。这种情况下，要注意底光与正面光的亮度比值。

任务3　拍摄全家福

任务情境

小张是一家影楼的摄影师。一天，影楼安排他为一个客户拍摄全家福，客户家中有80岁的老人，也有10岁以内的孩子，是一个三代同堂的家庭。一家人有老有小，怎么样才能拍摄出让大家都满意，并且能体现幸福、快乐的全家福呢？小张该怎么做？

任务分析

拍摄人物肖像要求摄影师要有敏锐的观察能力，以及良好的捕捉能力，要抓住老人、小孩、中年人的不同特征与感觉，注意细节，从不同角度运用镜头。而且尤为重要的是，不要让照片呈现出做作、浓厚的摆拍痕迹，所以抓表情与营造气氛也显得很重要。幸福不是一个固定的表情或者模式，它是一种氛围和感觉，摄影师需要把这种抽象的感觉具象化，由此也要把握好作品的色调和构图。

拍摄前，摄影师需要对拍摄的对象有一个基本的了解，比如喜欢什么样的拍照习惯与姿势，是喜欢大笑或者微笑，什么角度拍摄出来比较美观或者有神，有什么爱好或者怎样展现其气质等。要了解一个人，应更好地与他交流，能最快营造出亲近感，被拍照对象会在摄影师面前自然、放得开，这样也便于抓到最自然、最生动的画面，如图3-39所示。

图3-39　全家福

任务实施

1. 为儿童拍摄

（1）捕捉自然的表情

1）为儿童拍照的成功之道，在于抓住儿童的自然神态。几乎所有婴儿照片都具有这种纯真的素质。婴儿在日常的生活环境中拍照，不会察觉到相机的存在。但是孩子到了4～5岁的年龄，当相机镜头对着他们时，他们的反应极为敏感，动作会十分僵硬，如图3-40所示。拍摄儿童照片，只有拿走了相机，孩子才会恢复天真的本色。

2）如果孩子喜欢自己选择的某种动作，那么，不需要对姿势作任何指导也能捕捉到天真烂漫的表情。让孩子的活动顺其自然地进行，会出现许多拍照的机会，将远胜于挖空心思才设计出来的场面。那些未经过组织安排而呈现的意料不到的情景，会拍出不同凡响的效果。摄影师应该抓住转瞬即逝的表情和一晃而过的场面进行拍摄，而不是试图去摆布孩子，如图3-41所示。

图3-40　儿童僵硬的表情拍摄

图3-41　表情自然的拍摄

（2）拍摄系列组照的方法

1）为已到懂得照相年龄的孩子摄影，可选择一些其喜欢的活动场面，如临睡前听故事，在游泳池里嬉戏等。然后，构想好用几张照片把活动的经过有头有尾地表现出来，这就是拍摄系列组照的方法。如果只要拍摄活动结束时的单张照片，也可以运用这种方法。但如果不是，则应该从活动一开始，就让孩子尽情地玩。拍摄也要与活动开始同步进行，使拍照也成为活动的组成部分。拍摄系列组照可使你得到一组有故事情节的照片，其中最有吸引力的照片，也能够作为出色的单张照片派上用处，如图3-42所示。

图3-42　在适当的场景中拍摄组照

2）系列组照应该表现完整的活动经过。第一张交代场景，其余一些照片表现活动的进行，最后一张是活动的结束。开头照片应该详细显示这个孩子及其主要玩具或者游戏使用的材料，点明活动的场所。背景一定要简单，与所拍摄的活动相互协调。接下来的照片可以是特写镜头，特别是脸部表情的特写。在活动进入高潮时，不要遗漏镜头。最后一张照片表现活动的结尾，使故事情节完整无缺。

（3）寻找拍照的机会

1）大部分孩子会重复进行他们喜欢的活动，这时候就是拍照的时机。但是，无需把拍照的机会仅仅限定在会重复出现的场面上。可以用礼物来引起孩子的兴趣，尽可能激发他们活跃的天性，转而创造出新的机会。例如，对喜欢美术的女孩子，赠送其一套画片，就会出现小画家在工作的场面供你拍照；也可以让男孩尽情地玩电脑游戏，定能拍出一组生动的全家福照片，如图3-43所示。

图3-43　寻找拍照的机会

2）还可以为孩子设置一个游戏的世界，当他们处在一个熟悉或者游戏的世界里，就会展现出自由自在的状态。

（4）请助手配合工作

一个愉快活泼的孩子是拍出优秀儿童照片的首要条件。请助手配合工作，引导、调动孩子的情绪，负责保护宝宝拍摄时的安全，以及拍摄中玩具、道具的摆设，诸如把孩子散乱的一绺头发理齐，把衣服的褶抚平等，从而使摄影师能全神贯注，勾画尽可能完美的画面，或者不失时机抓住稍纵即逝的动作。当孩子感到厌倦或者不自在时，也可以叫助手在摄影师背后打手势，如模仿小丑的动作，或随手拿起玩具假装敲你的头。这样，有时会引逗出快乐的表情。

（5）用儿童的视角看世界

用孩子的眼睛看世界，即把照相机的位置降低至孩子眼睛的高度或者更低些。在孩子（特别是刚刚学步的孩子）眼中，周围是庞然大物和巨人的世界。从较低的视角拍出照片，就有些像用孩子的眼睛看世界。你也能拍摄孩子碰到的困难，如怎样想办法对付四周骇人的大家伙，如在爬椅子时遇到麻烦等。

2. 为老人拍摄

1）给老年人拍摄，不必像拍摄其他年龄的人物那样，追求姿态的多样与优美。老人的肢体已经有失灵活，姿态大都僵硬、笨拙。拍照前应千方百计地去避开老人老态龙钟的形体，尽量表现老人良好的精神状态。因他们的情感与姿态有其独特之处，情感的表达变得更深沉持重，如图3-44所示。老年人在一定的环境下所具有的这种特殊的情感反映，只要仔细观察，会发现蕴含着深厚的内容。给老年人拍照还要注意不必过多干扰他们，如果过多干扰，反而会破坏自然的形态。

2）给相依为命的老夫妻拍摄一张合影照片，要并排而坐拍摄，还要督促他们坐得近一些，使照片画面紧凑。先拍一张中景照片，如图3-45所示，再看一下近景效果如何。注意：老年人全景照片往往缺乏美感。

图3-44　表现深沉持重的姿势

图3-45　为老夫妻拍摄合影

3）不同年龄，不同情况的老年人会有一些程度上的不同，不必苛求一律。对原形不佳的老人，要巧取合适的拍摄角度。被摄老人外形耸肩躬背，可让他摆一个正面端坐，专心读书看报的姿势，这样就可有效地避开不良的外形。老人若是大腹便便，那就让他（她）坐在一张宽大的椅子里进行拍摄，也能掩盖其缺点。

4）对那些身材造型难以取胜的老人，要调用光线美化。在拍摄时，合理巧妙地运用半逆光和正面光，能有效地克服老人脸部的缺陷。采用半逆光时，人物脸部的大部分都处于深暗的阴影中，原先明显的缺点会因阴影的掩隐而显得不太引人注目，而鲜明的反差对比，又会使照片呈现出很强的立体感，使人物形象变得生动有力。当采用低角度的正面光时，则能显著地冲淡人物脸上的皱纹，使肌肤显得饱满，看上去也就变得年轻，精神了。

5）对那些外形不够理想的老人，要捕捉瞬间美妙神态来弥补。俗话说："笑一笑，十年少"。在拍摄时，要是感到老人外形不够理想，可以将画面推大成面部特写，同时不失时机地摄取良好的神态，常常有助于人物精神面貌的刻画，并可使老人在相片上显得神采奕奕。

6）老年人的照片很多是和孙子、孙女在一起拍摄的。只有和孩子在一起的时候，他们的生活才变得充满生气。和孩子在一起他们变得年轻了许多，这些平凡的举动里包含着老人的亲情、爱心。同时，和小孩子在一起的老人，其感情流露最为丰富，姿态也活跃了许多，是不可失去的拍摄良机，如图3-46所示。

图3-46　拍摄老人与孩子在一起

3. 拍摄全家福

拍摄全家福的注意事项：

1）服装以稳重、大方、尊贵为主，服装颜色应按家庭成员年龄大小来选择由深到浅，如图3-47所示。

图3-47　着装应按年龄区分

2）宜选用图案简洁的深色背景，如图3-48所示。

图3-48　选用深色背景

3）构图以大场景为主，表现整个家庭欢乐幸福、爱意浓浓的气氛，如图3-48和图3-49所示。

4）全家福的家庭成员排位应以老人和小孩为中心。老人稳重尊贵，小孩子是全家最疼爱的宝贝，所以应把他们安排在画面中心，如图3-49所示。

图3-49　孩子、老人应占据画面的位置

5）对人物神韵的刻画要沉稳、内敛而不失优雅。如家庭成员的眼神交流，需要摄影师在人物互动过程中及时抓拍。

6）色调上以深色和暖色基调体现照片的厚重感觉，突出主体，突显人物的尊贵与优雅，如图3-50所示。

图3-50　色调应以深色和暖色调为主

任务评价

请根据表3-4对任务完成情况进行质量评价。

表3-4　任务评价表

阶　段	评 价 指 标	具体实施的情况
为小孩拍摄	选择背景	
	布置灯管、调试光源	
	选择适当的玩具及道具	
	抓住被拍摄者自然的瞬间	
为老人拍摄	选择背景	
	被拍摄者着装、仪容是否符合要求	
	布置并选择合适的光源	
	合理地扬长避短	
	抓拍自然生动的表情	
拍摄全家福	选择背景	
	被拍摄者服装、仪容是否符合要求	
	调试光源	
	按照家庭成员年龄安排位置	
	抓拍自然生动的瞬间	

必备知识

1. 景别与景深

全家福拍摄中，为了更好地表现全家欢快喜庆的气氛，一般采取中景或者全景的景别进行处理。在全家福的拍摄中，为了照顾到各个被拍摄者的不同表情，一般情况不能采取特写镜头。

在全家福的拍摄中，景深不能过大，景深过大有可能造成后排拍摄者的面部模糊不清，应酌情调节景深，使各个被拍摄者都能表现出自然清晰的面部表情。

2. 人像摄影构图法

在全家福拍摄中以全身构图法最常被应用。全身构图法，画面上以人像为主，以构图框上边距离所有被拍摄者头部顶端约20cm左右，构图框下边，则是在人像的脚部以下约20cm左右切齐（以人像实际高度计算），以此构图法拍摄出来的照片，要将后排被拍摄者全身照进照片。

3. 人像摄影的用光

人像摄影的用光或者说如何照明，既是一种基本功，又是体现摄影师水平高低的重要内容。与调度人物的姿势、安排道具和选择背景相比，用光在人像摄影最终完成的影像上，所起的作用是决定性的。因为摄影本来就是在用光绘图。

摄影室的用光，一般分为以下3种。

1）主光：现代摄影室所用的主光通常是由柔光灯箱发出的。之所以采用柔光灯箱，是因为它发出的光线较为均匀，便于控制。其照明的距离和角度可根据需要进行任意调整，而曝光量的确定就以主光为依据。

2）补光：补光也叫辅助光，作用是对阴影进行补充照明，使阴影变得浅淡。补光所用的可以是与主光同样的柔光灯箱，通过照明距离或输出功率来调整它与主光的光比。在全家福摄影中，由于被拍摄者人物众多，会投影出很多阴影，破坏画面的美感，这时候就必须采取补光的处理方法，对阴影进行补光，使画面看起来喜庆明媚。

3）背景光：在大多数情况下，被摄者都与背景拉开一定的距离。由于光源的照明随着距离的增加而明显地减弱，而背景比被摄者距离光源更远，所以背景的亮度要比被摄者暗许多。如果按被摄者的照明情况曝光的话，则背景就会显得更暗了，结果会导致被摄者看起来如同融入黑暗的背景之中。如果希望把被摄者同背景区别开来的话，则需要对背景进行单独照明。然而，背景光的运用要照顾到背景的色彩、距离和照明的角度等，因此，需要对背景光进行反复调整才能用得恰到好处。

项目小结

本项目主要进行了证件照、静物产品、人像艺术照3个拍摄任务的训练。

证件照拍摄的焦距最好控制在中长焦段（传统相机为85mm～135mm）的范围之内，避免广角端夸张的形变，或长焦端对脸部刻画缺乏立体感的现象。证件照是需要整个人都清晰的，因此要保证有清晰的成像，很好的景深范围。为了保证足够的景深范围，当灯光功率不够时适当加大光圈，灯光功率足够时光圈稍微调小。

静物产品拍摄应重点表现产品的基本形象、细部纹理和线条、质感、层次、色彩，拍摄时尽量使用小光圈，使产品细节、质感表现得鲜明、具体、细腻。由于静物拍摄常常从较近的距离上拍摄，物距近，景深也就小，为了清晰地表现出商品的细节，获得足够的景深，因此要使用小光圈，而且必须将照相机安装在稳定的三脚架上。

人像拍摄要求摄影师要有敏锐的观察能力，以及良好的捕捉能力，针对拍摄对象的年龄层次，抓住老人、小孩、中年人的不同特征与感觉，注意细节，从不同角度运用镜头。为儿童拍照的成功之道在于抓住儿童的自然神态；为老年人拍照时，多以中、近景为主，要巧取合适的拍摄角度避开老人不良的外形，尽量表现老人良好的精神状态。拍摄全家福应以大场景构图为主，表现整个家庭欢乐幸福、爱意浓浓的气氛，家庭成员排位应以老人和小孩为中心。

实战强化

1. 拍摄证件照

为客户拍摄一组身份证照片、驾驶证照片、护照照片、通行证照片，注意各种照片的尺寸和背景颜色。

2. 拍摄静物产品

挑选几种产品进行拍摄，如：香水、皮鞋、唇膏、钻饰、玉器等，学习搭建静物摄影台，合理布置光源，注意处理高光区和阴影，突出产品形象、细节和质感的表现。

3. 人像拍摄

为同学、朋友、家人拍摄一组全家福，注意抓住被摄者不同年龄的特征，注意细节，合理运用景别，展现该年龄阶段所特有的神态和气质。

学习领域4 ——企业宣传部门

任务1　录制企业会议记录

任务情境

小陈在一家企业的宣传部门做事，单位派他负责为本企业一次大型的年会进行摄像工作，并制作、剪辑成视频专辑。会议将在一周后举行。接到这个工作后，小陈应该怎么着手准备呢？假如你是小陈，你会怎样安排要做的工作呢？

任务分析

年会是企业的一次盛会，企业的领导都非常重视，所以做好会议全过程的拍摄记录工作非常重要。千万不要认为会议拍摄是一件简单的事情，其实里面有许多学问呢。一次完整的会议拍摄内容包括时间、地点、人物、会议的开始、经过和结束等因素，拍摄时要一一展现给观众，最好不要有遗漏。作为摄像人员也不能满足于流水账式的拍摄方法，还要注意细节的拍摄，从多景别、多角度、多侧面进行诠释，力求内容更加生动，画面更加丰富。要做到这些，首先就要了解会议拍摄的基本流程，即拍摄前准备——会前准备——会议拍摄——会议结束。

下面以小陈接到的这项工作，分析该工作任务应如何实施。

任务实施

1. 会议前的准备

会议前的准备是为进行实际拍摄做好必要的准备工作。只有了解会议的背景、流程等基本情况后，整个拍摄过程才能够做到心中有数，拍摄的时候才能有条不紊。

（1）与会务组进行沟通做好拍摄准备

在接到任务以后要主动与会务组进行沟通，索要议程表，了解会议的内容，还要熟悉会议的每个环节，对各项流程、时间安排有大概的了解。

在会议前一天最好能到达拍摄现场，实地考察会场的大小、灯光情况，还要了解主宾位置和考虑好拍摄的位置。

（2）准备好摄像器材

在拍摄前一天把需要的摄影器材准备好，如摄像机、充电器、三脚架、磁带等，如图4-1所示。逐一查点装进摄影包，摄像机电池需充满电，仔细检查摄像机，最好试拍重放一遍确保没有问题。拍摄当天要提前半小时到达会场，找到最好的拍摄机位架好三脚架。

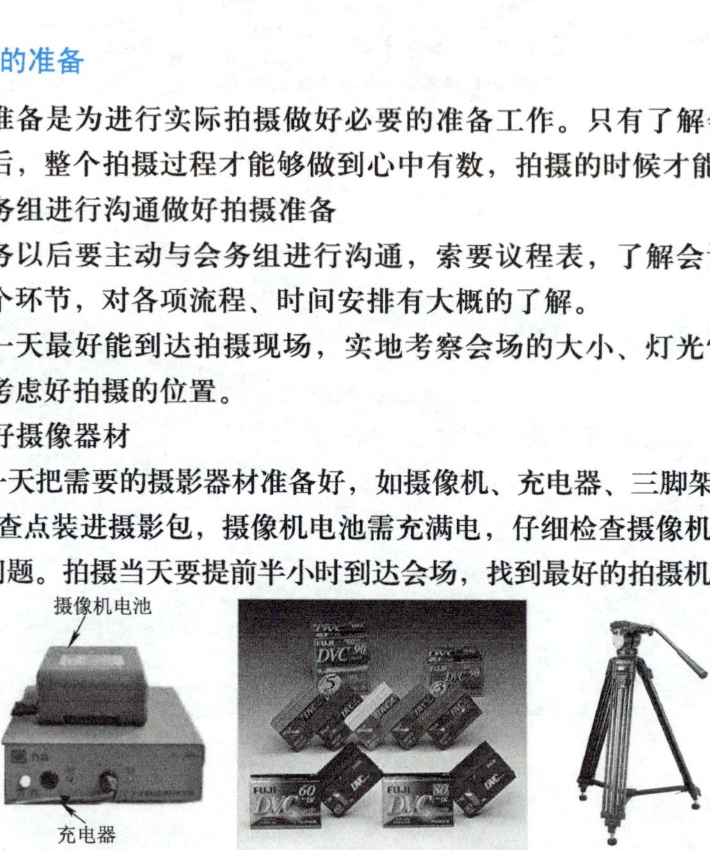

电池及充电器　　DV磁带　　三脚架

图4-1　摄像器材的准备

2. 会议拍摄

(1) 会议开始前的背景拍摄

会前拍摄的重点是签到处、来宾、主会场的布置。

在来宾没有到达会场前可先拍些空镜头作为会议的背景资料，如会议举行的时间、地点、人物等。本任务选择拍摄会议场外的横幅、宣传标语、签到台及会场内外的整体布置等画面；还特意拍摄会场细节的装饰物、准备派发的纪念品、奖杯特写等，如图4-2、图4-3所示。拍摄以上画面的目的是为了能表达会议的内容，交代会议的地点。

图4-2　会场宣传标语

图4-3　准备发放的纪念品

在会议拍摄过程中，参会人员永远是会议的主要被拍摄对象，在会议进行前一般要用全景拍摄来宾的签到过程，如图4-4所示。注意，重要来宾签到的镜头应尽可能地拍摄下来。当重要来宾签到时，工作人员会为他们佩戴胸花，因此很容易识别谁是这次会议的重要来宾。

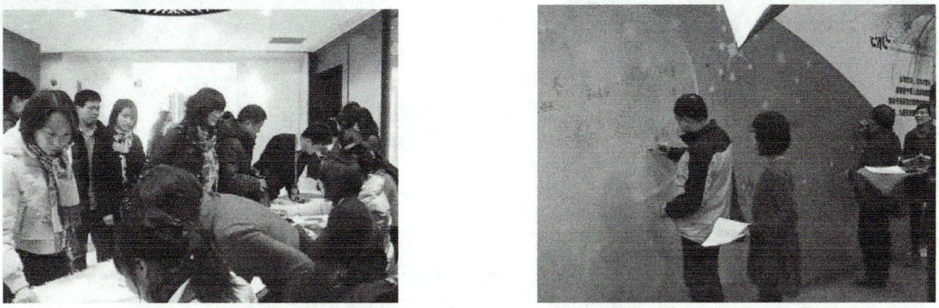

a)　b)

图4-4　来宾签到的拍摄

a) 会议签到台　b) 贵宾签到

除拍摄签到过程外，到会嘉宾之间握手交谈、互递名片，主办方工作人员热情地接待来宾等画面也一定要拍摄下来，如图4-5、图4-6所示。拍摄时，要注意把DV的麦克风对准拍摄人物，使录音更加清晰。

图4-5　热情接待

图4-6　互递名片

（2）会议进行时的拍摄

会议开始后的拍摄内容是本任务的重点，在会前就要先把摄像机用三脚架固定好，使拍摄画面更加平稳。拍摄时应尽量使用水平线构图，突出会场的宽大和庄严的气氛。会议进行期间重点拍摄的对象是参加会议的人员，尤其是会议的发言人。

在会议开始后，首先拍摄主持人宣布会议开始，再用全景拍摄全体参会人员鼓掌以及主席台上来宾的画面，要注意镜头的平移切换，且速度不要太快。然后，再用“近景摇摄”的方法逐个交代主席台上的参会人员。接下来对会议进行中的几个重点做详细讲解。

1）拍摄发言人。在会议开始时，主持人主持大会的开场应用特写镜头，如果会议的发言台较高一般不宜正面拍摄，否则将只能看到发言人头部，很不好看。对发言人一般适宜使用45°角进行拍摄，常用的景别是近景，以发言人上半身特写画面为主，可偶尔拍一下全身。在拍摄大会发言人时，人物要位于拍摄画面的中心部位，切莫喧宾夺主，如图4-7所示。拍摄时一定要集中精神，镜头要跟上发言人的节奏，同时注意抓拍发言人的姿势和手势的特写。

a）

b）

图4-7　发言人的拍摄

a）坐着的发言人拍摄　b）发言台较高的拍摄

在会议的拍摄中如果是双机拍摄，那么其中一台摄像机还可以运用运动拍摄的手法，如从会场后面推镜头到发言人所在的位置；或从发言人拉镜头到会场的全景；还可以对发言人进行绕拍，从侧面移动到正面等。这种拍摄手法可以为单调的会议画面多添几个变化的镜头，展示出真实的会场效果。

2）拍摄主席台。主席台拍摄要用全景拍摄，争取把主席台上的人物都拍摄进去。拍摄时要以主席台中间的人物为中心，避免出现左右不均、只拍了一部分人而另一部分人没有拍到的现象。同时，使用全景拍摄主席台更能体现出现场的气势，如图4-8所示。

通常坐在主席台上的都是领导和重要来宾，他们是整个会议的焦点，所以拍摄主席台上的人物时要用特写镜头。拍摄时要注意抓拍人物表情，还要注意不要让所拍摄的画面出现了人物被麦克风挡住了脸等问题，如图4-9所示。

图4-8　主席台的拍摄

图4-9　麦克风挡嘴拍摄

3）拍摄会场内参会人员。会场内的参会人员拍摄一般是整个过程的记录，因此拍摄画面以平实为主。拍摄会议过程时，要善于找准时机用全景拍摄会场的情况，同时可用近景或特写抓拍与会人员认真听讲、表情专注、边听边记、热烈鼓掌等画面，让整个拍摄不会显得空洞单调，如图4-10所示。

图4-10　会场内人员的拍摄

拍摄会场内录像时要注意选好角度，突出会议主题和参会人物。会场内录像，一般用广角来拍摄比较好，但如果会议使用了投影仪，DV的CCD感光元件在光线干扰时感光效果较差，有时会出现偏色现象，所以要特别注意白平衡的调整，也可以使用摄像灯进行补光拍摄。

有时，在会议过程中为了放松和调动现场气氛，会穿插一些和会议主题无关的环节，如舞蹈、游戏等。这时的拍摄方法也可以随之进行调整，如可卸下摄像机或移动机位变转角度进行拍摄；也可以适当地推拉摇移，并穿插特写、近景、全景等景别拍摄。

4）录制声音。因为会议的拍摄场景变化不大，所以会场内的声音是主要吸引观众的重点。在拍摄时要把摄像机的麦克风通过延长线对准发言人，使录音更加清晰。还要注意摄像机的采音装置不要和现场的扬声系统距离太近，防止录制的声音产生“嗡嗡”声。

（3）会议结束

在会议即将结束时可一直对着发言人拍摄至其宣布会议结束，也可以根据情况拍摄主席台的画面，如拍摄一些领导给嘉宾赠送礼物、重要来宾集体合影等画面，如图4-11所示。总体而言，会议结尾处应尽量拍得紧凑些，不要太零散。在拍摄完主席台后，再将镜头缓慢拉向观众，此时要把握好全景的层次。最后可以拍摄与会者走出会场的画面。

图4-11　领导颁奖的拍摄

任务评价

会议的拍摄要求记录下会议的时间、地点、参会人物，以及会议的开始、经过、结束的全过程。在拍摄过程中还应通过景别的变化，使画面既能体现主题又不过于单调。请根据表4-1的内容，对任务完成情况进行评价。

表4-1　任务评价表

阶　　段	评 价 指 标	具体实施的情况
摄像前的准备	与会务组沟通的情况	
	制定拍摄计划	
	摄像机的选择	
	辅助器材的准备	
会议中的拍摄	机位摆放是否合理	
	白平衡调整是否正确	
	镜头是否稳定	
	构图是否美观	
	对焦是否准确	
	会议过程记录是否流畅	
	会议重点场景是否完整	
	景别运用是否得当	
	拍摄角度是否丰富	
	镜头的运动是否得当	
	细节描绘是否丰富	
	与会人员的反应镜头是否足够	
	情节的处理是否自然	
	光线的处理是否正确	
	空镜头是否足够	
会场外的拍摄	场景拍摄是否足够	
	光线处理是否得当	

必备知识

1．专业级数字摄像机

数字摄录一体机简称为DV（Digital　Video）机。它是将微型数字摄像机和数字录像机机芯组合在一起而制成的集摄像、录像功能于一体的轻小型高档精密电子产品。

随着科技的发展，音频和视频的信息量越来越多。不仅是广播电视，各行各业都大量地使用音频、视频信息，甚至在家庭生活中数字摄录一体机也成为人们旅游观光、生日庆典等活动中记录美好时刻的信息记录设备。随着录像机退出家用机市场，现在的摄录一体机被简称为摄像机。

目前社会上流行的家用摄像机按规格来划分大体可以分为3类。第1类是VHS方式的摄像机，包括VHS、VHS-C、S-VHS和S-VHS-C4种模拟格式的摄像机；第2类是8mm摄像机，分为模拟8mm摄像机和数字8mm摄像机；第3类是数码摄像机，即DV格式的摄像机。

数字摄录一体机上设有很多操作按钮，这些操作按钮分为3个部分：①用于控制摄像部分的操作，如光圈、电子快门、变焦、白平衡（色温补偿）等；②用于控制录像部分的操作，如磁带的装卸、记录、重放、快速进退、配音、编辑等；③用于时间调整、字符显示、定时操作等操作的控制按钮。

市场上的摄像机种类虽然很多，但它们的基本功能都是大同小异的，只要熟悉其中一个型号的摄像机，掌握其基本功能键的作用和使用方法，那么其他的机型就可以触类旁通了。下面以SONY DSR250P摄像机为例介绍各功能组件和控制开关的作用。SONY DSR250P摄像机的外形、功能组件和操作键的示意图如图4-12所示，可按操作说明书进行使用。

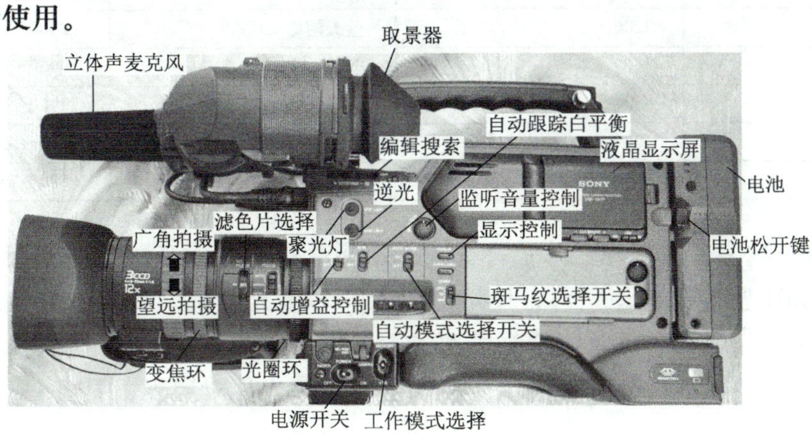

a）

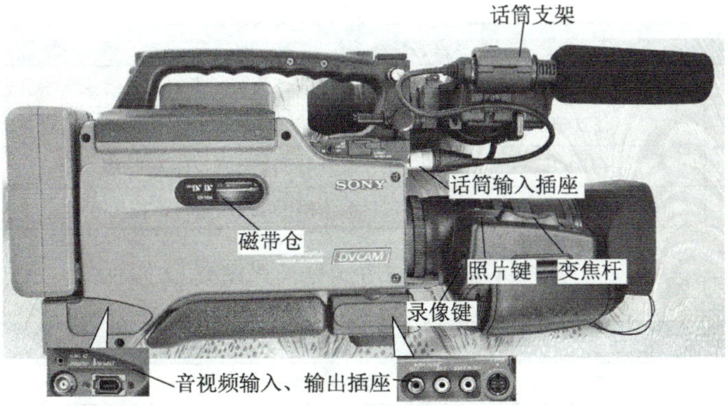

b）

图4-12　摄像机操作键

a）摄像机操作键1　b）摄像机操作键2

2. 数字摄像机的调整

(1) 滤色片

正确选择滤色片是拍摄出满意画面的基础。滤色片包含色温转换片（CC FIL TER）和中密度滤光片（ND FIL TER）。色温转换片用于色彩校正，可改变经过摄像机镜头的光线的色温；中密度滤光片不改变光线的色温，只改变景物入射光的透光率。不同光照条件下的色温，见表4-2。

表4-2 各种摄像光源色温概数比较

人工光		自然光	
光源	色温（K）	光源	色温（K）
蜡烛光	1900	日出日落	2000～3000
煤油灯	200	日出前日落后半小时	2350
家用白炽灯20W	260～2800	9时-15时	5500
家用白炽灯100W	2850	9时前15时后	4800～5000
家用白炽灯500W	2960	平均日光	5400
水银灯	5700	夏季中午直射光	5800
碘钨灯	3200	秋季中午直射光	6000～6500
钨丝灯	3200	蓝天阴影	12500
照相强光灯	3400	蓝天天空	10000～20000
镝灯	5500	薄云天空	13000
万次闪光灯	500～6000	云雾天空	7500～8500
荧光灯	4800	阴天天空	6800～7500

1）广播级数字摄像机滤色片选择。广播级数字摄像机大多配备有双光学滤镜，即色温转换片和中密度滤光片，可方便地进行色彩和曝光控制。此外，有些摄像机还具有电子色温校正功能，拍摄时可根据需要选择光学方式或电子方式进行色温校正。

常见的广播级数字摄像机色温转换片和中密度滤光片对照表，见表4-3、表4-4。

表4-3 色温转换片对照表

滤色片旋钮	CC滤色片类型	描　述
A	十字线滤镜	可把星星、灯光等发出的光修饰成十字光，增强图像的感染力
B	3200K	在色温为3200K光照条件下使用
C	4300K	在色温为4300K光照条件下使用
D	6300K	在色温为6300K光照条件下使用

表4-4 中密度滤光片对照表

滤色片旋钮	ND滤色片类型	描　述
1	直接通过	不减少光照强度
2	1/4ND	使入射光的透光率降低到1/4
3	1/16ND	使入射光的透光率降低到1/16
4	1/64ND	使入射光的透光率降低到1/64

实际拍摄时，要根据光照条件选择不同的滤色片组合，以达到理想的拍摄效果。常见的拍摄条件及滤色片组合举例，见表4-5。

表4-5　拍摄条件以及滤色片的关系

拍摄条件	CC滤色片	ND滤色片
日出和日落；演播室内	B	1
晴朗的天空	C或D	2或3
阴雨天气	D	1或4
非常明亮（雪地、高原或海滨）	C或D	3或4

2）专业级数字摄像机滤色片选择。专业级数字摄像机已经取消了色温转换片，取而代之的是宽带白平衡放大器，即电子方式校正色温，因此专业级数字摄像机唯一的光学滤镜是中密度滤光片，使摄像机的操作变得更加简单。

常见的专业级数字摄像机包括OFF档在内，共有三档中密度滤光片，即OFF、ND1和ND2，如图4-13所示。选用的原则要根据现场光线的亮度而定。一般情况下，ND1表示1/4ND，相当于将光照强度减少到1/4；ND2表示1/32ND，相当于将光照强度减少到1/32。OFF则表示不减少光照强度，经过摄像机镜头的光线可以全部通过。

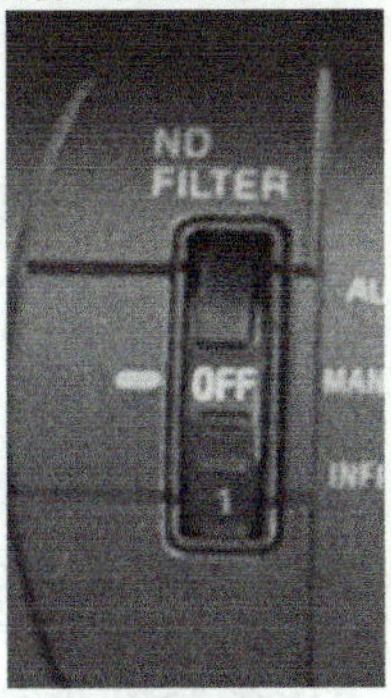

图4-13　中密度滤光片选择

（2）黑平衡

专业级摄像机一般没有黑平衡调整功能，但在广播级摄像机里黑平衡是摄像机的一个重要参数，如果黑平衡调整不准确，画面中黑色部分就会带彩色，如黑头发、黑衣服会变成黑红色、黑紫色等，造成色彩还原失真。通常在调整黑平衡时，摄像机一般置于自动光圈位置，然后启动黑平衡跳帧开关，摄像机的光圈会自动关闭，经过几秒钟黑平衡调整自动完成。

（3）白平衡

人眼对可见光谱的变化具有一定的适应能力，日光下的白色物体对于人眼来说，即使出现色温的变化，看上去总还是白色的。但是数字摄像机的图像传感器本身没有这种适应能力，镜头下被摄物会随着光线的变化，使被摄物表面颜色发生变化。因此每当主光源改变的时候摄像机必须调整白平衡（White Balance）来准确地还原白色物体的颜色。所有数字摄像机都包含自动白平衡调整功能，专业级以上摄像机的白平衡分为预置白平衡和手动白平衡，通过手动调整以达到更加精确的彩色还原。由于白平衡的调整与光圈有直接关系，在调整白平衡时首先必须将光圈放置在自动位置，否则光圈手动设置在两个极端位置，摄像机会理解为所有颜色都是白，或者所有白色都是黑，从而无法调整正确的白平衡。

户外拍摄不能不管早晨、傍晚、阴天、酷暑都不停地调整“白平衡”，在自动光圈下拍出来的画面永远都是晴天，这是很不真实的，除非需要在阴天拍摄出晴天的画面。有些情况下为了追求某种艺术效果，还能通过色彩偏差的白平衡调整来达到创作目的：以红色为基准调白使画面偏向青色，以绿色为基准调白使画面偏向品色，以蓝色为基准调白使画面偏向黄色等原理获得自己想要的颜色。最常用的是利用偏色拍摄夕阳。

（4）光圈

目前的数字摄像机在镜头光圈的控制下通常采用自动控制和手动控制两种方式，专业的数字摄像机还有瞬间自动光圈功能，可快速完成光圈的自动调节。自动光圈一般是按景物的平均亮度来确定曝光值，它的效果和目的完全是出于技术上的考虑。当景物亮度分布比较均匀、明暗反差不大时，自动光圈可以获得比较满意的效果。由于显示景物和光线条件的复杂性，例如：逆光拍摄时，被摄人物的面部过暗，失去了层次；拍摄过程中如果有白色物体或高亮物体进入和移出画面，光圈控制电机会及时自动改变光圈，整个画面的背景亮度会随之突然变化；在推、拉、摇、移等拍摄过程中，常常会遇到景物平均亮度变化的情况。自动光圈会使画面忽明忽暗，这些都会有损画面的艺术效果。因此在特殊情况下，比如明暗反差较大或逆光环境下，往往需要用手动光圈来拍摄。手动光圈拍摄时，有时也可以在自动光圈确定的F值基础上作些修正。如想让景物暗部的层次充分地再现出来或者处在逆光情况下拍摄时，可以先按下瞬时自动光圈按键，待光圈固定后再根据需要由手动光圈将光圈开大半档或更多；反之，如果有意让景物亮部的层次丰富一些或顺光拍摄，可作减少光圈的修正。通常情况，可以根据自动光圈所确定的曝光值，结合拍摄时的主观想法，适当开大或缩小光圈，以充分表现景物亮部或暗部的层次细节。

（5）变焦

变焦（Zoom），即在拍摄过程中改变焦距，其作用是将镜头推出（远摄）或拉近（广角），以改变被摄物在画面中的大小，使景物处于理想位置。当要拍摄特写画面时，将镜头推至远摄端（T）；拍摄全景画面时，将镜头拉向广角端（W）。变焦对拍摄画面的景深有所影响，推出时，景深变小；拉近时，景深变大。为使所拍景物在推或拉的过程中始终保持画面清晰，拍摄前要对景物聚焦，正确的操作方法是将镜头推至特写，聚焦清晰后再重新构图，进行拍摄。

摄像机有电动变焦（S）和手动变焦（M）两种方式。电动变焦用来进行平稳的、均匀的变焦，手动变焦可以快速或变速变焦，用来产生特殊的效果，以增强视觉冲击力。

（6）聚焦

通常情况下，保证拍摄画面的清晰是摄像最基本的要求，而聚焦（FOCUS）调节是保证画面清晰度最重要的一环，摄像机聚焦的过程就是对画面清晰度调节的过程。

目前的数字摄像机都有自动聚焦和手动聚焦功能。自动聚焦受光线的影响很大，光线明亮时，自动聚焦能达到比较理想的效果。此时，摄像机光圈缩小，景深变大，对焦范围变宽，容易得到清晰的画面。这种情况下，即使被摄物移动或进行运动拍摄，也不会出现焦点不实的现象。而在光线较暗的环境下拍摄时，由于摄像机光圈开大，景深变小，自动聚焦将变得困难，应切换到手动聚焦。

此外，在下述拍摄目标或拍摄条件下应使用手动聚焦。

1）被摄主体远离画面中心。

2）被摄主体位于布满灰尘或水滴的透明体后面。

3）拍摄在蓝山、网格、成排的树木后的景物。

4）拍摄表面光滑或高反光物体。

5）拍摄快速运动物体。

6）拍摄运动物体后面的景物。

7）拍摄反差太小或轮廓不明显的景物。

8）在下雨、下雪天气进行拍摄。

（7）增益

通过增益（Gain）电路可以提升画面的视频信号输出电平，从而能在较暗的环境下得到较明亮的画面效果。由于增益功能是不加任何区别地提升整体视频信号的电平幅度，这就使增益电路在提升有效视频信号的同时，也相应地加大了噪波信号。具体的表现就是在画面中会出现“雪花点”。因此从技术上考虑，应尽可能少地使用增益功能。

如何选择增益幅度，要根据拍摄的内容而定。如果要在低照度下获得良好的画质，那么对增益的选择不宜超过6dB，相当于在现场景物亮度下使摄像机镜头增大了2/3档光圈的纳光能力。对于数字摄像机来说，在这个增益幅度下的噪波信号基本上不会对画面构成不利的影响。如果对画质没有特殊要求，只是为了得到较清晰的画面（如拍摄警察夜间抓捕罪犯的新闻纪录片），则可以不必过多地考虑噪波的影响，可选择12dB甚至更高的增益幅度以获得满意的画面亮度。

（8）斑马纹

斑马纹（Zebra）是拍摄时衡量光线强度的一个参数，用来指示摄像机进光量。设置斑马纹的目的是为了在低照度下应用手动光圈时能观察到摄像机输出视频信号的幅度。它配合手动光圈使用，当调节光圈时画面中出现斑马纹，则表明画面曝光基本正常。

斑马纹的显示值一般有70%和100%两档。70%是中性灰度，主要用在以人物为主的拍摄场合，给人物的肤色提供准确的曝光。100%是指没有任何细节的纯白，主要用于拍摄自然风光，它提供天空准确的曝光值。

（9）快门

快门（Shutter）即电子快门，是指入射光进入摄像机镜头后光电转换的采样频率。数字摄像机中电子快门的功能通常处于关闭状态，这时快门速度一般默认为1/60s。在这种状态下要拍摄快速移动的物体，其清晰度显然是不够的。和照相机快门运用的原理一样，快门速度越快，越能清晰地记录动态影像；因此时还需要相应地提高快门速度。数字摄像机的快门速度一般设置有1/25s、1/50s、1/60s、1/125s、1/250s、1/500s、1/1000s和1/2000s等，可选择高速快门速度来拍摄快速移动的物体，以获得清晰的画面。

当拍摄计算机屏幕或投影画面时，图像上可能会出现水平的滚动条纹，这是因为计算机屏幕的垂直扫描频率与摄像机的垂直扫描频率不同。此时可使用清晰扫描（CLS）功能来减少这种干扰。

3. 拍摄前的准备工作

一般进行实际拍摄前要做好的准备工作如下。

（1）检查摄像机的镜头

在每次使用前都要习惯检查摄像机的镜头，用气囊吹掉镜头上大颗粒的灰尘或异物，然后可蘸少许酒精或镜头清洁剂用干净的软布或镜头纸轻轻拭擦。但不能用水擦，更不能用粗硬的纸或布来擦，以免损伤镜头。可以在镜头前加一个UV镜，每次只要清洗UV镜就可以了，可以有效保护镜头。

（2）检查摄像机的磁头

磁头是摄像机最容易损坏的部件，正常条件下磁头的寿命约为1000小时，磁头如果长时间使用又不进行保养会出现结垢的现象，影响拍摄和播放的质量，所以在每次使用前要先用DV带录放几十秒，看图像是否正常，如果不正常可使用清洁带清除磁头上的结垢。

使用清洁带能清洁磁头，但若使用不当也会对磁头造成损害。为防止磁头磨损，清洁带每次使用时间不能超过10s，若使用一次图像不能恢复正常，重复操作不能超过3次。在使用时不能倒带，要一直使用清洁带卷到头为止。

（3）检查存储设备和电池

使用新磁带或很久没用过的磁带时，最好把磁带放入摄像机带仓内，先快进1分钟然后再倒回使用，防止因磁带面粘连而影响摄像的质量。

摄像机电池充电一般需要几个小时的时间，所以不能在拍摄前才检查电池电量是否充足，在拍摄的前一天晚上就要把电池充好电，还有注意准备好备用电池。

（4）设定日期和时间

第一次使用摄像机时需要设定日期和时间。如果未设定日期和时间，则每次打开摄像机或改变POWER开关位置时都将出现[日期和时钟设定]画面。

如果约3个月未使用摄像机，则内置充电电池将放电，日期和时间设定可能从内存中被清除。在此情况下，要对充电电池进行充电，然后重新设定日期和时间。

（5）摄像机白平衡的调整

白平衡是指摄像机的白色还原功能。在摄录过程中，由于现场光照色温的不同，摄录的视频会出现淡蓝色或偏黄、偏红的现象。要真实地还原现场的景物颜色，可通过摄像机的白平衡调节功能，补偿由于光源色温而导致的偏色问题，也就是白平衡调整。

以SONY DSR250P摄像机为例，该摄像机的白平衡调节方法有手动和自动两种。在正常的光线下使用自动白平衡调整就能获得较满意的色彩效果。选用自动白平衡时，摄像机能在色温为2500～6500K时保持较好的白平衡。

但在下列情况下自动白平衡的调整会失灵，应用手动方式调整白平衡。

1）环境亮度低于摄像机的规定照度时，如在夜间拍摄烛光或烟火等。

2）摄像机和被摄景物不在同一光源下，且光比相差很大时，或在两种不同色温的光源混合时。

3）在强逆光或某些水银灯、钠蒸气灯或其他极亮的照明下，如雪地拍摄时。

4）在蒙蒙细雨或用微距功能拍摄时。

以SONY DSR250P摄像机为例说明手动白平衡调整的方法：

1）如图4-14所示，在摄像机处于待机、录像模式时，将AUTO MODE（自动模式开关）置于OFF。

2）将ATW（自动跟踪白平衡）设置为OFF。

3）将WHITE BAL（白平衡）开关设置在A或B的位置。

本型号的摄像机设置了A、B两个内存，可以在A和B中存储两种不同的白平衡值，即使断电存储的值也可以保存约四个月。

4）在准备拍摄的光线条件下准备一个白色物体，如白纸或白布，把摄像机对准该物体变焦，使白色充满整个屏幕。

5）向上拨动WHITE BAL（白平衡）开关，然后松开。

此时，白平衡预设在执行中，在显示屏上可见A或B指示灯快速闪烁。当白平衡完成调整并存储在内存中后，指示灯停止闪烁。

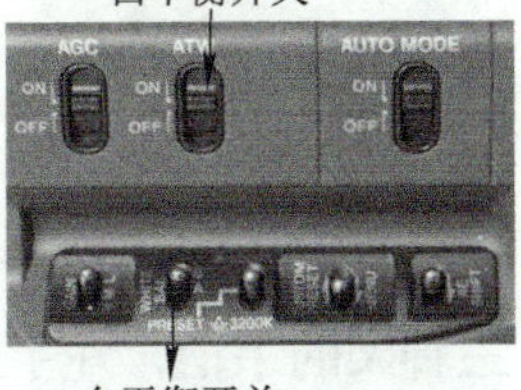

图4-14 白平衡调整

4. 数字摄像的基本姿势

执机方式是指摄像师根据拍摄任务和现场条件选择操作摄像机的方式。不同的拍摄任务，摄像师选择不同的执机方式，其拍摄效果和拍摄效率也不相同。常见的执机方式包括肩扛式、固定式和徒手式3种。

（1）肩扛式

肩扛式是较常见的执机方式，其特点是具有正常人视点，运动节奏的“拟人化”效果，最大特点是镜头调度灵活。大多数专业摄像机都设计有肩托，正确的执机姿势是把肩托架稳在右肩上，如图4-15所示，摄像机的重心落在肩上，由肩部承担摄像机的全部重量。右手紧握手柄，靠紧身体，加强支撑。左手轻扶遮光罩或聚焦环，并自然下垂。双脚分开，与肩等宽，腰板挺直。拍摄时，脸部靠紧机身，右眼紧贴寻像器罩，右手操纵开关进行变焦和拍摄，左手轻扶遮光罩或镜头，及时调整光圈和聚焦。

移动拍摄时保持画面的稳定。当肩扛执机行走时，双膝应略弯曲，如图4-16所示，双脚分开稍大些，使重心降低，支撑面增大，加强执机稳定度。尽可能利用身体的运动代替步伐的移动，这样可以减少因移步而使画面抖动。在拍摄摇镜头时，摄像师可使自己的身体处在紧张状态，在拍摄过程中慢慢地放松下来，变成舒适稳定的姿势，这样画面较稳定。此外还要注意，摄像师呼吸时身躯的起伏也会影响执机拍摄的稳定性。

图4-15 肩扛式拍摄的姿势

图4-16 双膝略弯曲

在肩扛执机做变焦拍摄时，画面稳定度与焦距有关，在广角端（W）拍摄的稳定度比在远摄端（T）拍摄的稳定度高，当远摄端拍摄的画面开始晃动时，应改为固定执机方式拍摄。

（2）固定式

固定执机是指将摄像机固定在辅助设备（如三脚架、轨道车、摇臂等）上进行拍摄的执机方式。采用固定执机拍摄，不论焦距大小，画面都能保证稳定，其特点是能获得极稳定的画面，特别是特写镜头；能捕捉到被摄物体真实自然的神态。三脚架是固定执机拍摄时最常用的辅助设备，首先应根据拍摄高度将三脚架调整到合适的高度，然后对其进行水平调整。拍摄时要养成良好的操作习惯，身体不能贴在三脚架或摄像机上，更不能将身体一部分压在摄像机上，以免影响画面的稳定性。

如图4-17所示，摄像师的身体与三脚架保持一定距离，右眼紧贴寻像器罩，右手操纵三脚架的手柄，左手轻扶遮光罩或镜头，操纵开关进行变焦和拍摄并调整光圈和聚焦。

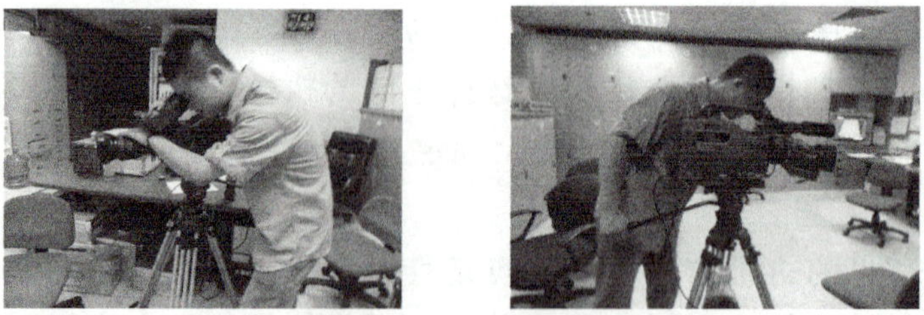

图4-17　固定执机方式

（3）徒手执机

徒手执机的方法很多，除了固定执机方式和肩扛执机方式以外的所有拍摄方式都是徒手执机方式，如图4-18所示。摄像师进行徒手执机拍摄时，可以将摄像机抱在怀中，也可以将其提在手上或固定在身体的其他部位上。这种执机方式在拍摄中有较大的灵活性，在一定范围内可以突破环境的限制，对外界变化的情况作出迅速的反应，并能在复杂的情况或运动状态下拍摄。

图4-18　徒手执机方式

在进行徒手执机拍摄时摄像师应注意以下问题。

1）应保证身体处在放松状态，使身体在拍摄时感觉舒适从而可以保持一定的稳定度和灵活性。

2）与肩扛拍摄相同，摄像师应尽量运用身体本身的减震部位，但多了手部和肘部的减震。

3）尽可能找一些依靠物，这样可使拍摄维持较长时间，且画面平稳。

4）在拍摄时应该避免似站非站、似蹲非蹲的别扭姿势。

5）要考虑到呼吸对画面稳定度的影响。

5. 数字摄像的基本要领

在进行实地外景拍摄时要求摄像人员对要录制的内容心中有数，这样才能确保所拍摄镜头的完美性。在进行拍摄时为了保证获得较好的画面质量，在拍摄过程中要做到平、稳、匀、清、准。

（1）平

平是指所拍摄的画面中的水平线要与地平线保持平行。绝大部分拍摄的画面中不是有一条水平线就是有一条垂直线，如果画面中这些线条发生歪斜，会给观众造成某种主观错觉，这是摄像的大忌。要确保摄像时画面中的水平线水平的关键是保证摆好三脚架，使固定摄像机的云台处于水平面上。如果是肩扛摄像，可以利用画面中景物的垂直或水平线条作参考，使上述线条与寻像器边框平行。

（2）稳

稳是要求在摄取所需镜头时要坚决消除不必要的晃动。晃动对于所拍摄的画面而言是极其有害的，它破坏了观众的观赏情绪，影响画面的内容表达。使用三脚架是克服这一问题的最有效工具，如果没有三脚架时应尽量使用广角镜头来摄取画面。

手持或肩扛摄像机运用长焦镜头拍摄时需要一定的基本功。首先要将摄像机在肩部架稳，以右手为主用来握住摄像机，左手操纵变焦、聚焦及光圈，拍摄时适当屈肘夹住身体两侧，双脚叉开站立，重心要低，呼吸要平稳，这样拍摄的画面才能稳定。此外，拍摄时还可以尽量利用身旁的依靠物（如墙、树干等），也可以屈膝，将肘撑在膝盖部位或将摄像机放在地面上作为辅助支撑。若要行走中拍摄，在走到理想位置前为了减轻垂直震动，双膝应略微弯曲。

（3）匀

匀是指拍摄时施加技巧的速度要均匀，不能忽快忽慢，无论是推、拉、摇、移还是其他技巧都应当匀速进行。推拉技巧使用摄像机的电动变焦装置是很有效的；摇镜头的匀速进行依赖于摄像机三脚架云台的良好阻尼特性；移动拍摄则要操纵和控制好移动工具，使其保持匀速运动，起幅时速度应当缓慢，加速或减速时变速要均匀。另外，在摄像时可以充分利用寻像器的两个垂直边框作为控制变化速度的参照，通过掌握运动物体进出边框的时间来控制移动速度的均匀程度。

（4）清

清是力求拍摄的图像清晰，或根据内容需要模糊到所需要的程度，以表达某种气氛。为了使拍摄的画面清晰，首先应保持摄像镜头的清洁，在拍摄前要仔细检查摄像机镜头是否有污垢，按规定方法做好清洁工作。当要向纵深移动拍摄时，为了保持拍摄画面的清晰，通常有以下几种方法：调整光圈，以获得较大的景深；随着被摄物体的移动而相应地调整镜头的聚焦，使影像始终保持清晰；摄像机随着被摄物体移动并始终保持一定的距离。

(5）准

准是指画面构图、起幅和落幅，要根据创作意图和表现内容的要求做到准确。拍摄时，画面中的构图在不断变化着，聚焦一定要准。从拍摄内容上讲，在拍摄时要跟得准，对拍摄物的运动趋势要有正确的判断，有随时移动的心理准备。

色彩还原要准，影响色彩还原的原因主要有两个方面：①摄像机滤色片的选择及黑白平衡的调整；②景物受到不同色温光源的照射。对于前者，在拍摄前应根据管线条件选择合适的滤色片，进行黑白平衡调整。对于后者，在摄像时要合理用光，不混用色温不同的光源。

要做好以上几点，关键是应当加强基本功的训练，多使用三脚架、借用镜头等方面的优势，认真地进行拍摄。如果出现拍摄失误，只要条件允许应当立即毫不犹豫地重新拍摄。

6. 摄像构图

景别、方位、高度三要素相互之间既是相互制约又是相辅相成的。在画面的创作中，选择不同的拍摄点，所形成的画面构图是千变万化的。因此，要求摄像师在选择拍摄点时必须符合客观实际的需要，必须符合拍摄者的创作意图。

(1）电视画面构图的结构成分

摄像是一门综合性的视觉艺术，摄像效果最终以电视画面来体现。画面成形态和布局直接影响到影片整体内容的叙述和表现。在画面结构中，一般包括主体、陪体、前景、背景等实体元素和空白这一联系性元素，它们的合理配置组成了电视画面，如图4-19所示。

图4-19　电视画面组成

1）主体。主体是电视画面中要表现的主要对象，是画面结构的中心，也是摄像人员用于表现主题思想的重要部分。因此在进行画面构图时，首先要明确主体，以恰当的摄影表现手段突出主体，在构图形式上主次分明，在主题思想上立意鲜明。

2）陪体。陪体对主体起陪衬作用，是对主体的补充说明，陪体有时可以是前景或背景。从画面结构来看，陪体有均衡画面、渲染气氛和美化画面的作用。

3）前景。前景是指主体前面或靠近镜头位置的人物或景物。在拍摄中常用前景来增加画面层次，表现空间深度和均衡美化画面以及渲染气氛、表现环境。凡与主体无关且可有可无的前景都应毫不犹豫地排除在画面之外。前景的处理可虚可实，前景虚且模糊则可突出主体，前景实则可衬托主体、点缀画面。摄像人员可根据创作意图来决定。

4）背景。背景是指位于主体后的人物或景物，其作用主要是衬托主体、突出主体、交代主体所处的环境及氛围，丰富主体的内涵。如用花朵、冰雪、枫叶等季节特征明显的事物作背景可表现主体所处的时间环境；用建筑、景物等地域特征明显的事物作背景可以表明主体存在的空间环境。

5）空白。空白是指画面中没有具体影像的部分，如天空、大地、水面等景物，由于其色调单一，可视之为“空白”。空白没有具体的形象，但它却是一条无形的纽带，将画面内各个实体元素联系为一个有意义的整体。在画面构图中讲究疏密有致，而空白画面是空间分配的重要手段。画面中空白元素的合理安排会使画面精炼，不会有堵塞之感，能突出主体，给观众想象的空间。

（2）电视景别

景别是指被摄对象在电视屏幕框架结构中所呈现出的大小和范围。景别的大小与两个因素有关：一是摄像机与被摄对象直接的实际距离，二是摄像机镜头的焦距长短。景别一般分为远景、全景、中景、近景和特写，如图4-20、图4-21所示。

1）远景。远景是表现广阔场面的电视画面，是所有景别中视距最远、表现空间范围最大的一种景别。远景中的人物约占据画幅高度的1/2，画面内容中心不明显，所包含的景物较多。主要用于以下场合：展示广阔空间、以势传情、借景抒情、开篇或结尾等。

图4-20　远景

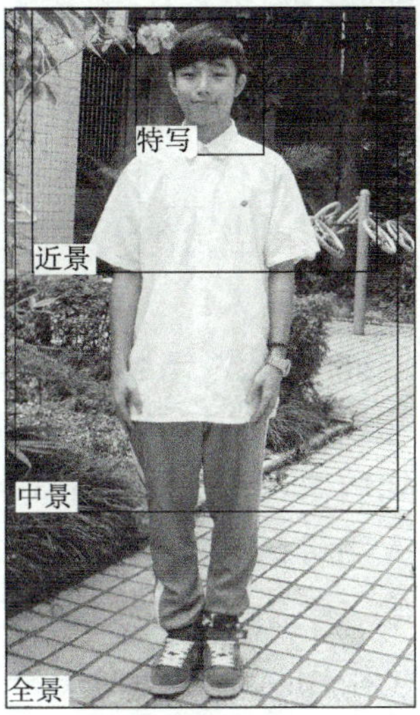

图4-21　景别说明

2）全景。全景是表现成年人全身或场景全貌的画面。全景有较强的叙事能力，能反映人物所处环境及周围事物的空间关系。全景能突出被摄对象的轮廓，有明显的视觉中心和结构主体的效果，常用在以下场合中：交代室外或场景的全貌、完整展示人物的形体动作、发挥画面的内在结构等。一般来说，在全景拍摄时要注意各个元素之间的调配关系，以防喧宾夺主。

3）中景。中景是表现成年人膝盖以上或反映物体局部的画面。中景可以使观众看清人物半身的形体动作和情绪交流，感受环境的气氛。与全景相比，中景更注重具体的动作和情节，在用作叙事性段落的描写镜头和表现被摄主体的结构特征的场合，拍摄时多选用中景。

4）近景。近景是表现成年人胸部以上或物体局部的画面。近景能细致表现人物面部神情及物体的纹理和质地感，可以使观众看清主体的面部表情和细微动作，展示人物心理活动，使观众仿佛置身于事件中，吸引注意力。近景拍摄时一般多用平角度，镜头的视平线以眼睛为齐。在表现人物情绪、刻画人物性格或营造与观众的交流感时多用近景画面。

5）特写。特写是表现成年人肩部以上的头像或被摄主体细节的画面。特写能突出对象局部，在特定的时间里把观众的注意力集中到具有决定意义的细节上，把次要信息都推到画框以外，常用来细腻地刻画人物的性格、表现其情绪。在刻画人物内心、揭示事物本质特征、创造情绪气氛等时选择特写画面。

7. 固定画面的拍摄

固定镜头是指摄像机镜头框架处于静止状态时所呈现出来的画面。换言之，就是在固定机位（拍摄距离、镜头角度）镜头焦距也不变的情况下所拍摄的画面。其视觉效果仿佛在凝视某一事物，这与我们日常生活中静止观看的视觉效果是一致的。

有人以为固定镜头拍摄的画面都是静止的，这是一种误解。固定镜头完全可以“静”中有“动”，虽然镜头画框处于静止状态，画面没有外部运动，但是可以通过画面内部的人物或物体的运动来表现运动的主体、多变的内容。

固定镜头不动的画框给观众提供了稳定观看的基本条件，保证了观众在生理心理上得以顺利接受画面传达的信息，因而运动状态的表现效果更好。固定镜头在影像制作中具有重要地位，任何类型的节目，可以没有运动镜头，但是不能没有固定镜头，而且固定镜头应当占绝大多数。

学习摄像的人最初总是容易走入边走边拍或推进去又拉出来等以运动镜头为主的误区，假如一条片子全是运动镜头而没有固定镜头的话那是一条废片。我们要记住摄像少用运动镜头，尽可能多用固定镜头，拍镜头要成组，景别、机位、角度要有变化，后期剪辑可以通过不同景别的固定镜头之间的切换、组接来表现动感。例如要表现一个人物讲话的画面，拍了三个固定画面，但是景别都是中景，这三个画面接起来就会产生“跳动”，而如果第一个画面是全景，第二个画面是中景，第三个画面拍特写，三个不同景别的画面组接在一起就会让人感到流畅。一个镜头画面的时间不要太长，要一个镜头一个镜头地拍，拍一个镜头不能没完没了，晃来晃去，推推拉拉，避免拉风箱式的推拉拍摄，摇过来又摇回去地拍摄。

8. 运动画面的拍摄

运动镜头在展示环境气氛、活跃画面形式、描绘人物情感、形成视觉节奏和韵律等方面都具有独特的表现力。常见的镜头运动形式有推、拉、摇、移、跟、升降等。

1）推镜头。推镜头是指被摄对象的位置不变，摄像机逐渐接近被摄对象或通过镜头焦距变化使画面效果由远及近、由整体到局部时拍摄的画面。推镜头能突出主体人物，强调整体与局部、客观环境与主体人物的关系和作用，使观众的视线由远至近，焦点很快集中在主体人物上，还可以很好地表现画面当中的细节部分和整体与细节的相互关系，从而更真实更有说服力。在推镜头拍摄时，要注意使被摄对象在景别连续变化的画面中保持相应的视觉重点位置。被摄对象应该始终处于画面的视觉中心位置。如拍摄一个大会场，为使观众看清楚到会领导，可以借助推镜头来完成。

2）拉镜头。拉镜头是指摄像机逐渐远离被摄主体或通过镜头焦距变化使画面效果由近及远、由局部到整体时拍摄的画面。拉镜头的画面效果是被摄对象在画面中渐渐远去，有利于表现主体与主体所处环境的关系。拉镜头把观众的视线从被摄主体的局部引向整体环境，达到不断增强信息容量的目的。在拍摄时拉镜头一般可以作为结尾和转场镜头。如在比赛结束后可局部拍摄几个人欢呼胜利的场面，再运用拉镜头反映热烈庆祝的气氛。

3）摇镜头。摇镜头是指摄像机的位置不变，摄像机镜头和机身作上下、左右或者旋转等不同方向运动的拍摄方法。摇摄有多种技法，通常使用水平摇摄和垂直摇摄两种。摇镜头的画面效果与人们日常生活中原地转动头部、环顾四周的视觉效果相似，符合观众观看的习惯。主要用于展示空间、扩大视野如运动会出场式中整个操场站满了人，拍摄人员所站的位置拍不了完整的场面，可以通过水平摇镜头拍摄。例如拍摄电视发射塔、摩天大楼等，运用小景别的垂直摇摄能够完整而连续地展示其全貌，形成壮观雄伟的气势，达到用小景别出大效果的目的。

4）移镜头。移镜头是指在摄像机按特定的轨迹运动过程中拍摄的画面。在实际操作中，通常是将摄像机架在运动物体上，如带脚轮的三脚架、轨道车、汽车等，或是由摄像人员通过肩扛或手持的方式，在运动过程中进行拍摄。移镜头反映了观众在日常生活中边走边看动态地观察事物的习惯。

5）跟镜头。跟镜头是指摄像机跟随运动物体一起运动进行的拍摄。其特点是镜头对准运动物体，并以相同的速度伴随其运动，被摄对象在画面中的位置保持相对的稳定。跟镜头的方式有多种，大致有摄像机的推镜头跟踪、拉镜头跟踪、摇镜头跟踪和移镜头跟踪，以及升降、旋转等多种跟踪拍摄方式。

6）升降镜头。升降镜头是指利用升降装置使摄像机在垂直运动过程中进行拍摄的画面，由于升降镜头在日常生活中的体验较少，常能给人极富视觉冲击力和新奇独特的画面感受。

7）综合运动拍摄。在实际拍摄中，经常将推、拉、摇、移、跟、升、降等多种运动方式有机地融合起来，构成综合运动镜头，由于综合运动镜头把多种运动拍摄方式有机地统一起来了，因此在一个镜头中形成了一个连续的变化，能给人以一气呵成的感觉，与单一运动镜头相比更富表现力。综合运动摄像的连续动态性有利于再现现实生活的流程，使画面空间在一个完整的时间段落上展开，在纪实性节目中保证了事件进程的真实性。综合运动镜头大致分为3种情况：①“先后”，如先推后摇、先跟后推等；②“包容”，即多种运动方式同时进行，如摇中带推、边推边摇等；③前两种情况的综合运用。

综合运动镜头由于镜头内部变化的因素较多，拍摄时较为复杂。在拍摄时需要考虑和注意的方面也比较多，在拍摄中镜头的运动应力求保持平稳，镜头运动的每一次转换应力求与人物动作的方向转换及情节中心和情绪发展的转换相一致，使画面外部变化与内部变化相结合。机位运动时也应注意焦点变化，主体形象应始终放在景深范围之内，同时要注意拍摄角度变化所引起的方向变化对画面造成的影响。

任务2　录制企业运动会

任务情境

小陈就职于一家企业的宣传部门，该部门派小陈负责为本企业一年一度的运动会进行摄像工作。负责人要求小陈不但要拍摄整个运动会的过程，还要将所拍视频进行后期制作，将其剪辑成视频专辑。小陈在接到这个工作后，应该怎么着手准备呢？假如你是小陈，你会怎样安排要做的工作呢？

任务分析

一年一度的企业运动会对于该企业来说不仅是一个团体活动，更是企业各部门充分展示自己实力，增强团队凝聚力的一次运动盛会，通常企业领导非常重视该活动，因此做好运动会的拍摄记录工作尤为重要。作为拍摄工作的负责人，千万不要认为只要拍摄比赛的过程就行了，不需要前期准备，只要到时候把机器放好开拍就可以了，运动会的拍摄过程里面还是有许多讲究的。

运动会通常持续时间长、比赛内容多且各项目在时间上一定会有重叠，所以拍摄前的准备工作一定要做好。拍摄运动会前还要询问相关负责领导，听取领导的要求，了解本次运动会所要表达的主题。接下来还要与相关工作人员沟通，要认真了解运动会背景资料和运动会的时间流程。再综合获得的各种信息，加以整理分析，形成最终的拍摄方案。这样在会场拍摄时才能有的放矢，不会出现感觉上拍了很多画面，在后期编辑时却没有素材可用的问题。

同时在摄像时也要注意拍摄细节，要对赛场从多景别、多角度、多侧面进行诠释，使画面更加丰富生动。下面将从拍摄人员小陈的角度来分析该工作任务应如何实施。

任务实施

1. 运动会前的准备

(1) 形成系统的拍摄、制作方案

由于运动会的持续时间长、比赛项目多、参赛人员数量大，因此无法做到像会议拍摄那样全程都进行拍摄。所以在接到拍摄任务后，要先确定本次拍摄要表达的主题，再根据主题确定后期制作的方案，这样才能在运动会中抓住重点内容进行拍摄，达到记录精彩的目的。

为了确定此次拍摄主题，首先应主动向负责的领导询问本次运动会拍摄所要表达的主题定位，重点要反映企业的哪些风貌。然后再与组织运动会的相关人员进行沟通，了解本次运动会的相关资料，如比赛的时间、地点、流程和各个部门的参加项目、人员、次序等。还要认真了解参赛选手的情况，往届的比赛成绩等，在收集了足够的相关资料以后，加以整理并形成后期制作方案。表4-6就是小陈为了本次运动会拍摄及制作而制定的方案。

表4-6　运动会专题后期制作方案

序　号	片段名称	主要内容	时　间	备　注
1	片头	运动会开幕大场景，领导宣布开幕仪式等	30s	
2	引言	介绍本届运动会的大致情况，出现画面： ① 参赛选手刻苦训练的身影 ② 运动会各类比赛的镜头	1min	表明各部门和选手都已经进入比赛状态
3	运动会内容	① 赛前准备、动员的情况 ② 运动会器材、场地情况 ③ 各参赛部门运动员的神态 ④ 赛场气氛、场边的欢呼、拉拉队的情况等 ⑤ 比赛的精彩镜头，主要为各项目争夺名次的激烈竞争，友谊第一的感人场面，还有胜利的欢庆场面等 ⑥ 各项目的颁奖情况	50～60min	分块详细介绍运动会的内容，中间要插入一些选手和部门领导的采访
4	领导讲话	领导讲话，宣布运动会胜利结束等	30～60s	精选领导关于本次运动会主题的重要讲话
5	片尾	概括性片尾：各选手最后夺冠的神态，赛场上发生的感人场面等	1～2min	体现出通过本次运动会大家学到了什么

说明：全片配以运动的背景音乐

（2）摄像器材的准备

拍摄运动赛事的时间一般会比较长，所以要准备好1～2块备用的电池并充满电以备拍摄时替换。然后，要准备足够多的视频存储介质，如DV带、存储卡等。最后，还要仔细检查并试用一遍机器设备以确保运行没有问题。拍摄前一天就应把需要的摄影器材准备好，如摄像机、充电器、三脚架、电池和磁带等，再逐一查点后装进摄影包。

在运动会前一天要到达现场进行实地考察，仔细观察并记录下运动场的大小、比赛场地、颁奖台、观众席的位置和光照情况等。

2. 运动会拍摄

（1）开赛前赛场外的拍摄

开赛前一般可以拍摄运动场外的情况如会场的布置、选手们的神态等，如图4-22所示。为了不使画面显得单调，应尽量避免冗长不休的长镜头拍摄。可以利用特写、全景镜头的交替拍摄，使画面不至于太枯燥。同时，拍摄要简短，有节奏地把各种镜头连接起来。

图4-22　运动场外的热闹气氛

（2）开幕式表演的拍摄

在运动会赛事正式开始前通常会有领导进行简短的讲话，以及运动员代表、裁判员代表等人的讲话环节。在讲话环节后，一般会有入场仪式和一些开幕表演的场面。在这些环节的拍摄时，如果全过程都一成不变地用全景镜头拍摄，会让以后看片子的观众感到沉闷。因此可以先采用全景镜头作整体场面的交代，然后再抓住有特色的地方进行特写拍摄。其间可以穿插被拍摄对象的神态表情，也可以拍摄领导和观众聚精会神看表演等，如图4-23、图4-24所示。总之，要从多角度进行画面拍摄，这样在后期制作时才会游刃有余。

图4-23　用不同角度拍摄开幕式表演

图4-24　运动员出场的不同角度拍摄

（3）正式比赛的拍摄

对于正式比赛的拍摄，要对赛事的日程表及其特点做到心中有数，这对整个运动会各项目的拍摄至关重要。如以赛跑为例，要从起点处开始拍摄比赛选手的情况。如果是短跑，拍摄者就要跟着运动员进行移动以便全程拍摄；如果是长跑，则没有必要全程记录，拍摄者可以站在一个较高的地方进行拍摄，这样可以使画面更有层次感，如图4-25、图4-26所示。

图4-25　跑步的拍摄

图4-26　跳高的拍摄

比如，运动员冲线到达终点的画面是一定要拍的。当运动员快到达终点时，拍摄者就应该站在终点位置的侧后方准备拍摄，这样既可以不与运动员产生碰撞，又可以记录下运动员到达终点时的神情和动作。如果被摄对象取得的成绩不错，还应该趁他休息的时候，拍摄他赛后的表情，并做简单的采访等，以便使记录能整体连接，看起来也很有条理性。

虽然各项比赛都非常精彩，可也不要忘记拍摄场边的观众和拉拉队员们观看比赛时的紧张表情和胜利的欢呼。这些镜头在后期制作时可以丰富素材，从侧面使比赛整体的紧张性体现出来，如图4-27、图4-28所示。

图4-27　场边的观众

图4-28　赛后的选手

（4）颁奖仪式的拍摄

一般的单位运动会都是赛完一个项目后，只要决出名次就马上进行颁奖仪式。拍摄颁奖仪式时，可以先给得奖者一个特写，反映出得奖的兴奋，再拍摄颁奖的过程和获奖者的成绩信息等。还可以采访一下胜利者，如图4-29所示。

先拍颁奖全景

再中景拍获奖者

图4-29　颁奖仪式的拍摄

3. 运动会花絮的拍摄

在时间及精力允许的情况下，摄像人员还可以在运动会召开前的一段时间联系各部门的项目负责人，了解选手们的备战情况，并预约拍摄选手刻苦训练的镜头，还可以采访选手们赛前的心情，以及拍摄各部门为出场式做准备和彩排等。这些镜头都可以作为运动会记录片的片头或片尾的花絮，从而丰富后期制作的材料。

任务评价

运动会的拍摄要根据其要表达的主题进行拍摄前的策划，并做好会前、会中和花絮等内容的拍摄。在拍摄过程中，还能通过景别的变化使画面既能体现主体又不过于单调。请根据表4-7的内容，对任务完成情况进行质量评价。

表4-7　任务评价表

阶　段	评 价 指 标	具体实施的情况
摄像前的准备	与领导和部门沟通的情况	
	制定拍摄计划	
	摄像机的选择	
	辅助器材的准备	
运动会中的拍摄	机位摆放是否合理	
	白平衡调整是否正确	
	镜头是否稳定	
	构图是否美观	
	对焦是否准确	
	运动会过程记录是否流畅	
	运动会重点场景是否完整	
	景别运用是否得当	
	拍摄角度是否丰富	
	镜头的运动是否得当	
	细节描绘是否丰富	
	与会人员的反应镜头是否足够	
	情节的处理是否自然	
	光线的处理是否正确	
	空镜头是否足够	
花絮的拍摄	场景拍摄是否足够	
	采访画面处理是否得当	

必备知识

1. 摄像机手动调整功能的运用

(1) 逆光补偿功能

逆光一直是摄像中的大忌，但是在许多情况下我们不得不在逆光条件下进行拍摄，例如从室内拍摄站在窗口的人物，或从商店大堂内拍摄大门，这个时候被拍摄对象就处于逆光状态，摄像机参照明亮的背景进行曝光，被拍摄对象反而曝光不足，如图4-30所示。因此，在拍摄逆光及夜景时，如果以全自动模式拍摄，逆光拍摄时必定是主体或人物全黑而背景光亮，拍摄夜景时却是黑暗中灯光一片模糊。针对以上问题，最好的方法就是逆光时使用逆光补偿功能键，逆光补偿可以有效补偿摄像机在逆光环境下拍摄时画面主体黑暗的缺陷。

图4-30　逆光拍摄

在进行逆光拍摄之前，按一下逆光补偿键，当指示灯出现在取景器内或液晶显示屏幕上时，就可以进行逆光拍摄了。拍完之后，一定要再按一下逆光补偿键解除逆光补偿状态，否则影像在顺光条件下会显得太亮。如果没有这个功能，那就将全自动模式切换到手动模式，采取手动光圈，调整曝光值，以增加透过镜头进来的光线，而使主体亮起来。需要注意的是，手动调整曝光时，逆光键是不起作用的。

（2）光圈调整

手动光圈调到多大才算合适，有一个简单的方法：在开机拍摄前，把摄像机的光圈先设在自动方式下，镜头对准被摄主体。先将镜头推成特写，这时摄像机会自动调整被摄主体的曝光量到合适的位置。通过取景器或液晶显示屏观察，画面会逐渐变亮。然后调整光圈到手动来进行锁定，再拉远镜头重新构图，以所想要的起幅画面开始拍摄。

（3）手动焦距调整功能

一般在拍摄时大都采用自动对焦，但是在特殊情况下如隔着铁丝网、玻璃、与目标之间有人物移动等，如果使用自动对焦所拍摄的画面往往就会焦距一下清楚一下模糊，因为自动对焦的情形下摄像机是依据前方物体反射回来的信号判断距离然后调整焦距，所以会发生上述的情形，只要将自动对焦切换到手动对焦，焦距就不会变来变去了。

以SONY　DSR250P摄录机为例介绍手动聚焦的操作。如图4-31所示，在记录、待机或内存模式下将FOCUS选择开关向下滑动到MANUAL，在液晶显示屏或寻像器中会出现指示标志。此时可转动聚焦环使要拍摄的景物聚焦清晰。若FOCUS选择开关在INFINITY位置，在摄像机自动聚焦近距离的物体以及聚焦在远距离的物体时非常有用。

按下FOCUS　PUSH　AUTO键时，瞬时自动聚焦功能启动。此时可以先聚焦在一个物体上，然后再平滑地聚焦在另一个物体上。当松开FOCUS　PUSH　AUTO键后，手动聚焦恢复。将FOCUS选择开关向上滑动到AUTO则返回自动聚焦模式。

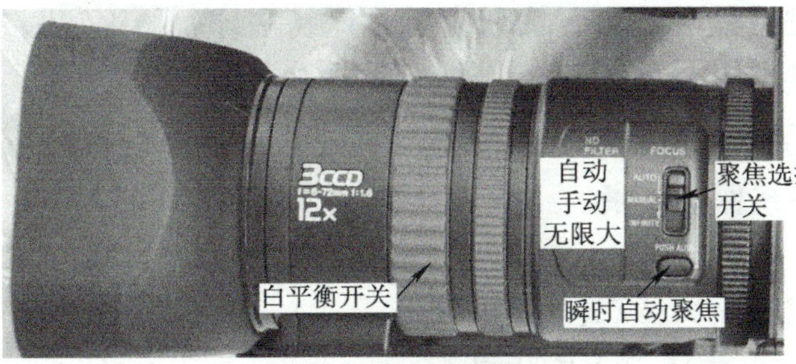

图4-31　焦距的调整

2. 运动镜头的组成

运动镜头主要有推、拉、摇、移、跟以及综合运动镜头。一个完整的运动镜头自开机起至关机止所连续拍摄的画面内容分为起幅、运动过程和落幅三个部分。例如，如图4-32所示的在体育比赛的颁奖典礼上，先是全景运动员面向升起的国旗，固定拍摄几秒，这是起幅；然后镜头逐渐推向运动员，这是运动过程；最后定位在运动员眼含泪花、高唱国歌的脸部特写，固定拍摄几秒，这是落幅。

起幅是指运动镜头开始时的固定画面，“画框”不动，画面要有构图中心，有一定的时间长度，能交代清楚画面中的内容，实际上就是固定镜头。

落幅是指运动镜头结束时的固定画面。落幅画面是整个镜头表现的重点，特别讲究画面的美感，要求构图完整，镜头稳定，也应当有适当的时间长度，能完整地表达画面内容，给人以终止感，犹如一个句子最后画上了句号。

运动镜头中，起幅和落幅画面是固定状态的，为了给后期编辑制作留下足够的选择余地，一般起幅约3～5s、落幅约留2～3s，使后期剪辑时该运动镜头与相邻镜头之间的组接流畅，否则容易产生“跳动”的视觉画面。运动镜头只有中间部分在运动，拍摄时应注意把握镜头运动的速度，快慢要适当，速度要均匀一致，要一气呵成，不要犹豫不决。必须杜绝“拉风箱”似的往返推拉和“拨浪鼓”似的往返摇摄。

a)

b)

图4-32　运动员领奖的拍摄

a）全景拍摄运动员领奖　b）近景拍摄运动员兴奋的表情

推镜头拍摄应注意的问题：

①推镜头以落幅画面为重点，落幅画面的主体必须明确。

②推镜头的起幅和落幅画面构图要规范、严谨和完整，被摄主体应处在落幅画面的最佳构图点上。

③推镜头在推进过程中，画面构图应始终保持主体在画面的最佳构图点上。

④推镜头的推进速度要与画面内的情绪和节奏一致。

⑤推镜头应以落幅画面中的主体为基准调整焦点，在起幅的广角阶段和落幅的长焦阶段，主体才能始终保持清晰。

拉镜头拍摄应注意的问题：

①拉镜头以起幅画面为核心。

②使用推拉拍摄时要注意光圈指数（F值）的选用：避免由特写拉到全景时，局

部区域受到过度的曝光。

③推拉变焦距时，若使用自动光圈拍摄，则推拉速度不宜过快，以免跟不上推拉的速度而使光圈失控的现象。推拉变焦时，应照顾特写与全景两种画面使用的光圈值。

3. 静态构图

摄像中构图很重要，完美和谐的构图能给人以美的享受，它是表现拍摄内容的重要形式。摄像构图简单地说就是在拍摄过程中为了最好地表达拍摄主题，把人、景、物等一系列的被摄对象按一定规律在电视画面上进行最佳布局的方法。

虽然电视离不开运动和对运动的表现，但“静”是“动”的前提和基础，通过积累固定画面拍摄经验提高画面造型能力和艺术鉴赏水平，才能真正胜任日益复杂和多样的运动摄像任务，做到触类旁通，驾轻就熟，因此苦练固定画面拍摄基本功是关键。

摄像构图画面的画框是固定的横四竖三的程式，构图有一定的局限性与难度，不可能像照相机那样竖起来拍，摄像师对构图的驾驭能力很重要，在电视画面中，被摄的人物是在运动的，对画面的构图应该考虑到全过程中画面的布局取景，而不是单单选择某一个典型的凝固瞬间，因此，摄像师对人物、事物的发展过程要有前瞻性及总体的把握能力。

（1）画面要确立一个视觉中心

摄像时要突出画面中心的主要对象，突出视觉中心。视觉中心既是画面内容的中心又是画面结构的中心。主体突出既可以直接突出，也可以间接突出。直接突出是在画面上给主体以最大的面积、最突出的地位、最佳的光线效果，将主体以最引人注目的形式直接来表现。间接突出则是注重画面上环境气氛的烘托和渲染，主体在画面中的面积并不是很大，但主体仍然是画面的结构中心，同样具有吸引力。

（2）画面要有空间的留白

在实际拍摄时，被摄主体周围要适当地留下一些空白，这样可以使主体具有一定的视觉冲击力，更有利于突出主体。尤其是拍摄人物，更不能拍得太满，应在画面的上、下部分留出适当的空间。人物头部上方的空白不可留得过多，因为人的脸部处在画面正中，会使画面产生重心下垂的感觉。适当地留有空白，不仅可使画面流畅，视觉舒适，而且还能给人以想象的余地。但空白留多少，要注意视觉感受上的平衡。

（3）处理主次明暗的关系

摄像时，在画面上既有被摄主体，又有其他物体，主体应处在视觉中心位置，陪体则要处在次要位置上。拍摄人物时，主要的人物脸部要朝向镜头，形象要完整；而用作陪衬的人物则可以侧面来表现，形象不一定要完整，甚至可以适当虚化。

电视画面上，除了安排好主体和陪体的关系外，还要处理好前景和背景的关系。背景宜简洁些，它起着点明环境特点的作用，不同的景别对背景的要求也不同。背景不宜太亮，不宜选择过多的天空作背景，在室内时，要避开窗户或拉上窗帘。晚上拍摄时，避开直射镜头的灯光，防止光圈收缩使主体发暗。

（4）处理好画面中的线条

线条在画面构成中起着非常关键的作用。突出和强调不同物体的富有表现力的有代表性的线条，是构成千变万化的可视形象的最基本因素。

拍摄时，应根据所摄画面的主要线条加以提炼、安排，为主体的表达服务。一般来说，曲线可以使视线时时改变方向，能引导视线向纵深发展，同时还能表现出画面的空间深度。水平线能引导视线横向移动，产生开阔、舒展的效果并能延伸人的视线；纵向线条可导致视线向画面的深处移动，使画面结构丰富，立体感强；斜线条常使人感到从一端向另一端扩展或收缩，常常表现运动中的主体，有一种内在的节奏感和韵律感；螺旋形线条引导人的视线旋转向内；圆形线条则给人一种周而复始的循环往复的感觉。

（5）画面的动态均衡与心理均衡

在具体拍摄中，画面的动态均衡和心理均衡主要是利用人们的视觉加重作用来获得的。如绘画理论中的“补白”，在画面的空白处添上寥寥数笔，便具有引人注目的力量。摄像中也可以利用“补白”，使拍摄的主体处于“补白”的地位，用于加重视觉的分量，也突出主体。例如可以在变化中寻求平衡，采用重心偏离画面正中点的不对称的构图，打破画面的静止和呆板；也可以运用形体、影调、数量等因素的变化，利用人的视觉和心理习惯，在画面上形成一种力量和价值上的平衡；可以利用画面上色彩的均衡作用，色彩分布要处理好大小、轻重和主次的关系，要做到简洁、单纯，防止画面杂乱无章。先根据主体的颜色，尽可能地选择与其相对的色彩背景，也可以调整主体的色彩，这样能使主体更加突出。画面的总体效果更为鲜明。

4. 动态构图

动态构图是摄像特有的构图法则，它分为画面固定，但画面中的人物是活动的、画面中的人物相对静止而画面内景物在移动、画面中人物和景物都在活动等几种形式。

（1）画面固定人物活动

应先考虑画面中人物活动的方式，然后再来布局景别。人物在画面中活动，画面边框范围应考虑人物动作的幅度，一般应将人物完整的动作摄入画面。如果是做全身运动，就要考虑到手臂上伸时的空间范围；拍摄人物胸部以上的活动时，中景景别也要防止拍摄中人物突然运动，导致部分肢体或头部越出画面。

由于画面中场景是固定的，拍摄前应了解主体移动的路线，提炼主线条，并以此来选定画面的结构图形，使景物排列有序。被摄的主要人物由画面外进入画面，如果进入画面后位置相对固定了，那么这个位置就应是画面的视觉中心；如果人物进入画面后，还需在一定范围内移动，那就应该根据人物移动路线来选择画面。

（2）人物静止画面移动

如果人物是相对静止的，而当景别发生移动变化，需处理构图时，摄像机在拍摄时镜头的变化非常重要。镜头的推、拉、摇、移进，及起幅、落幅的构图尤应慎重考虑，尤其是落幅的画面构图。

推镜头的落幅往往是对准主要人物，而且推镜头动作要利落，构图要一次完成，不要推过去摇过来，画面拖泥带水。在推镜头时，应将主体自始至终放在画面上的视觉中心。镜头推拉时必须保持一定的景别跨度，例如：从全景推到特写，跨度大，变化就明显。

摇镜头时，画面处理要注意不同的景别的作用。远景和全景摇镜头，常为了展示场面的恢宏；近景和特写的摇镜头，常为了突出形象，给人以深刻的印象。摇镜头的路线应根据景物的形体与线条的结构，适当考虑镜头的运动路线。应尽可能地沿着有形或无形的线条移动，使画面内的景物变化有序，避免在摇摄过程中画面上出现空无一物的空白画面。

（3）人物与镜头均在运动

人物在活动时，摄像机也在跟着运动，画面的景物会随着人物的运动而不断地更换场景，但主要人物却始终在画面中，这时的画面应根据人物还是景物来构图？

应该以表现人物活动为主。镜头跟随着主体摇和跟，主体应始终在画面的视觉中心，并保持相对的稳定。取景时，应在运动方向的前方多留些空白。镜头的运动速度就与物体的运动速度保持一致，否则会使主体在画面上出现忽前忽后的现象。

镜头在运动时，主体的运动速度往往通过环境或背景中景物的移动快慢程度来体现。镜头在摇和跟时，为了点明环境地点，镜头的落幅可停留在某一个带有标志性质的物体上。

5. 同期录音

电视画面是一门视听艺术，它不仅要求画面形象生动，而且要求声音清晰、真实。心理学家的实验研究结果表明：就记忆效率而言，单视觉时占27%，单听觉时占16%，视听并用时占66%以上，因此作为一名合格的摄像人员，不仅要注意画面的拍摄，还要注意同期录音的质量。

（1）录音前准备

同期录音就是在拍摄画面时同步拾取拍摄对象产生的声音，这种录音方法拾取的声音能与拍摄对象的动作相吻合，而且能增强画面的真实感。要做好同期录音首先要做好录音前的准备工作。

在同期录音前要做好3项工作。

1）了解将要进行的同期录音的内容。了解这些可以使我们对要录音的对象做到心中有数，并能帮助我们决定使用什么样的话筒和调音台等录音设备。

2）了解录音现场的自然环境和声学环境。如果不事前了解这些情况，有可能会导致同期录音的失败。例如，如果室内的混响时间过长，录制的声音会不清晰；如果室外的环境噪声过大，会使录音不干净。如果了解到环境的情况不适合同期录音，可以采取措施防止或减小环境对同期录音的干扰，或者考虑更换拍摄场地。

3）了解拍摄节目要表现的主题。在进行同期录音时，拾音对象往往不是由一种声音构成的，而是由多种声音或多组声音构成的，这就要求摄像人员根据节目的主题分析拾音对象的声音构成，正确处理它们的主次关系，既满足节目制作的需要，又能增强声音的层次感。

（2）正确使用话筒

要想同期录音拾取的声音层次清楚，主次分明，必须正确使用话筒，根据同期声声源的特点选择话筒。在同期录音时要根据声源的动态范围和频率范围来选择相应的话筒，以免话筒过载或增加高低频噪声。例如，SM58动圈话筒和MKH816超指向电容话筒，如图4-33所示，其动态范围相差不大，但其频率范围却不同：SM58话筒的频率范围是50～15000Hz，MKH816的频率范围是40～20000Hz，在使用时必须加以区别。在环境噪声较大的室外近距离录人声时，用SM58动圈话筒录的声音更干净，因为人声的频率范围为100～8000Hz在SM58话筒的拾音范围之内，而环境噪声超出了它的拾音频率范围，超出范围部分的声音将不会被拾取。但如果用MKH816超指向性话筒，因为其拾音频率范围更宽，则可能将环境噪声也拾取了。

如果录制的是一个乐队演奏而不是人声，则应该选择MKH816超指向话筒进行拾音。因为乐队演奏的声音范围超出SM58动圈话筒的频率范围，如果使用SM58动圈话筒拾音，一定会造成乐队声音的频响受到损失，使拾取的声音听起来不细腻。

a)　　b)

图4-33　话筒的种类

a）SM58动圈话筒　b）MKH816超指向话筒

（3）正确选择话筒的拾音距离

在进行同期录音时如果话筒的拾音距离不正确对拾取的声音质量会有较大的影响。话筒的拾音距离与下面因素有关。

1）与画面的景别有关。对于画面来说有远景、中景和近景，而与之对应的声音也应该有远景的声音、中景的声音、近景的声音。因为在不同的景别中声音的空间感不一样，所以在拾取不同景别的声音时要用不同的拾音距离，远景时话筒应保持远一些的拾音距离；近景时，话筒应保持近一些的拾音距离。

2）与话筒的拾音角度有关。同期录音时一般使用单指向话筒，这类话筒的特点是对于在其拾音角度以内的声音有较好的频率响应，而对超出其拾音角度的声音则表现出较强的抑制性，根据话筒的这一特性，在拾音时就必须保证声源的范围刚好在话筒的拾音角度内。

3）与声源的范围大小有关。对于拾音角度不可变的话筒来说，要想拾取不同范围的声源，必须调节话筒的拾音距离，使所要拾取的声音在话筒的拾音范围内；当声源范围大时，话筒的拾音距离应该远一些，反之就近一些。

项目小结

作为优秀的企业宣传人员，从事会议、运动会的拍摄工作必须具备几个基本条件。

1）较强的沟通、策划能力。提前与领导及其他部门沟通，了解会议、运动会的主题、流程以及确定拍摄方案。

2）高度的责任心，拍摄的质量与拍摄计划制定是否考虑周详有很大的关系。会议不可能因为摄像人员的拍摄出现意外而重开一次，会议的过程漫长而沉闷，但作为摄像人员必须记录每一个环节，一旦有所遗漏，将会造成无法弥补的遗憾；运动会时间长、项目多，拍摄工作是很辛苦的，作为摄像人员一定要克服各种困难，按计划拍摄好每一个镜头，使后期制作有足够的材料进行编辑。

3）摄像基本功扎实，画面稳定、聚焦准确、构图精美、镜头运动合理、镜头组丰富。

4）具备后期编辑的能力，拍摄时能考虑到后期编辑的可能性。

实战强化

1. 自定义白平衡设置

在光管照明的室内环境完成摄像机的白平衡设置。

在钨丝灯照明的室内环境完成摄像机的白平衡设置。

2. 固定镜头及景别拍摄练习

用固定镜头对校园的外观做远景的拍摄。

找一位同学做模特，按远景、全景、中景、近景和特写的顺序进行固定镜头拍摄，细心体会各景别的作用。

3. 分别尝试逆光、夜景拍摄时的处理方法，体会两种处理方法的技巧

在逆光拍摄时使用逆光补偿功能进行拍摄。

在逆光拍摄时使用手动调整光圈进行拍摄。

在夜景拍摄时使用逆光补偿功能进行拍摄。

在夜景拍摄时使用手动调整光圈进行拍摄。

4. 手动焦距的调整

固定镜头拍摄两个场景，使用手动调整焦距使画面保持清晰：一位同学向远处走去、一位同学由远而近向镜头走来。

5. 推拉镜头的拍摄练习

模拟一个场景：5～6位同学围在一起探讨学习问题，分别用推、拉镜头进行拍摄，如：从全景推至同学手中的书本，由手中的书本拉至全景，比较画面的表现效果有什么不同。注意起幅、运动过程、落幅的时间及流畅性。

6. 摇镜头的拍摄练习

对学校的教学楼按摇镜头进行拍摄，要能展示教学楼的规模及其与其他建筑之间的联系。注意起幅、运动过程、落幅的时间及流畅性。

7. 跟、移镜头的拍摄练习

对在操场上跑步、打篮球的同学进行跟、移的拍摄。

8. 宣传标语的拍摄

分别运用固定镜头和运动镜头对校园中的宣传标语进行拍摄，体会怎样才能拍好宣传标语。

9. 综合运动拍摄

运用综合运动镜头拍摄一段学生之间进行的篮球赛。

10. 模拟会议的拍摄

在课室布置模拟会场，找4～5位同学饰演主席台上的领导和发言人，其余同学饰演观众，用摇镜头交代主席台上的领导，用拉镜头交代与会观众的反应。

学习领域5
——影视工作室

任务1　跟拍儿童生日宴会全过程

任务情境

小单是一家影视工作室的摄像师。一天，一对夫妇来工作室签订了一份视频拍摄合同。合同内容是为他们5岁儿子的生日会进行拍摄。生日宴会的流程不复杂，且只需要工作室提供单机摄像，因此工作室派小单负责这次拍摄工作。假如你是小单，你打算怎么完成这项工作呢？

任务分析

生日聚会摄像是影视工作室经常接到的订单项目之一。一般生日聚会的形式可分为儿童生日会、成人生日聚会和老人祝寿宴会三大类，本次拍摄任务的主角是一位5岁的小朋友。为了表现孩子纯真的天性，摄像师在拍摄过程中，应尽可能地顺应孩子的自然本色，突出表现儿童特有的、天真、活泼、可爱的特质。但拍摄儿童生日会比拍摄成人或老人生日宴会的难度要高，主要有以下原因。

1）孩子不像成人那样能主动配合摄像师的指挥，这就需要摄像师善于捕捉孩子的情绪和反应，在孩子感情流露和互动的瞬间抓拍精彩镜头。

2）由于孩子的身高比较矮，因此摄像师要降低摄像机的高度，使镜头尽量与孩子的目视高度一致，这样才能完整地表现孩子丰富的面部表情。

请你以小单的角度，对接到的这个儿童生日会的单机位跟拍订单进行分析并思考该工作任务应如何实施。

任务实施

1．摄像前的准备

为做好每一项工作，事前的准备工作必不可少，在接到客户的摄像订单之后，必须对拍摄的题材有所了解，这是很关键的一点。

以本次任务为例，摄像师在生日会拍摄前，应和孩子的父母进行详细沟通，了解内容包括：孩子的性格特点、参加生日会的来宾及数量、活动举办的地点、环境气氛、生日会的流程、小游戏的内容等，并根据这些信息制定当天的拍摄计划。准备工作做得越细致，才能对整个拍摄过程做到心中有数，在拍摄的时候才能张弛有度。

假如生日宴会的主角不是孩子，而是老人，摄影师就需要了解老寿星的年龄、身份、背景、老人年轻时的故事，还有参加寿宴的来宾身份，与寿星之间的关系等内容都需要拍摄者着重笔墨地介绍。

2．器材的准备

1）准备充足的电池，提前把所有电池都充满，并在机器上检查一下电量。当接到一个拍摄任务时，摄像师应预估计拍摄所需的时间，并要考虑到有可能会因为意想不到的因素而延长拍摄时间，然后再根据自己使用机器的待机时长和工作时间，留出预估拍摄时长的三倍电量。稳妥起见，应把充电器也带上，如果发生了特殊情况，也可以边拍边充电。

2）进行试拍，检查机器的设置是否正常，不要因为放置时间过长或者别人使用之后更改了某些设置，到拍摄现场才发现，并因此慌了手脚。此外，试拍可以确保机器上装了存储设备，并顺便准备几盘空白的备用存储设备。如果要使用旧磁带，事前应确定一下旧磁带上是否有重要的内容，以免误删。磁带的数量也要根据拍摄的时间长短确定，并多带几盘。如果是非常重要的拍摄内容，应尽量使用新磁带，以保证磁带质量避免拍摄事故。如果使用的是硬盘摄像机，就要检查一下硬盘内剩余的存储空间，将硬盘内已有的视频导出备份，并清空硬盘空间，避免因硬盘出现病毒而影响拍摄，DVD光盘摄像机也应按此规则进行检查。

3）带上辅助器材。三脚架和灯光在拍摄时非常重要。为了保证画面稳定、图像清晰，在拍摄时最好使用三脚架。此外，摄像机的最低照度性能不好时，会导致拍摄的图像一片漆黑，所以带上灯光非常必要。如果没有灯光，那么可以使用摄像机的增益功能来补救，虽然画面噪点会多一点，但是总比漆黑一片要强。除此之外，还应尽量带上其他辅助器材，例如：麦克风、电源电缆、广角镜头等。

3. 生日会拍摄的过程

影视拍摄都是用不同的画面来表现事件的情节，摄像师可以灵活地通过不同场景画面的记录来交代此次拍摄的全部内容。因此摄像师必须对所拍摄的人物、题材有所了解。比如，这个生日或者聚会的背景，人物的年龄、身份、是否有特殊的意义，正式活动的举办地点、环境气氛等。摄像师应根据活动的具体形式和内容随机地选择拍摄机位，提高自己的观察能力和判断力，善于记录细节，能把握现场气氛，这些都是一个优秀摄像师应该具备的能力。

（1）生日会的准备过程

生日宴会的拍摄内容可以从宴会的准备、会场的布置、人物的介绍等方面进行拍摄。例如，生日会的准备过程可以拍摄蛋糕店预订蛋糕、准备生日用餐、布置会场等，如图5-1所示。摄像师应该提前到达拍摄现场，熟悉一下环境，根据会场面积估算能有多大的景深，检查光照情况（顺、逆、侧），了解主要人物位置等，并利用这个时间测试摄像机，调整参数到最满意效果。从宾客陆续到达，相互寒暄开始，就应该进入拍摄状态了。拍摄时应根据活动之前的准备情况多角度、多场景进行记录，同时抓拍现场出现的各种“惊喜”，可以丰富影片的内容。

图5-1　生日会的准备过程

(2) 整体气氛的表达

成功的影像拍摄，就是让观众通过画面感受到现场的气氛，令人印象深刻。因此，用切合主题的画面来表达现场气氛最具效果。快乐的生日聚会拍摄出来就要让人感受到快乐、幸福、甜蜜的气氛，如图5-2所示。不要以为只有点燃生日蜡烛，或者大家共同举杯畅饮才是要拍摄的内容，这些画面只是生日或者聚会活动中的一个小环节而已，来宾的表情、不同的穿着打扮、相互的关系都是要抓拍的对象。同时，主人公的状态更是拍摄的重点，如过生日的本人，相关的亲密家属，以及他们在准备生日宴会时的各种活动。围绕着不同的主人公进行拍摄，能通过不同场景给观众提供直观丰富的想象空间。而老人寿宴活动，可以多记录老人及相关亲属忙碌的身影，祝寿来宾登记签字报道的情景，以及老人和友人之间的握手、拥抱、叙旧等场景都非常真实感人。

图5-2　整体气氛的表达

(3) 生日会的场面

当生日宴会正式开始的时候，将是摄像机最繁忙的时刻。摄像师要尽可能多地拍摄所有重要的环节，如点燃蜡烛、许愿、吹蜡烛、唱生日歌、送礼物、切蛋糕等生日宴会的重要场景千万不要错过。切记要将一切和主人公有关的镜头都要一个不少地记录下来。同时，还要兼顾拍摄现场其他来宾的反应，如快乐、祝福、起哄……这些辅助场景的镜头也是烘托气氛的好素材。在点上蜡烛后，可以对蛋糕拍摄一些特写镜头，如亮闪闪的烛光、蛋糕上的祝福文字等，如图5-3所示。在拍摄切蛋糕时，也可以拍摄一些特殊镜头，如大人还在分着蛋糕，孩子们就迫不及待地吃起来等。

图5-3　生日会重要场景

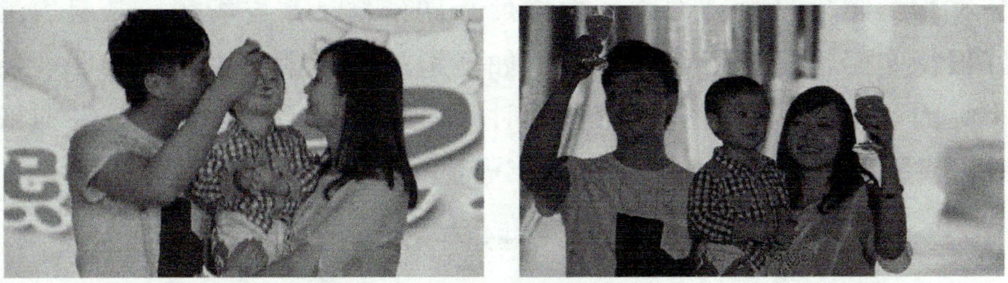

图5-3　生日会重要场景（续）

（4）宾客祝福的画面

在宴会活动的任何时间，摄像师都可以见缝插针地对主人公、来宾、亲朋好友分别进行采访，并引导宾客们尽可能多地说出真实感受和对主人公衷心的祝福。这种采访只要保证画面稳定清晰，声音清楚响亮即可，不必苛求采访的正规和专业。生日会这类私人性质的影片，看点更多的在于情节的真实性，而非形式。因此适当的采访镜头可以提升整个片子的内涵和纪念意义，如图5-4所示。

图5-4　亲友祝词

（5）相关背景资料

针对不同年龄的生日主角进行拍摄，拍摄手法要选择符合其年龄、身份、生活环境，如图5-5所示。如生日的主角是儿童，可拍摄其成长生活照、在学校获得的奖励、平时工整的作业、整洁明亮的居所等，这样可以从侧面表现出这是一位优秀的、幸福的孩子。对于年轻人的生活，需要表现的重点就是充满活力和朝气，可以通过拍摄年轻人成长历程中的照片、获得的荣誉等，寓意其年轻有为、前途似锦。如果是为老人拍摄生日宴会，应拍摄一些老人年轻时的一些具有代表性的照片、作品、成果等，让老人亲口讲述当年工作上的趣闻和经历过的艰苦岁月等，回顾老人年轻时的风采，并体现老人不怕苦难的精神，侧面烘托老人对生活乐观和豁达的心态。

图5-5　相关资料

任务评价

生日宴会录像一般包括以下场景：宴会的准备过程、亲朋好友祝词、来宾签字报到、主人公亮相、唱生日歌、许愿、吹蜡烛、切蛋糕、亲友祝酒、节目表演等环节。摄像师最好根据实际情况进行创作拍摄，如当地风俗习惯、主人公的职业特点、宴会的规模大小等因素都要仔细研究。拍摄的时候应尽量以主人公为主，并兼顾到参加的来宾。请根据表5-1的内容对任务的完成情况进行质量评价。

表5-1 任务评价表

阶段	评价指标	具体实施的情况
摄像前的准备	与客户沟通的情况	
	制定拍摄计划	
	辅助器材的准备	
宴会中的摄录	构图是否美观	
	镜头是否稳定	
	对焦是否准确	
	曝光是否准确	
	白平衡调整是否正确	
	景别运用是否得当	
	镜头的运动是否得当	
	拍摄角度是否丰富	
	气氛渲染是否足够	
	宴会重点场景是否完整	
	宾客的反应镜头是否足够	
	光线的处理是否正确	
	空镜头是否足够	
	采访镜头是否足够	
	背景资料是否充足	

必备知识

1. 机位的种类和作用

摄像机位就是摄像机相对于被摄主体的空间位置，也有人称之为拍摄点。通常用方位、高度和距离来表示摄像机位。也可以用拍摄角度和距离来描述，此时，拍摄角度中的水平角度相当于方位，垂直的角度相当于高度。又或者用景别和拍摄角度（包括垂直角度和水平角度）来表示摄像机位。

（1）垂直方向拍摄角度

按拍摄高度的不同可以将拍摄角度分为平摄（平角度）、俯摄（俯角度）和仰摄（仰角度）。平摄时机器位置与被摄对象在同一水平面上，是一种平视的角度；俯摄时机器位置高于被摄对象，是一种居高临下的拍摄角度；仰摄时机器位置低于被摄对象，是一种仰视的角度。不同的拍摄角度，将带来不同的视觉形象和不同的造型效果，进而产生不同的画面心理效果。

1）平角（平拍、平摄）。平角度拍摄时机位镜头与被摄对象处于相同的高度位置，其代表的观察视角相当于人们正常观察事物的角度，如图5-6所示。平拍形成的透视感相对正常，被摄对象不会因镜头拍摄的角度而产生扭曲。因此，平角度拍摄时可以给观众一种客观、平等、平视、和谐的视觉效果。

处理平摄画面时，地平线位置处于画面中央，分割开画面，形成一种画面分离感，这时候要注意尽量不要将地平线置于画面中央，否则将显得呆板空洞。

由于镜头处于水平高度关系，平拍时，在画面构成中，往往会把同一水平线上不同距离的前后景物，相对地重叠在一起，看不出景物层次的关系，因此缺乏画面空间透视效果，不利于层次感的表现。

图5-6　平角度的机位和被摄对象的位置关系、平角度画面样式

2）俯角（俯拍、俯摄）。俯角拍摄时机位通常高于人眼正常的位置，画面效果是一种自上往下、由高向低的俯视效果，如图5-7所示。这时摄像机镜头高于被摄主体水平线。

俯拍角度在拍摄景物时，一般利用远景画面构图。这时处于平面上的景物横向层次、位置关系清晰，地平线处于画面上端；在有些大俯拍画面中，地平线甚至消失。比如很多利用飞行器航拍的画面中，就通过这样的角度，以较大景别并结合运动拍摄的手段，来得到广阔、深远的画面感，用以表现环境风貌、景物分布等状况。

俯角度拍摄时，地面上树立的高景物、站立的人物有一种斜向聚会的效果。这时画面中具有竖线条的景物，有一种被压缩感。大俯拍（垂直俯拍）时，则看不出竖线条的存在，与地面平面景物形成点面关系，不能体现景物的高大关系，却可以体现环境的宽广和规模。

俯角拍摄在表现人物活动时，强调的是活动所处的环境空间的概念，以及人物在环境中的位置关系，可以比较清晰地展现人物所处的位置，与环境之间的关系，人物之间的关系，从而显现一种整体气氛。因此我们常用俯拍角度作为大场景调度手段的一种。但是另一方面，俯拍角度则不利于人物的细微动作和面部表情，也就无从谈起表现人物的心理活动。因此，进行叙事和抒情的拍摄任务时，要尽量慎用俯拍镜头。

由于在俯拍画面中被摄对象被进行了一定压缩，所以从心理感觉上来讲，这样的画面对被摄对象有轻视贬低的意味，经常在拍摄一些如低级、猥亵、渺小的人物时，可以通过这样的角度起到一个蔑视对方的效果。但同时，用俯角拍摄对脸型较胖的及脸颊宽阔的人来说在形象表达上能够起到良好的修饰作用。

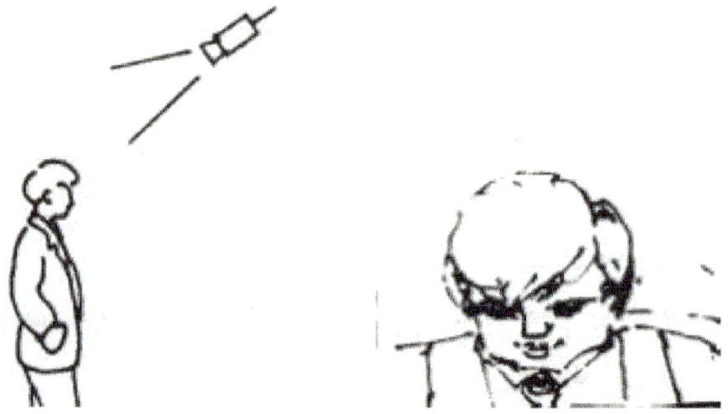

图5-7　俯角度的机位和被摄对象的位置关系、俯角画面样式

3）仰角（仰拍、仰摄）。仰角拍摄时机位通常低于人眼正常的位置，画面效果是一种自下往上、由低向高的仰视效果，如图5-8所示。这时摄像机镜头低于被摄主体水平线。

仰角拍摄时水平面上的景物不能得到很好的展现，只有具有纵向线条的景物可以比较清晰地表现。在外景中，这时的画面总是带有更多范围的天空，地平线处于画面下部，或者没有地平线。在前景和背景位置上的被摄对象形象差距明显，前景突出而背景不显著或者失去背景。

垂直的景物这时被伸展拉长，可以表现其高度和气势。而如果用仰角拍摄人物的话，尤其是将人物置于前景的位置时，形象显著变得高大，可以突出表现人物气质。这时与背景中的景物距离感增大，画面透视效果比较强烈。

由于在仰拍画面中被摄对象形象显得更加高大，所以从心理感觉上来讲，这样的画面对被摄对象有赞美欣赏歌颂的意味，经常在拍摄一些如英雄、崇高、庄严的人物时，可以通过这样的角度起到一个敬视对方的效果。因此略微的仰拍有利于人物的形象表达，但是无论稍仰和大仰拍，都要有一定的叙事情节做基础，否则在无叙事根据的情况下进行仰角表达，在视觉上也会让人感到不舒服。这是因为，在人物距离机位位置较近，景别较小的时候用广角拍摄时会使人物容易产生透视变形。另外，在有前景景物的前提下，也要慎重采用仰角拍摄，否则将得到相反的画面视觉效果。

图5-8　仰角度的机位和被摄对象的位置关系、仰角画面样式

(2) 水平方向拍摄角度

拍摄方向指在同一水平面内，摄像机位围绕被摄主体在360° 范围内变化的时候，相对被摄对象所形成的正面、侧面以及背面等的位置关系，如图5-9所示。不同的拍摄方向，也将带来不同的视觉形象和不同的造型效果，以及视觉心理效果。

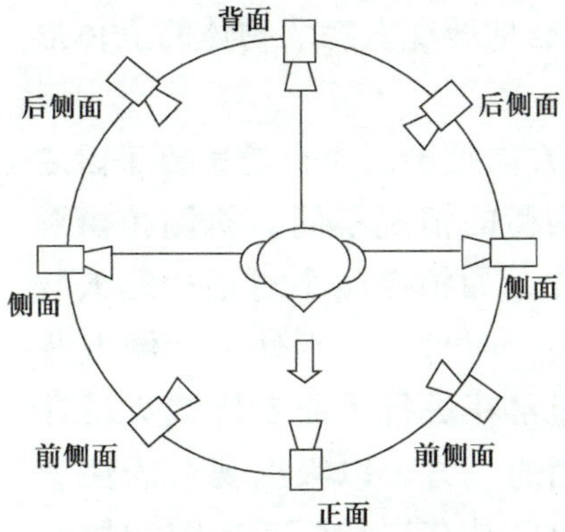

图5-9 拍摄方向（360° 圆周方向正面、侧面、斜侧以及背面机位角度）

1）正面方向拍摄。正面方向拍摄时，摄像机镜头在被摄主体的正前方，与被摄对象形成0° 角，如图5-10所示。正面方向拍摄的画面可以明显表现被摄对象的正面特征和横向线条。这时人物正面形象完整、明显，动作、表情清楚。正面方向拍摄能使画面中的人物和观众之间产生亲近感、交流感。同时，正面角度气氛稳重、严肃，在比较严肃、庄重的电视节目中，如《新闻联播》《焦点访谈》等，播音员和主持人在屏幕上出现时都基本上使用这样的拍摄角度。

图5-10 正面拍摄画面效果

正面方向拍摄时画面纵深方向透视效果不显著，画面立体感和空间感较弱，所以适合比较小的画面景别，用来重点表现画面主体形象。在构图时应注意避免画面布局不合理，容易产生呆滞、呆板的视觉形象。

2）侧面方向拍摄。当摄像机位置处于被摄对象的正左方或正右方，与被摄对象成90° 角的时候，形成正侧方向拍摄角度；当摄像机位置处于被摄对象的前后非正面、背面和正侧面的位置时，则形成了斜侧方向拍摄角度。

① 正侧面方向。正侧方向拍摄的画面中，被摄对象以侧面形态出现，如图5-11所示。主要用于表现人物的横向运动，侧面角度线条变化丰富，运动感觉明显。

图5-11 侧面拍摄画面效果

用正侧面拍摄可以表现对话、交流等场合，比如会谈、握手等镜头，双方以基本平等的姿势出现在屏幕中，画面是均衡的，平势的，能够体现出一种平等气氛。

② 斜侧面方向。当摄像机位置处于被摄对象的前后非正面、背面和正侧面的位置时，形成了斜侧方向拍摄角度，这种情况被称为斜侧方面拍摄，如图5-12所示。其中又包括前侧方向和后侧方向两种。斜侧方向拍摄角度在实际操作中经常会用到。

图5-12 斜侧拍摄画面效果

斜侧面方向拍摄时能较好地展现人物及物体的立体形象，画面纵深感强。

拍摄二人画面时，斜侧方向拍摄画面也是重要手段之一。与正侧面二者平等、均衡的情况不同，斜侧拍摄画面可以突出面向镜头的一方。如拍摄两个对话中的人物时，一方处于斜侧面向镜头，而另一方则处于后侧方背向镜头，主次关系顿显。通常在进行场面安排镜头设计的时候，谁说话则处于前侧的一方，以吸引观众的注意力。斜侧角度尤其是前侧角度是在进行画面构图和场面调度时常用的一种拍摄角度。

3）背面方向拍摄。背面方向拍摄时，摄像机镜头在被摄主体的正后方，与被摄对象形成180° 角，如图5-13所示。

图5-13 背面方向拍摄画面效果

背面方向拍摄时镜头方向与画面主体方向一致，在表现被摄对象主观感觉的镜头中经常被采用。如在一些纪实风格的侦破、警示题材的纪录片和公安、侦探题材的影视剧中，经常出现那些摄像机跟主角身后参与案件现场侦探等工作的镜头，这些镜头给人以身临其境的感觉，突出了这些片子跟踪纪实的风格，增强了作品表现力。

背面方向拍摄人物，人物的肢体语言成为塑造人物的主要方面，观众由于无法直接观察人物的面部表情，只能通过自己的想象和猜测来判断人物的心理活动，所以大大增强了观众的好奇心和参与感。这样的角度还能够做到隐没被摄主体形象的作用，在被摄对象不方便出现在镜头中的时候常被采用。如采访未成年人犯罪的节目当中，由于法律的约束，被摄对象不能以正面的形象出现在镜头前，摄像师就可以采用背面的角度进行拍摄。

一些摄像人员常常对背面角度拍摄不够重视，这是一个非常错误的观念，每一个拍摄方式都有它在人物形象塑造上独有的特点和优势，任何一方面的忽视都是画面造型的一大损失。

2. 轴线规律

把现实生活中一个物体的运动表现在屏幕上，其运动方向决定于摄像机的位置。对同一运动物体，从不同的侧面去拍摄，在屏幕上会得到不同的运动方向。如果把在运动主体两侧拍摄的画面组接在一起，主体的运动就会忽而向左，忽而向右，造成方向上的混乱。

被摄对象的运动方向、视线方向或不同对象之间的关系都会形成一条假定的、无形的直线或曲线。在镜头转换中，这条线就是制约着视角变换范围的界限，被称为“轴线”，如图5-14、图5-15所示。“轴线规律”即拍摄角度在轴范围内不同视角的镜头连接起来后，都可以保证画线一侧面上运动方向一致和人物之间位置关系始终清楚、明确。

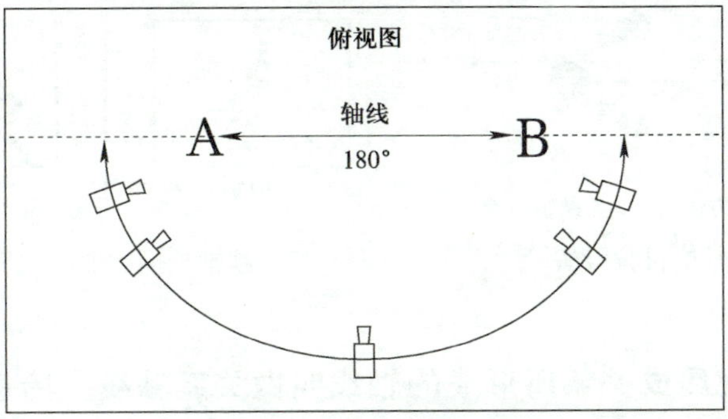

图5-14　轴线及机位的布置

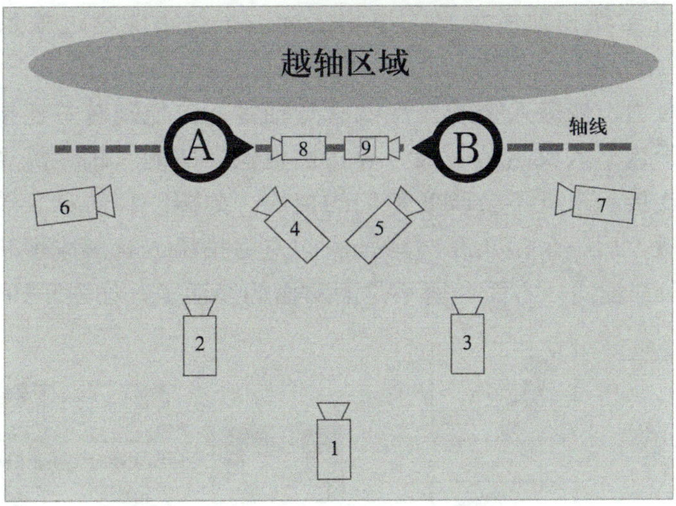

图5-15　遵循轴线规律的机位布置

违反轴线规律，即在镜头转换或改变视角时超越了轴线一侧限，被称为跳轴，也叫越轴或离轴，如图5-16所示。跳轴会造成画面上运动方向、视线方向或人物之间位置关系的混乱。越轴拍摄是初学摄像的人常犯的错误，因此一个专业的摄影师必须掌握机位设置的轴线问题。

轴线分为关系轴线和运动轴线。在进行机位设置和拍摄时，要遵守轴线规律，即在轴线的一侧区域内设置机位，不论拍摄多少镜头，摄像机的机位和角度如何变化，镜头运动如何复杂，从画面看，被摄主体的运动方向和位置关系总是一致的，否则，“越轴”或“跳轴”后的画面，被摄对象与前面所摄画面中主体的位置和方向是相反的，出现镜头方向上的矛盾，造成前后画面无法组接。例如，拍摄一组学生在校园朝同一方向行走，摄像者先在学生的左边拍摄一组镜头，然后在学生的右边拍一组镜头，就会出现两个镜头中学生行走的方向是相反的情况，如图5-17所示。

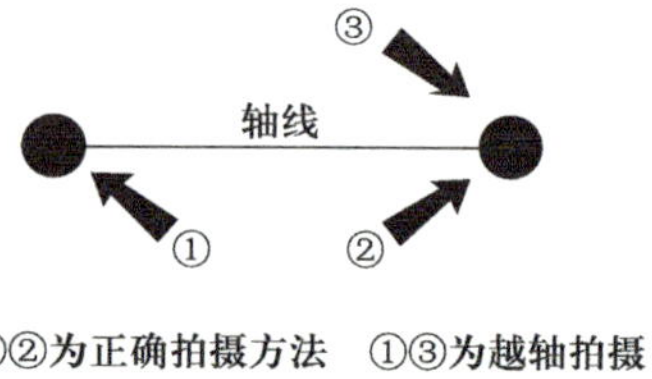

图5-16 越轴的机位设置

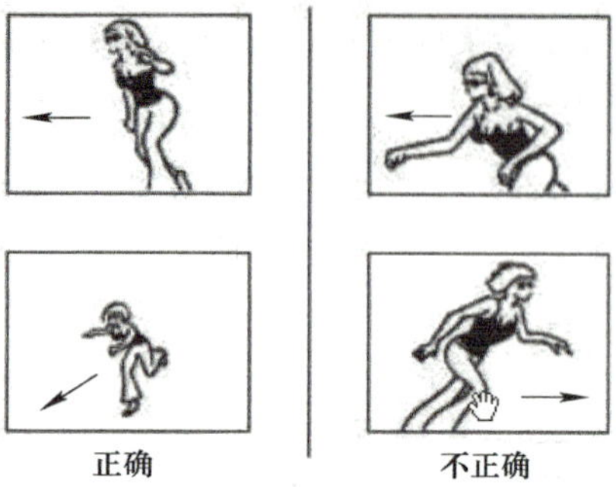

图5-17 越轴拍摄后形成相反的运动走向

(1) 关系轴线

由被摄对象的视线或关系所形成的轴线叫做关系轴线。场景中两个或两个以上的人物之间的关系轴线是以他们相互视线的走向为基础的。在只有一个演员的情况下，关系轴线存在于他和他所观察的事物之间，一般不能超过关系轴线到另一侧去拍摄。

以拍摄人物为例，被摄人物的直视线就是轴线，由他到对方连接起来的线也是轴线。拍摄时，对于这个人或这两个人，要按照他们之间的“轴”线规律，在对话轴线的同一侧拍摄，连接起来就不会改变他们的视线，如图5-18所示。若前一个镜头在对话轴线的右侧拍摄，后一个镜头在对话轴线的左侧拍摄，就形成了“跳轴”，连接起来人物对话的方向都朝同一方面，而不是面对面的谈话了，如图5-19所示。

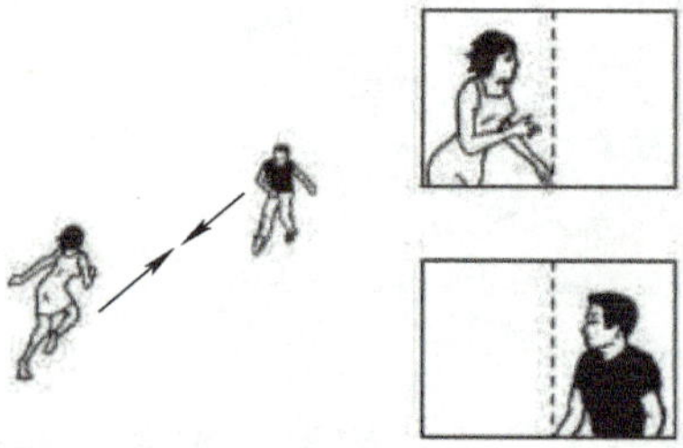

图5-18 遵循轴线规律拍摄的对话效果

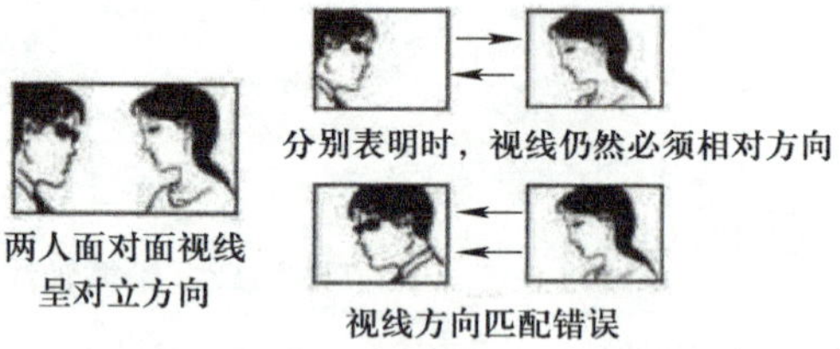

图5-19 越轴拍摄的对话效果

(2) 运动轴线

由被摄对象的运动方向构成的轴线叫做运动轴线。即处于运动中的人或物体，其运动方向构成主体的运动轴线。它是由被摄主体的运动所产生的一条无形的线，或称之为主体运动轨迹。在拍摄一组相连的镜头时，摄像机的拍摄方向应限于轴线的同一侧，不允许越到轴线的另一侧。否则，就会出现镜头方向上的矛盾，造成画面空间关系的混乱，如图5-20所示。主体运动的速度越快，“轴线”的作用就越明显。最典型的例子就是足球篮球等两方对抗的比赛，不管是哪家电视机构的摄像师，都毫不例外地自觉站在球场的同一侧拍摄，如果把摄像机的机位分别设在场地两侧的话，两组画面组接后，将会使观众产生双方队员向同一方向进攻的视觉混乱。因此应遵守轴线规律，以防止越轴前后的画面不能进行组接。

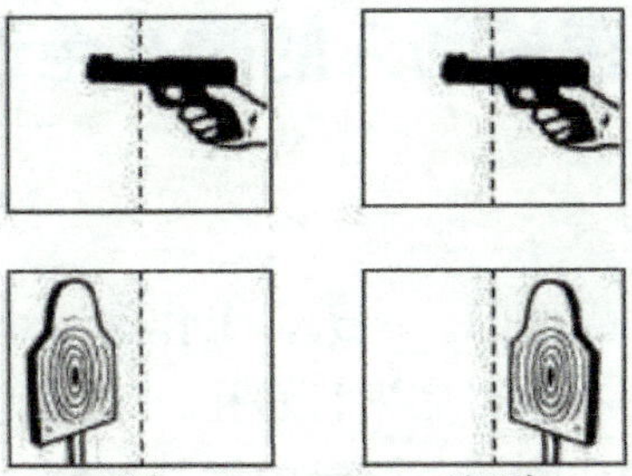

正确　　　　　　　　不正确

图5-20　运动轴线越轴的效果

3. 抓拍的要点

生日宴会的拍摄过程是无导演、无预先安排的，所有的镜头都来自摄像师的现场抓拍，一旦失去某些情节将不可重新再来。因此抓拍的时候要有一定的预见性，要提前知道大概会出现的场景，比如，主人公从哪里出现、生日仪式和聚会的主要内容安排、特殊的环节等，抓拍时要提前确定所使用的景别、焦点在什么位置，是否会出现意外的镜头遮挡等，如果照明度实在低，要提前布置好光线的位置，尽量在抓拍开始就完全掌握所有可能出现的情况，不要错过了重要的环节和精彩的瞬间，务必，增加有效镜头的数量和质量，保证每个镜头都是合理的、清晰的。

1）打开礼物的一刻，感情会自然流露，这是可预见的抓拍时机，如图5-21所示。

2）把握互动的时刻，如母亲在为女儿读着生日卡片，就是生日故事中生动的一刻，如图5-22所示。

图5-21　惊喜的神态

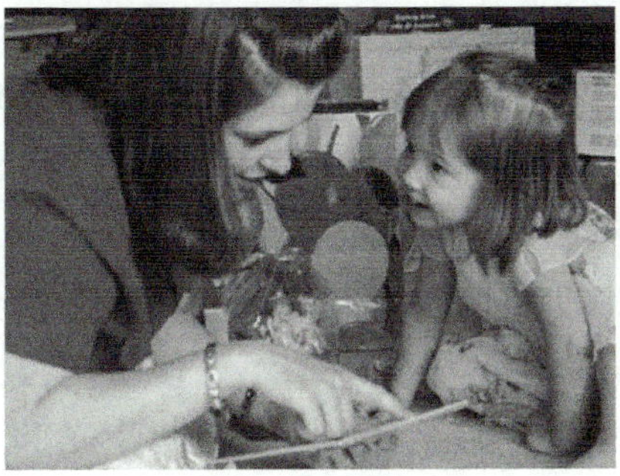

图5-22　互动的一刻

3）神态各异地吹生日蜡烛，如图5-23所示。

4）纯真自然是每一个孩子的天性，顺应孩子的天然本色，拍出孩子自己的味道，留下值得珍藏的记忆，如图5-24所示。

图5-23　神态各异的表情

图5-24　流露纯真的天性

任务2　跟拍新人的婚礼全过程

任务情境

小伟是一家影视工作室的摄像师。一天，工作室派小伟负责一对新婚夫妇婚礼的跟拍工作。这对新婚夫妇准备在本月底举行婚礼，请工作室派两位摄像师为他们拍摄双机位婚礼录像，并制作剪辑成唯美、浪漫的婚礼视频。小伟接到这个工作，应该怎么着手准备呢？假如你是小伟，你怎样和搭档一起合作完成婚礼跟拍工作呢？

任务分析

婚礼是一个人的终身大事，对新人们来说，婚礼不仅是场仪式，更充分展现了其个人品位。一场完美的婚礼是新人生命中这一历史时刻的定格，每一个场景只会出现一次，每一个珍贵镜头都不容错过。因此，婚礼摄像是婚礼中极为重要的部分，它可以记录下婚礼过程的每一个细节，将婚礼定格成永恒的记忆。

一个优秀的婚庆摄像师需要具备哪些能力呢？只有具备“高超的摄像技术+丰富的摄像经验+基本的导演经验+现场的视觉经验”才能做好婚庆的摄像工作。作为婚礼摄像师不能满足于流水账式的拍摄方法，还要注意细节的拍摄，从多景别、多角度、多侧面进行诠释，力求内容更加丰富，画面更加唯美。婚礼录像所表现的不仅仅是视觉上的美，更是一种幸福的感受。只有把婚礼浓缩成美好的回忆，这样才能引起新人心灵上的共鸣。

一次成功的婚礼跟拍摄像需要做到以下几点：①录制婚礼过程完整，不漏掉婚礼任何一个环节；②保证足量的优质画面，即对焦曝光准确，构图合理，画面稳定，镜头运用合理；③注意特写和细节的描绘；④多角度拍摄，用不同的景别体现空间感。⑤有分镜头概念，每个场景或事件必须拍出一组镜头。

一般在新人确定婚礼摄像订单时，就已经明确了要求使用单机位还是双机位，即在婚礼现场使用一台摄像机跟拍还是使用两台摄像机跟拍。一般双机位拍摄的内容和细节比单机位拍摄要多，为后期编辑制作提供了丰富的素材，编辑制作出来的婚礼纪录片是单机无法比拟的，其效果毋庸置疑。摄像师应根据新人要求的机位数量来制定相应的拍摄计划以及机位的分工。一些大型的婚礼甚至会使用三机位或四机位拍摄，但并不是机位越多就越好。因为在后期制作时，机位越多，视频音频的对位就越困难，因此机位太多反而会使后期制作变得复杂。

在拍摄前新人与工作室会签订商业摄像合同，合同内明确了摄像师拍摄的内容，如：新房、迎亲车队、女方家、婚宴（中午）、迎亲车队（回程）、婚宴（晚上）、闹洞房等。若摄像师拍摄的内容缺少了约定的必拍场景，或出现音频、视频等方面的质量问题则要进行赔偿，严重的甚至可能吃上官司。因此，摄像师必须有极强的现场把握能力，熟悉婚礼的流程，面对不同的人物、场景、过程，一刻都不能松懈，要尽可能多侧面、多角度、忠实地记录下婚礼当天的盛况，不要漏掉任何一个环节或场景。

下面以小伟接到的这个双机位婚礼跟拍订单为例，分析婚礼跟拍工作任务应如何实施。

任务实施

1. 摄像前的准备

对于婚礼摄像工作，事前准备很重要。只有事前对新人的喜好、婚礼的流程、婚礼风俗等做好充分的了解，才能对整个拍摄过程做到心中有数，在拍摄的时候才能有的放矢。

因此，当接到婚礼摄像的订单之后，应该做好以下准备工作。

(1) 和客户沟通联系

摄像师和新人进行事前的沟通非常重要，只有准备工作做得越细致，做到心中有数，拍摄才能越顺利。

摄像师需要了解新人的婚礼流程安排、车队行车路线、新郎新娘家及宴客酒店的具体地址、场地布局、光照情况等，并熟悉婚礼的每个环节及时间安排、穿插的小节目和游戏、婚礼的风俗习惯等。比如说在新房里摆放花生、桂圆、大枣、莲子，寓意“早生贵子”，“找鞋”游戏则寓意“和谐”等，这些婚庆中的风俗习惯既具有美好的寓意，又具有独特的文化内涵，将风俗习惯拍摄进纪录片中，可以让整个拍摄作品更加具有文化内涵，也能让新人日后有更多有趣的回忆，如图5-25所示。

图5-25 婚礼的风俗

同时，还要了解新人的一些特殊要求，如新人希望某一个环节多拍一些；婚庆典礼可能有某位重要人士到场，新人希望这位重要人士多露脸等。同时，摄像师还需要和新人提前沟通，在婚礼过程中有哪些关键镜头需要特殊处理，比如新人在戴戒指、喝交杯酒、切蛋糕、倒香槟等环节要尽量减慢动作的速度和幅度，维持动作较长的时间，以便给摄像师留有充足的时间拍摄出满意的镜头。

由于婚礼摄像需要同期录音，所以一般摄像师不能说话。因此摄像师需要提前和新人进行沟通，让新人们明白在婚礼上他们只需要尽情地展现自己，不要在录制中询问摄像师是否已拍摄完毕，镜头完成后摄像师会用手势提醒，避免犯下破坏画面的错误。

部分新人不了解影视制作的艺术，他们既希望拍摄的画面浪漫、唯美，又希望整个婚庆的影像记录尽可能完整，不漏掉任何环节，甚至要求摄像师从新娘化妆到婚宴结束不停机地进行拍摄。但长时间使用长镜头拍摄所录制的是流水账式的纪实录像，与浪漫唯美的要求相距甚远。因此，摄像师有必要在婚礼前向新人解释影视艺术的处理手法和分镜头的概念，使新人了解并理解摄像师的工作，避免在婚礼中产生误会。

（2）制定工作计划

摄像师应了解并观察要拍摄的每一个场景和环境。掌握现场的情况，才能确定怎样运用拍摄手法和技巧。因此，摄像师可以提前一天熟悉新郎家、新娘家、婚宴酒店的布局、光线以及迎亲路线的路况等；了解新郎、新娘家的环境，如房间大小、亮度、灯光色调，以及有情趣、有特点的小物件、小摆设；还要让新郎新娘的家人了解你要拍什么，应该怎样配合你。甚至可以自己动手写分镜头剧本、确定拍摄角度。

根据婚礼的流程和时间安排，制定机位的分工和拍摄计划。婚礼摄像不是一味地记录过程，而是要有分镜头的概念，像拍电影的感觉，采用多机位和多角度拍摄，注意镜头交叉和变换，客体镜头时间要短，主体镜头时间不可过长。因此双机位摄像师要明确分工，当一位摄像师在新娘家拍摄新娘化妆，“姐妹团”及家人等待迎亲队伍的情况，另一位摄像师可以在新郎家拍摄新郎和“兄弟连”装饰花车、安排车队、整装待发的情景。当迎亲队伍来到新娘家，两位摄像师分别在门外和门内拍摄新郎进门的热闹气氛。摄像师在新娘家汇合后还要重新分工，一位负责全景拍摄，一位负责细节、特写画面的拍摄，做到主辅分明，避免画面重复。

最后根据婚礼流程制定婚礼现场拍摄时间表和分镜头剧本，写出要拍摄的镜头、使用的技巧及拍摄的时间长短和画面内容，并将这些镜头熟记于心，当出现这些场景时，要抓住时机将其拍摄下，以防漏拍，造成遗憾。

（3）选择摄像器材

俗话说，“工欲善其事，必先利其器”，性能优良且配套齐全的摄像器材是完成婚庆摄像必不可少的硬件条件，尤其婚庆摄像具有拍摄场地多，过程连贯性强；既有大场景，又需要拍摄细节和特写；既要拍摄室外景色，又要拍摄室内场面；光线时强时弱等特点，因此事前准备好摄像器材是至关重要的因素。

摄像机的体积、质量、适应性和防抖功能是选择器材的重要指标。摄像机有肩扛式和手持型两类，如图5-26所示。肩扛式摄像机的体积大、机身重，便携性较差，而且长时间拍摄也比较累，但是它的稳定性好。而手持式摄像机变换机位的灵活度大，能轻松地实现更大拍摄角度的机位，比如低机位的仰拍，在室内贴墙角的极端范围，人多时可以过肩，甚至过头拍摄等。

摄像机的画面质量是重中之重，最好选择3CCD（Charge-Coupled Device，电荷耦合元件）的摄像机，它能够确保达到高解像度及色彩重现效果，色彩还原更准确，细节更极致，更忠实于自然的颜色。由于婚礼摄像的场地经常变换，有室外景色、室内场面，光线也因此变化不定，因此应选用适应性强，低照度的摄像机，目前好的数码摄像机的最低照明度可以达到2lx。

在进行婚礼拍摄时，因为很多场面不能用三脚架，且有时需要在行进的过程中拍摄，防抖功能好的摄像机可以减轻画面的动荡，因此选择具有光学防抖系统的摄像器材，能确保数码摄像机的高画质，摇镜和变焦时也自然平稳。

注意：使用双机位拍摄时要尽量使用同一品牌、型号的摄像机，才能在后期剪辑时保证画面色彩风格的一致性。

手持型摄像机 DCR-VX2200E　　肩扛型摄像机 HXR-MC2000E

图5-26　手持型和肩扛型摄像机

（4）出发前器材的检查工作

器材准备是工作环节的重要部分，拍摄前一天摄像师应仔细检查摄像机的各部分，包括镜头、变焦功能、电子寻像器、液晶显示屏以及外置话筒等设备，必须一一确认功能正常，确认无误后，集中放置。

为了规范器材调出、入库的手续，摄像人员应列出设备使用清单，出发之前按照清单来清点和检查器材，防止因任何失误而影响实际拍摄，使用完毕也应按照清单检查器材并归还工作室。婚礼对新人来说是人生中重要的时刻，一旦由于摄像师的失误而导致拍摄失败，必将会造成赔偿纠纷，因此为客户着想、对客户负责是一个商业摄像师必备的素质。

2. 婚礼过程拍摄的重点及顺序

婚礼摄像最关键的是在记录婚礼全过程的基础上，抓拍到重要时刻的镜头以及捕捉到具有代表性的场面，使之成为新人终生难忘的回忆。由于婚礼场面复杂、突发事件较多，因此摄像师要根据婚礼进程发展判断即将发生的场景，做好拍摄的预先准备工作，例如，新郎迎亲、敬茶、交换戒指、交杯酒、发表感言、父母寄语等，这些场景一个都不能少。由于婚礼现场不能像拍摄电视剧那样可以反复NG、反复排练，对摄像师的现场掌控能力和镜头运用能力提出很高的要求，摄像师要对即将发生的每个场景做到心中有数，在场景发生的精彩瞬间眼疾手快地控制镜头的运用，各种景别都要顾及，适当运用推拉、摇移等镜头运动方式进行拍摄，不能错过任何一个重要环节。

“汤池印象”是国内一家著名的婚庆影视视频拍摄公司。在婚庆视频制作中，“汤池印象”不断创新改良个人婚礼视频拍摄以及后期制作的方式，在国内树立了婚礼影视拍摄的风向标。下面以“汤池印象”制作的《爱-遇见》为例，介绍婚礼场景的拍摄重点，如图5-27所示。

01新郎家的外观　　02新郎准备迎亲

图5-27　婚礼场景的拍摄重点

03新郎整装待发

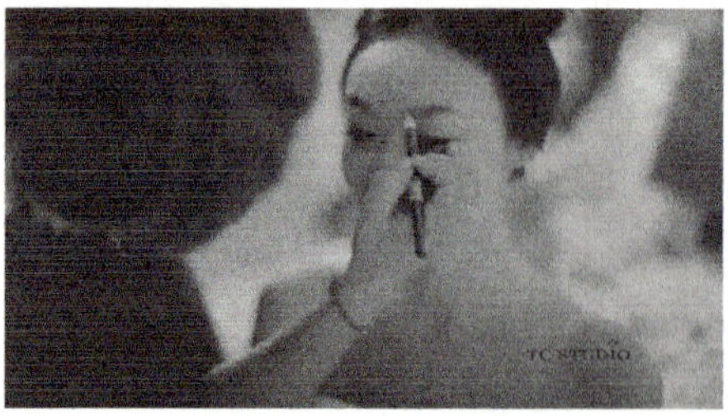

04新娘化妆

05新娘与姐妹团

06迎亲的车队

07新郎到达新娘家楼下

08新郎准备敲门

09新郎敲门递红包

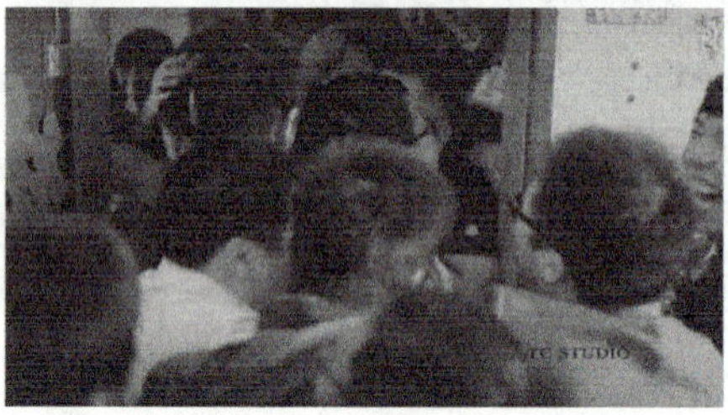

10兄弟连冲入大门

11姐妹团把守第二道门

12考验新郎的小游戏

图5-27　婚礼场景的拍摄重点（续）

13新郎为新娘献花并戴上戒指

14“找鞋”寓意“和谐”

15新郎新娘向长辈敬茶

16父母依依不舍

17新娘离开家门

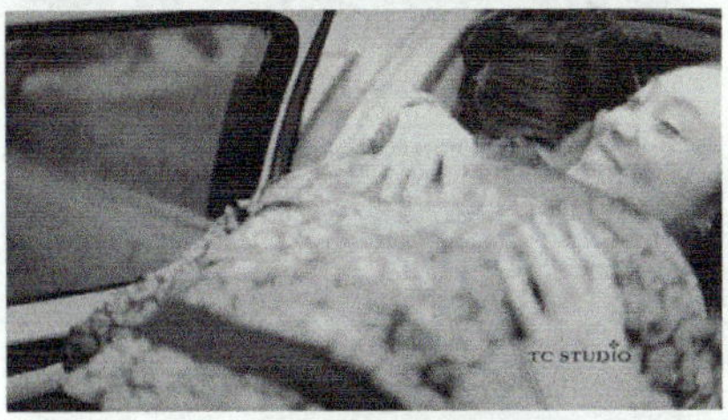

18新娘跟家人告别

19新婚礼车启动

20婚礼车在上路

21新郎新娘在婚礼车上

22新娘到达新郎家

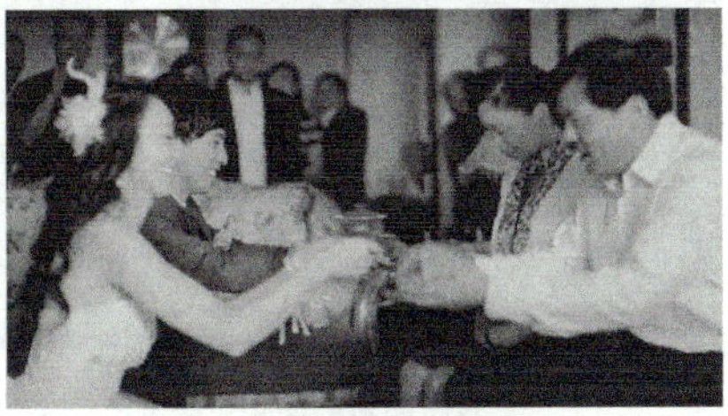

23为新郎父母敬茶

24新房

图5-27　婚礼场景的拍摄重点（续）

25新人与父母合影

26新娘入场

27新人走在红地毯上

28新郎新娘互换戒指

29新人发表感言

30父母寄语

31为新人洒下幸福的花瓣

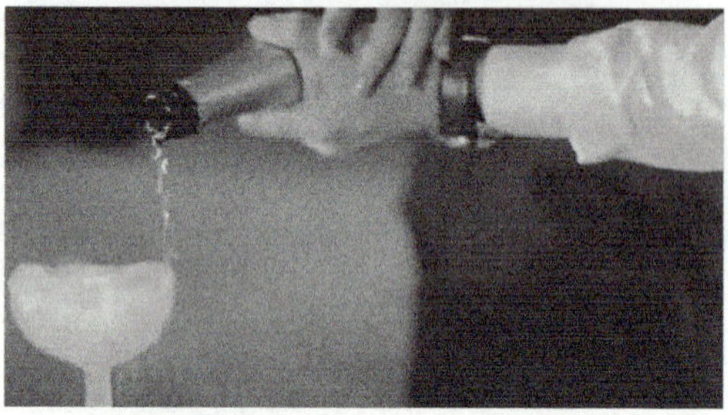
32新郎新娘倒香槟

33新郎新娘切蛋糕

34新郎新娘向来宾敬酒

图5-27　婚礼场景的拍摄重点（续）

3. 外景拍摄

过去，大多数新人迎亲过程的模式基本相似。但现在，他们已经不满足于从前那种流水账式的记录方法，而是追求内容更加丰富、充满浪漫气息且画面优美的剧情式拍摄形式。假如婚礼策划比较充分，新人会要求拍摄外景。摄像师可以在新娘过门之后，与新人一起到大自然中走走，让新娘穿着美丽的婚纱礼服，与爱人在阳光下追逐奔跑，窃窃私语，沐浴爱情，这是极其浪漫的画面。还可以拍摄新娘抛出手中捧花的画面，这是西方重要的婚礼习俗，源于欧洲的浪漫传说，接到捧花的姐妹就是下一位新娘，寓意着抛出的是快乐，接到的是幸福，分享的是新人的甜蜜，如图5-28所示。让每一个观众在镜头后面都能感受到新人们的幸福，为新人在最幸福的一天里留下最美好的、最温馨、最浪漫的回忆。

图5-28　外景拍摄花絮

外景拍摄的场地可以是环境优雅的公园、碧波荡漾的湖畔、无垠的海滨沙滩、茂密的森林、如毡的绿化草地……

如果说记录婚礼过程的画面是运用客观镜头的拍摄方式，那么拍摄婚礼外景运用的就是影视剧的拍摄方式。对于一名摄像师而言，不但要充当婚礼的记录工作，还要对现场进行必要的指导，激发出新人的临场状态，以求得到最浪漫的画面效果。摄像师可以运用剧情拍摄手法设计拍摄场景。例如：先从外围画面交代环境，画面渐出，镜头从蓝天白云摇至稀疏的树林、草地；接下来出现的是美丽动人的新娘，身穿洁白的婚纱，坐在草地上。这时候，镜头要竭力表现新娘的美丽。

婚礼外景拍摄没有固定模式，摄像师的临场发挥十分重要。平时多接触生活，多利用身边随手可得的道具，比如向下洒落的玫瑰花瓣、向上飘浮的肥皂泡来营造温馨浪漫的气氛。

4. 适当的摆拍

现代的婚礼摄像早已不再是传统意义的拍摄婚礼纪录片了，摄像师不仅要能记录婚礼画面，还要具有导演能力，创造画面的能力以及情绪调度的能力，能营造唯美的意境，捕捉幸福自然的情绪，拍出艺术化的画面。因此摄像师要提前构思，在必要的时候，利用两个环节之间的空隙，请新人作一些适当的摆拍。例如，安排新人在新房里面一起翻看婚纱影集，回忆恋爱时的甜蜜，或者安排新人在新房里温馨地向对方许下承诺，新人喂对方吃汤圆，新人之间亲昵的动作等，如图5-29所示。

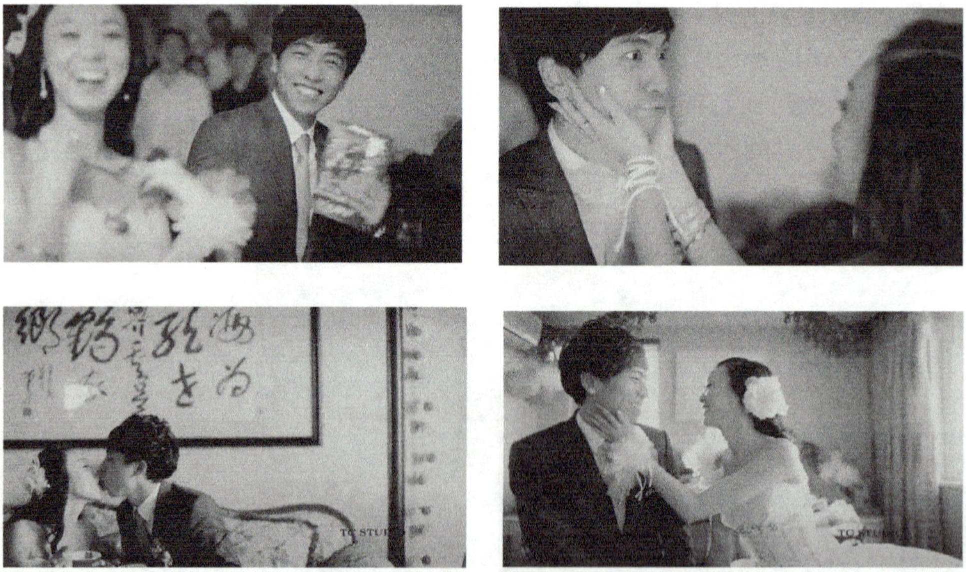

图5-29　温馨的小情节

毕竟新人不是演员，拍摄婚礼过程中，经常会遇到新郎新娘面对镜头表情生硬的情况，这就需要摄像师因人而异、因地制宜地创作一些小情节，调动新人的拍摄情绪，给予更多的鼓励，让新人把自己的快乐完全绽放出来，这样会拍摄出相对自然的镜头，同时也增加影片的情节性。

任务评价

一部婚礼录像综合了新闻片、艺术片和专题片中的很多要素，摄像师除了具备扎实的摄像功底外，还要提升个人修养、艺术品位以及婚礼现场把握能力，掌握多种拍摄表现手法；熟练运用记录、专题访谈、爱情故事MTV、亲朋好友祝词、婚礼花絮等多种内容和形式；具有综合运用场景、分镜头、镜头剪辑、音乐、解说等能力。使婚礼影片既有电视剧般的故事情节，又有拍摄纪录片的手法，还有拍摄新闻片的敏感，最重要的是要有拍摄艺术片的美感，有拍摄MTV的节奏。

婚礼录像的主角是新郎新娘，首先要将新娘拍得秀美、新郎拍得英俊，其次还要兼顾场景的衬托、情绪的延展、细节的描绘，让所有看过的人都留下深刻印象，这才是一部成功的婚礼录像所应具备的必要条件。请根据表5-2对任务完成情况进行质量评价。

表5-2　任务评价表

阶　段	评价指标	具体实施的情况
摄像前的准备	与客户沟通的情况	
	制定拍摄计划和分镜头脚本	
	摄像机的选择	
	辅助器材的准备	
婚礼中的摄录	双机位分工是否合理	
	白平衡调整是否正确	
	镜头是否稳定	
	构图是否美观	
	对焦是否准确	
	婚礼过程是否流畅	
	婚礼重点场景是否完整	
	景别运用是否得当	
	拍摄角度是否丰富	
	镜头的运动是否得当	
	细节描绘是否丰富	
	父母及宾客的反应镜头是否足够	
	情节的处理是否自然	
	光线的处理是否正确	
	空镜头是否足够	
外景的拍摄	白平衡调整是否正确	
	光线处理是否得当	
	设计的场景是否感人	
	情绪调控是否到位	

必备知识

1．双机位摄像的分工

随着人民生活水平和新人对婚礼要求的不断提高，双机位拍摄是一种近两年流行于婚礼摄像中的时尚拍摄手法，它是因婚礼仪式日趋多样化、个性化应运而生的一种拍摄手法。双机位拍摄适合于婚礼场面较大、仪式较隆重、新人为婚礼准备的细节比较多，或新人对拍摄的画面和景别有较高要求的情况下。

双机拍摄相对于单机拍摄而言，具有无可比拟的优点和宽广的创作空间。用一台摄像机拍摄婚礼，镜头主要围绕在新郎新娘身上，不便轻易地将镜头移摄到其他需要表达的对象上。若只用单机拍摄视频，这样镜头的景别少、镜头的空间感差、场景的数量少，画面的表现力和视觉冲击力较弱，内容中会缺少许多必要的细节。因此，单机位拍摄不但不能全方位地展示婚礼现场，也比较难抓拍到精彩、动人的画面。而双机位能多角度、多机位、多景别地拍摄出丰富、细腻的画面。

由于两台摄像机在分工要求、创意策划和机位镜头上都各自负责不同的范畴，对同一个场景，两位摄像师从不同角度、不同景别同时拍摄，能使画面和内容表现的范围更加宽广、角度更丰富、画面更细腻、内容更生动，从而详细地记录婚礼过程中的感人细节和精彩瞬间。再加上后期编辑的镜头切换和特技运用，能把全景、中景、特写等画面有机地结合，从而制作出的婚礼视频将是别具一格、赏心悦目的，提高了婚礼录像的保存价值和观赏性。

例如，新人及家长举杯答谢亲友们的祝福这一场景，就可以让两台摄像机分别位于婚礼台的左右两侧同时进行拍摄。由于机位不同，景别不同，画面展现的魅力也不同。也可以让一台摄像机从正面、中景、平摄主人家举杯的情景，在这个中景画面中观众能清晰地看到主人家的面部表情，感受到他们的喜悦之情。另一台摄像机从侧面、远景、俯摄主人家举杯的情景，展现了婚宴的档次豪华和场面浩大，并拍摄到亲友和宾客们举杯回应主人家答谢之情的反应镜头，主礼台上的新人与宴会大厅的来宾的画面都能得到较好的呼应，如图5-30所示。

图5-30　双机位的拍摄角度

两台摄像机应该怎样分工配合，才能最大限度地发挥双机拍摄的优势，并使婚礼录像片有所创新、有所突破呢？具体方法如下。

（1）双机拍摄必须进行事前策划

摄像师要提前与新人和司仪沟通，了解新人的基本情况和对拍摄婚礼录像片的要求、新房和喜宴现场的布局、婚典的流程、接亲车队的行车路线等。然后再根据上述基本情况构思拍摄脚本的腹稿并做好分工，以便在实际拍摄时能做到镜头准确到位，推拉摇移游刃有余。

（2）两台摄像机分工要明确

双机位拍摄要注意分工明确，各有侧重。一般会把一台摄像机定为主机，另一台摄像机定为副机，各自拍摄对方拍摄不到的镜头。这样后期制作时才能做到互相补充，切换方便，最终制作出风格各异、精彩纷呈的婚礼录像片。如果只是安排两台机器同时拍新房、同时拍迎亲、同时拍结婚典礼，就会导致两机拍摄的画面基本相同，只是机位略有差异，这样就失去了双机拍摄的特点，实际就是单机拍摄的效果。

（3）双机拍摄的具体做法

主机的拍摄任务分为两部分，前半部分是跟拍新郎，即在新郎家拍摄新房、接亲前的准备、接亲车队、接亲过程等画面。在进入新娘家前，主机摄像师要注意每个场景都要拍摄不同景别的一组画面。主机的后半部分任务是拍摄接亲过程、婚礼仪式、婚宴、敬酒、送客等婚礼的全景。

副机的拍摄任务也分为两部分，前半部分主要是跟拍新娘，摄像师应提前到新娘家，拍摄新娘化妆的中景、特写等镜头；以及新娘家人、亲朋好友等待的镜头。新娘化妆完毕，如果时间允许，可以拍一段新娘个人秀，以展现新娘的美丽多姿。同时还要拍摄新娘家人向窗外观望的镜头，这些镜头在后期剪接时，可以在接亲队伍到达之前，使画面情节更加流畅，如图5-31所示。

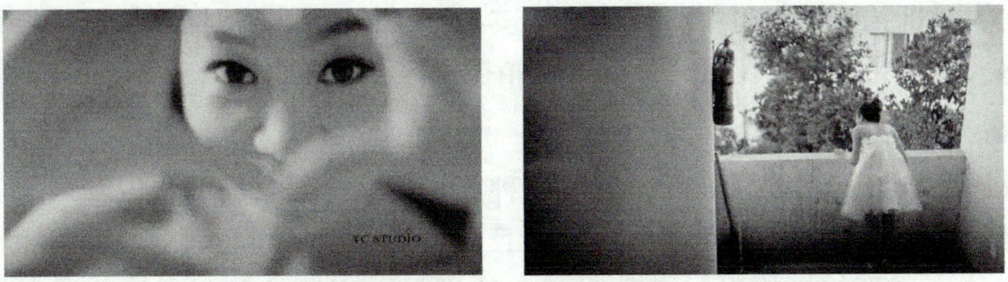

图5-31　副机拍摄花絮

接亲队伍到达后，在新郎敲门递红包时，可以安排副机在门里拍摄，主机在门外拍摄。这样，两台摄像机拍摄的画面可以通过剪接，清晰地展现“兄弟连”与“姐妹团”讨价还价的欢快场景。如果是单机拍摄，一般机位会被定在新郎及其兄弟们的背后从高角度俯拍，拍到的镜头只有新郎及其兄弟们的后脑勺和开门后屋内姐妹团和亲友嬉笑热闹的场面但双机拍摄就可以在门内设置副机拍摄兄弟们的表现，把兄弟们的机智勇敢、为新郎豁出去的兄弟之情展现无遗。

当两台摄像机汇合后，分工应转变为主机拍摄婚礼过程的场景及大场面，副机的任务是抓拍婚宴上的各种细节，例如拍摄敬茶、交换戒指、倒香槟、切蛋糕等诸多关键镜头的特写画面，以及拍摄宾客的反应镜头和室内小饰品等空镜头画面。

例如，新娘上车后，新郎或新娘母亲为新娘穿上婚鞋的场景，可以安排主机拍摄新娘穿鞋的特写和中景，副机拍摄新娘穿鞋的表情，三个画面快速切换，视觉效果也不错，如图5-32所示。

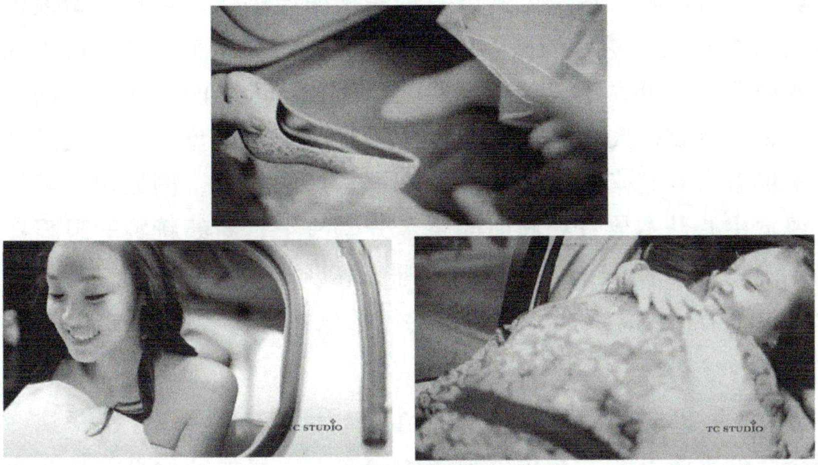

图5-32　母亲为新娘穿上婚鞋

例如，新娘上车后，可安排副机在婚车的副驾驶位置，拍摄车队行进途中的镜头和新郎新娘在车上的镜头，主机拍摄婚车行驶的镜头，如图5-33所示。

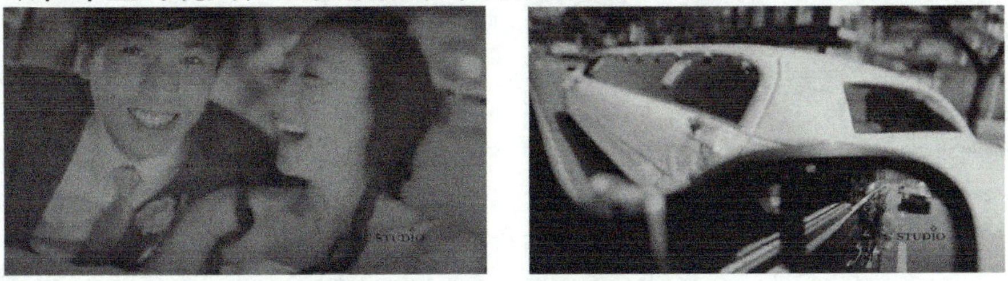

图5-33　双机拍摄婚车队伍

婚礼的双机拍摄，通过主机、副机完美的分工协作，能把许多精彩的场景、稍纵即逝的感人画面完整地表现出来，比单机拍摄增添了许多情趣。

2. 婚庆摄像的构图

摄像构图与绘画和摄影一样，也是一种艺术手法，线条的明快以及画面的和谐是关键。好的构图不仅让主题更加明确，并且会给人以视觉和心理上的冲击；而失败的构图则会让人感到拍摄的素材杂乱无章。特别是婚庆摄像对画面的美感有较高的要求，因此构图非常重要。

摄像师要尽量在拍摄前就找到自己想要表现的构图方式，拍摄时把对焦点选定在所要表现的视觉中心点上。例如拍摄新娘化妆时，抓住新娘喜悦的表情，选取的背景尽量干净，明暗的对比强烈。假如背景杂乱，可以采用长焦距、浅景深的虚实对比，突出视觉中心，虚化背景，如图5-34所示。

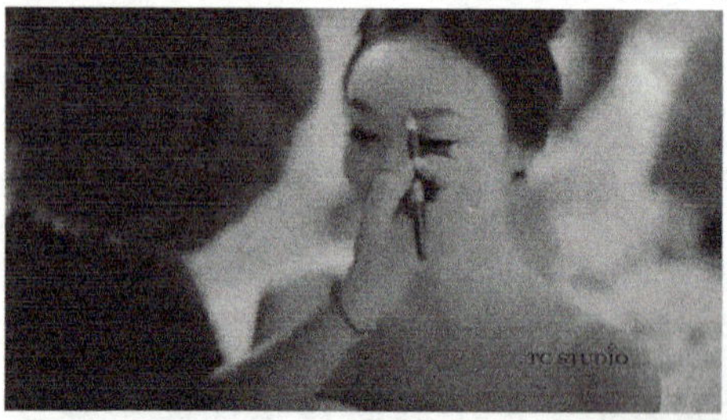

图5-34 “黄金分割”构图

在拍摄新郎、新娘时，尽量用黄金分割的构图原则。让新郎、新娘正好位于画面1/3处，而不是在正中央，这样的画面比较符合人的视觉审美习惯，比主角在正中央的画面要有美感得多。此外，不要给所拍的人物头顶留太多的空间，否则会造成构图不平衡，缺乏美感。应该把人物眼睛维持在画面上方1/3的高度，如果面孔在这个高度以下，会使被拍摄者有看起来好像掉落在电视屏幕里的感觉。例如拍摄新郎新娘接吻的温馨画面，视觉中心基本放置在画面的黄金分割线上，新郎新娘的眼睛在画面上方的1/3处，焦点聚焦在新郎新娘上，姐妹团欢呼、雀跃的兴奋之情模糊地展现出来，既突出了新郎新娘的深情一吻，又反映了热闹的婚礼气氛和宾客们的祝福之情。

3. 婚庆摄像的角度

大多数情况下，婚庆拍摄主要以水平拍摄为主，但是一部片子千篇一律地使用平摄，会使观众感到平淡乏味。在拍摄视角的创意上，摄像师如果能从多角度，如实现低角度、中角度、高角度之间经常变换，同时注意前景和背景的切换和关联，就能使镜头里面充满了趣味性和观赏性，影片立刻增色不少，如图5-35所示。

图5-35 低角度拍摄

4．婚庆摄像的表现手法

一个完整的运动镜头包括起幅、运动、落幅3个相互连贯的部分。拍摄时，可在起幅处稳定拍摄5s作为起幅，镜头运动结束时再稳定拍摄3s作为落幅，这样既有一个稳定的交代，又能为以后剪辑提供方便。

（1）跟拍

在婚礼摄像中常常需要运用跟摄镜头，这样可以真实地记录一对新人的情况以及事件发生的经过，能给人一种真实感。在进行跟摄拍摄时，可以采用前跟、后跟、侧跟这3种方式。前跟是从被摄主体的正面拍摄，也就是摄像师倒退拍摄，背跟和侧跟是摄像师在人物背后或旁侧跟随拍摄的方式。

跟摄时，镜头的移动速度要与新人移动的速度基本保持一致，使画框能由始至终地跟随运动中的新人，观众与被摄对象之间的视点相对稳定，形成一种对动态人物或物体的静态表现方式，使主体的运动连贯而清晰。“跟上”与“追准”被摄对象是跟镜头拍摄的基本要求，如图5-36所示。不管画面中人物运动如何上下起伏、跳跃变化，跟镜头画面应基本上是或平行、或垂直的直线性运动。另外，跟镜头是通过机位运动完成的一种拍摄方式，镜头运动起来所带来的一系列拍摄上的问题，如焦点的变化、拍摄角度的变化、光线入射角的变化，也是跟镜头拍摄时应考虑和注意到的问题。利用跟摄方法进行摄像，要尽量使用数码摄像机的自动功能，如光圈调节、快门速度调整、自动调整白平衡以及自动对焦等，以拍摄出清晰的画面。

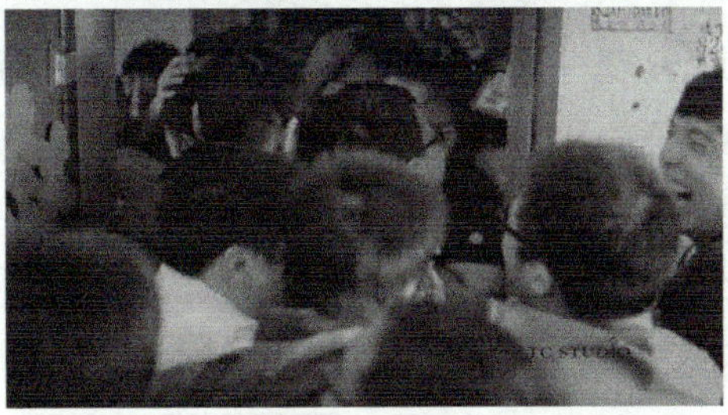

图5-36　跟摄

（2）摇摄

摇摄是婚礼摄像里不能缺少的拍摄方式。摇摄一般有上下摇摄和左右摇摄两种。左右摇摄的效果，如图5-37所示。摇摄的时候，首先将身体朝向摇镜头的终止方向上，两脚分开使摄像机稳定朝向终止的拍摄方向，然后身体扭向摇镜头的开始方向并开始拍摄。身体一般不要转动超过90°。因为，如果转身超过90°，摄像者站立不稳，会影响画面的稳定性。

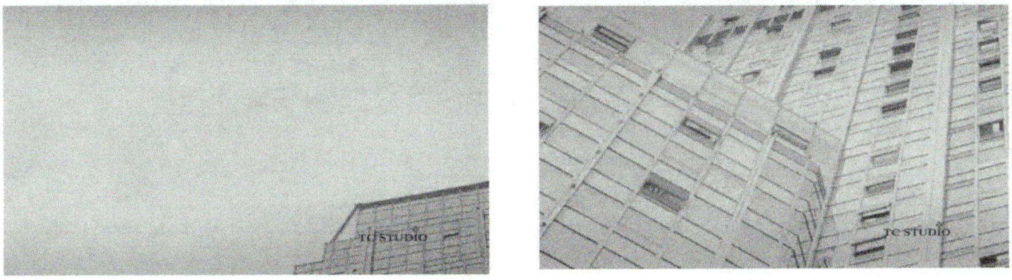

图5-37　摇摄

（3）移摄

在进行移动拍摄时应力求画面平稳，而平稳的重点在于保持画面的水平状态。无论镜头运动速度快或慢，角度方向如何变化，除非特殊表现的需要，地平线应基本处于水平状态。并且，无论镜头如何变化，也要保持被摄主体一直都在镜头范围内，且随时调整焦点以保证被摄主体始终在景深范围之中。

（4）推镜头与拉镜头

推摄是利用镜头变焦距使画面框架由远而近，不断向被摄主体接近的拍摄方法。运用推镜头可以突出婚礼进行中新郎、新娘等主体人物，并突出一些具体细节。比如，为了突出婚礼上的喜庆气氛，可以用推镜头来拍摄“喜”字，如可以先从婚礼中的一个场面着手，然后将镜头慢慢地推向墙面上的“喜”字。

拉摄是利用变焦距使画面框架由近而远，不断与被摄主体拉开距离的拍摄方法。拉镜头通常用于表现主体和主体所处环境的关系，展现出主体周围的环境或有代表性的环境特征物。例如，在拍摄新郎新娘亲昵的特写时，慢慢地用拉镜头扩大范围，使喜字以及一些灯笼等背景全部显示在拍摄画面中，这样就可以交代背景了。

5．婚庆摄像的景别

摄像师除了从多角度对婚礼进行记录外，还要善于利用近、中、远景在画面中的出现来体现空间感，每个场景或事件必须拍出一组镜头，除了全景以外，特写和细节的描绘也很重要。

摄影中，一幅照片可以表现一个主题，但是在摄像中，摄像师不能像摄影那样进行摄录，即使抓到一些有趣的镜头，如果它们之间的内容互无联系，前后镜头连接不上，后期会很难编辑，而且编辑完成时就会出现结构松散、主次颠倒、主题模糊等多种毛病。因此，摄像师必须从全局把握，拍摄每一个场景时要有“镜头组”的概念，要一组一组地进行拍摄，每一组包含远、全、中、特、近不同的景别，如图5-38所示。

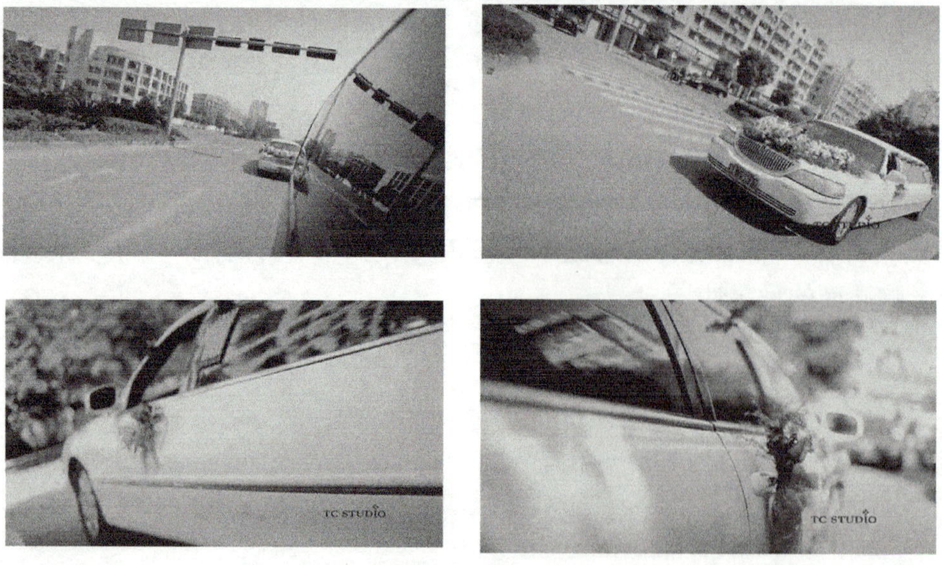

图5-38　拍摄婚车行进过程的镜头组

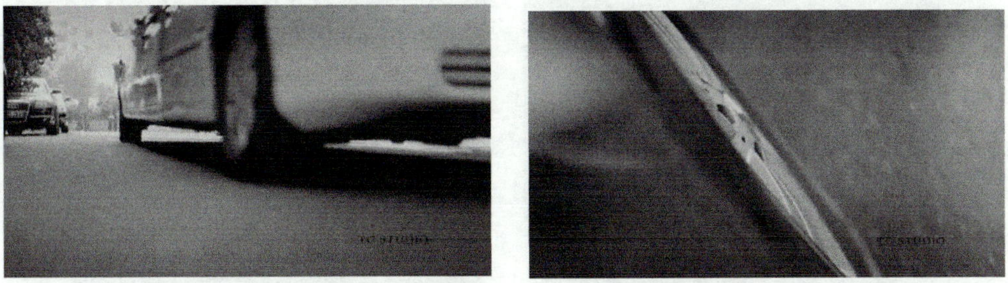

图5-38　拍摄婚车行进过程的镜头组（续）

在欢快的热闹场面里，新娘、新郎、双方父母以及亲朋好友都沉浸在喜庆、感动的气氛中，每个人的脸上都会有丰富的面部表情和转瞬即逝的有趣神态。例如婚宴典礼的拍摄，主机拍摄婚典台上的场景及大场面的展现。副机的主要任务是抓拍细节，抢拍婚礼进行过程中的有趣镜头，以及观众的反应镜头，以便丰富画面的感染力，增加婚礼录像片的趣味性和观赏性，如图5-39、图5-40所示。

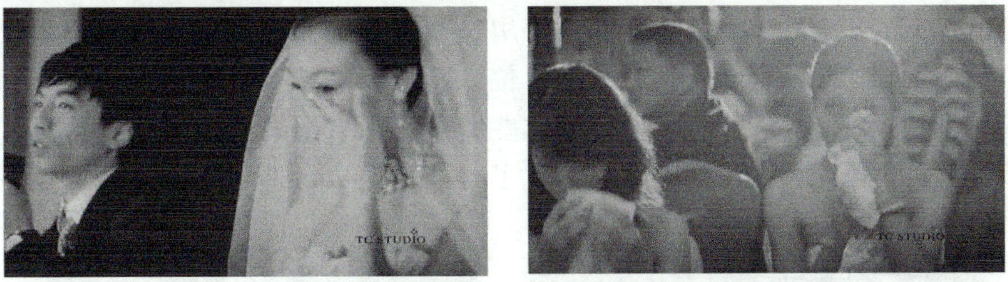

图5-39　新人发表感言时宾客的反应镜头

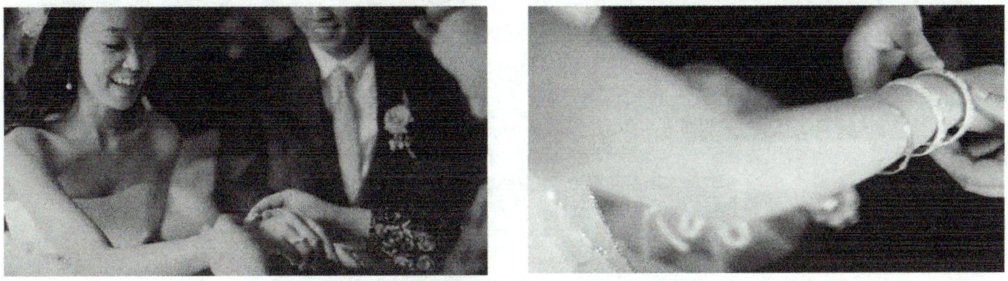

图5-40　新人佩戴手镯的镜头组

大婚的日子，新娘和新郎自然是婚礼拍摄的主体，要多用近景甚至特写镜头来表现他们的动作和神情，如微笑、凝视、害羞等，以此来表达新人的喜悦心情。在人们的习惯中，新娘是婚礼中主角的主角。因此，拍摄时要对新娘进行多角度、多场景的拍摄，争取一次拍够、拍足。由于婚礼摄像主要以中近景拍摄为主，画面取在人物的腰部位置，即“半身镜头”画面，因此要充分考虑对人物神态的表现。为使新娘显得更加美丽动人，摄像师要多用特写甚至大特写镜头拍摄新娘脸部的正面、侧面特写；新娘的泪花盈盈；新娘手捧的鲜花；两人互换信物时认真的表情等。当然，也要注意适时地拍摄新郎的特写镜头，以及双方父母的近景、脸部的特写镜头来表现他们此时激动的心情，如图5-41所示。

图5-41　各种中、近景画面

对于有特别价值的场景，比如新人交换戒指、流淌的香槟、新人亲吻、甜蜜地切蛋糕、父母的激动、新娘穿上婚鞋等，使用特写镜头拍摄可以加强表现力，使观众的视点集中在动作的特写上，同时通过多机位、多角度的拍摄，能让观众分享到新人的喜悦与幸福之情，如图5-42所示。如果这些镜头使用普通的全景和中景拍摄，则会把婚礼过程变成一笔流水账，把摄像机变成了监控摄像头，造成片子的观赏性下降，记录事件是完成了，但是并不感人。

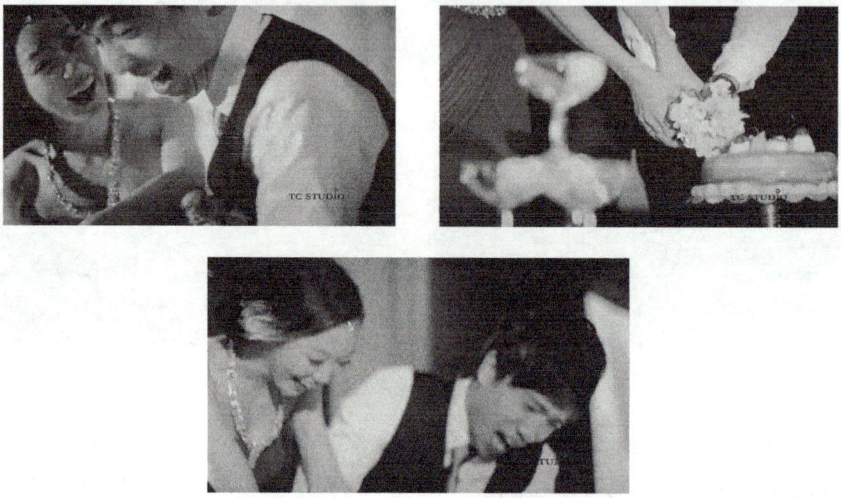

图5-42　新人切蛋糕的镜头组

婚礼的过程是相似的，但是每个婚礼又都与众不同，摄像师要善于发现婚礼上独特的细节，仔细琢磨特写镜头的合理使用，认真描绘细节，延伸情感，把婚礼拍摄得令人难忘。

6. 婚庆摄像的焦点选择

（1）聚焦拍摄

摄像中的主体经常是运动的，为了保证拍摄的画面主体清晰，摄像师对于主体在做水平方向运动如左右走动，或垂直方向如前后走动时需要随主体的移动变化而变焦，以保持画面清晰，如图5-43所示。一般采用特写对焦法进行手动对焦。

特写对焦法也叫长焦对焦法，是摄像师常用的聚焦方法，即选定拍摄范围之后，将镜头推到最长焦距一端，用画面主体的特写来对焦点，焦点对好以后，再回到原来的画面构图。特写对焦法是摄像的基本功，要求快速完成，否则就会延误拍摄时机。为什么要用特写对焦呢，其原理是长焦距镜头景深小，稍微转动聚焦环，焦点变化会十分显著很容易对好焦点。相反，如果用广角镜头对焦点，因景深很大，所以焦点是否准确，用人眼很难看清楚。

图5-43　聚焦准确的画面

（2）变焦拍摄

基本功扎实的摄像师，有能力运用长焦端拍摄细节，即特写镜头，从而让摄像机拍摄出电影质感。使用长焦端拍摄是电影的常用手法，一方面长焦端能够让背景充分虚化，营造朦胧的景深效果，另外一方面，长焦端配合手动调焦，还能够营造非同寻常的画面感觉。“汤池印象”在婚礼录制中大量运用长焦拍摄的同时，还会忽然变焦，以营造一种强烈的关注感，这也是许多观众评价“汤池印象”制作的婚礼视频“像电影”以及“唯美”的原因之一，如图5-44所示。

图5-44　变焦拍摄

7. 婚庆摄像的空镜头

优秀的婚礼视频非常重视细节的刻画，除了拍摄许多感人的画面和动人的情节外，最好多拍摄一些空镜头，例如喜字、婚纱相册、生机盎然的小植物、盛开的手捧花、婚车的车花、精美的小饰品、豪华的吊灯、晶莹的酒杯、新房的布置以及宴会厅前美轮美奂的场景布置等空镜头，以备编辑使用。这样既能够为后期编辑包装带来方便，又交代了婚礼的细节、新房的环境，使婚礼充满了温馨和浪漫，如图5-45所示。

空镜头是指画面中没有人物的镜头，一般用作时空转换或者调节影片的节奏。如果把镜头A和B前后剪辑在一起显得唐突时，可在两镜头之间插入几秒钟的空镜头，使画面自然过渡。例如，当新娘换装前和换装后的镜头剪辑在一起，观众便会发现新娘前后身着不同的服装，使人因画面变化太快而感觉显得不自然。这时可以插入几秒钟空镜头，可代表“过了片刻”的时间概念，使画面变得流畅自然。

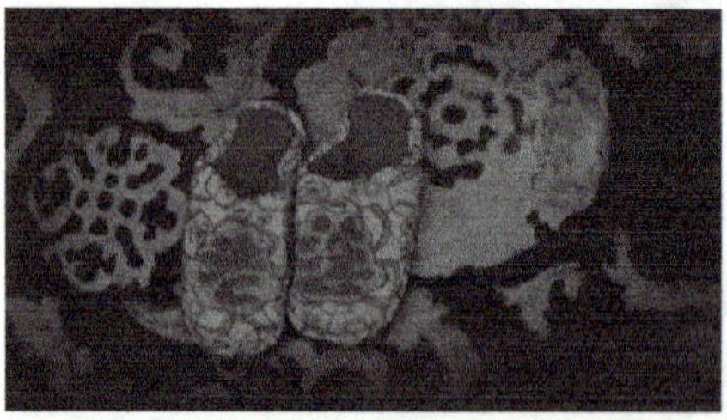
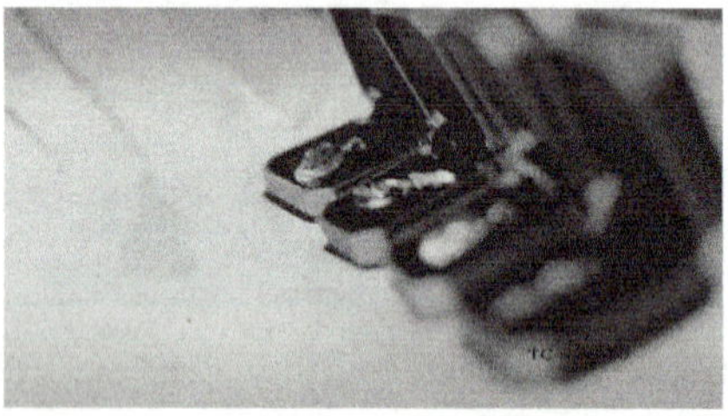

图5-45　空镜头

8. 婚庆摄像的注意事项

1）摄像师要懂后期编辑，具备超前意识，从技术与艺术上掌握镜头摄制与剪接的基本规律。当用摄像机记录眼前的景物时，每一个机位的选择，每一次“推、拉、摇、移”的运动，都要考虑到后期制作时的编辑可能性，例如镜头的内容、匹配和组接等问题。

2）摄像师应注意自己的视觉角色转换，适时地把摄像机以宾客、亲人、朋友、新人等视角记录婚礼场景，合理运用远景、全景、中景、近景、特写等手法，避免单纯记录式拍摄。

3）摄像师要充分运用动静结合的拍摄手法：人物动，镜头静；人物静，镜头动。

4）尽量在离新人比较近的位置进行拍摄，这样可以将镜头调到广角位置进行拍摄，因为如果将镜头调到高倍变焦位置拍摄，只要稍微有一点抖动都会使画面产生相当大的晃动，播放时会让人头晕目眩。

5）找准画面的水平线或垂直线，防止画面倾斜。

6）对拍摄画面进行“黄金分割”合理构图，防止画面过空或过满。

7）掌握恰当的摇摄速度，运镜平稳，防止运动速度太快，使人目不暇接。

8）摄像师要有事先抢占有利地形的意识，同时注意行为举止要文明。

9）由于摄像过程中进行同期声录音，因此摄像师在拍摄的时候不能说话，待机时可以提出一些建议，以便更好地安排拍摄。

10）摄像师应穿着素色休闲服，颜色不要过于鲜艳。双机位拍摄时，即使摄像师入镜也不会过于抢眼。穿上摄影背心便于收纳电池、存储卡等小配件。

项目小结

作为优秀的影视工作室的摄像师，从事生日会、婚礼的跟拍工作必须具备几个基本条件：

1）较强的沟通能力，提前与客户沟通生日会或婚礼的流程以及确定拍摄过程。

2）高度集中精神。生日会、婚礼不可能因为摄像师的拍摄出意外而重拍一次，因此必须准确地记录每一个环节，以免一旦有所闪失，造成无法弥补的遗憾。

3）摄像基本功扎实，画面稳定、聚焦准确、构图精美、镜头运动合理、镜头组丰富。

4）具备后期编辑的能力，拍摄时能考虑到后期编辑的可能性。

5）现场掌控能力和情绪调度的能力，营造唯美的意境，捕捉幸福自然的情绪，拍出艺术化的画面。

实战强化

1. 模拟生日会的场景

在黑暗的环境里点燃蜡烛，练习调整光圈，掌握曝光的技巧。

2. 营造喜庆的气氛

白平衡设置使色调稍微偏红，营造喜气、温馨的环境。

3. 利用虚化背景突出主体

确定一位人选担任被摄主角，利用大光圈和长焦距镜头来虚化背景，拍摄人物特写。

4. 利用虚化前景突出景物的层次感

选择适当的前景，录制一段虚化前景、突出人物的片段。

5. 练习移动摄像

选择一位学生饰演服务员，手托“蛋糕”，由摄影师跟踪服务员端上蛋糕的情景，练习在行走中如何稳定摄像机拍摄的画面。

6. 练习移动摄像

挑选6、7位学生饰演参加宴会的宾客，一字排开坐在座位上，摄像师用移动拍摄的手法，采用稍微仰拍的角度，拍摄近景画面，摄像机从第一个宾客开始直到最后一位宾客逐一扫过，交代清楚每位客人的脸部表情和细节。

7. 手动对焦练习

找两位同学做被摄主体，一群同学在远处做背景，要求画面聚焦在被摄主体上，背景虚化。

8. 特写对焦法的练习

找一位同学做模特，拍摄这位同学从远处走来的画面，运用特写对焦法进行对焦。

9. 变焦拍摄的练习

找两位同学做模特，一前一后地站立，摄像机以近景构图，当前面的同学说话时焦点聚焦在前面的同学，当后面的同学说话时，改变焦点，使焦点落在后面的同学。注意，拍摄人物为主的画面时，应对主体人物的眼睛进行对焦。

10. 空镜头的拍摄

对精美的小礼品、小物件或墙壁的挂饰进行拍摄。

11. 双机位练习

找两位同学做模特，重演长辈为晚辈佩戴首饰的场景，两台摄像机分别拍摄全景和特写。

12. 设计小情节

撰写外景拍摄的分镜头脚本，找两位同学做模特，拍摄外景的浪漫场景。

学习领域6
——影视传媒企业

任务1　掌握新闻采访摄像

任务情境

建华是电视台的实习生。在新闻部实习的两个月里，建华一直跟着师傅学习摄像，掌握了摄像机的使用方法、构图法则，能较熟练地运用固定镜头及运动镜头进行视频摄录。建华抓紧每次采访组归来的间隙练习摄像基本功，可惜一直还没机会真枪实弹地参与新闻节目录制。激动人心的时刻终于到来了，建华接到通知，下周开始跟随新闻组的记者参与新闻采访的摄录工作，建华终于能走上新闻摄像的岗位了，这令他无比兴奋。

任务分析

电视新闻的特点是内容新鲜、真实、重要，且时效性极强。它以图像、声音、文字三大要素直接作用于观众的感知器官。其中，图像与文字作用于眼睛；语言、音乐、音响则首先作用于耳朵。电视新闻报道内容丰富、形象生动，能够充分展示画面语言的魅力，满足人们眼见为实、先睹为快的心理。

电视新闻摄像工作分为两种类型：一是技术型摄像；二是编导型摄像。按照电视采访的传统做法，技术型摄像单纯负责摄像工作，但摄像师并不是简单的摄像机操作者，应该充分理解编导意图，积极参与节目的制作，根据后期编辑的原则拍摄符合后期需要的素材，协助编导完成对事件的报道。而编导型摄像是指集采访、拍摄、编辑于一身，既是编导又是摄像，还要完成编辑工作的记者，西方许多电视新闻工作者就是编导型摄像。从节目创作的角度来说，编导自己拍摄，更清楚什么是有用的镜头，如何选择拍摄报道角度，怎样进行画面表达，这种方式有利于创作者意图直接体现，减少加工环节，是今后电视新闻工作的发展方向。当然也对创作者的综合素质提出了更高的要求，记者要成为全才，在实际工作中才会得心应手。

建华作为一名实习的技术型摄像，除了熟悉操作摄像机和熟练运用拍摄技巧以外，还需要充实新闻摄像方面的理论知识，掌握电视新闻摄像技术与艺术的处理，以及新闻画面和同期声录制的要求。不仅要拍摄画面，还要对新闻事件发生的画面中的各个要素，如引起事件发生的主体、事件发生的环境等进行合理的安排和布局，使得观众及时了解事件发生的前因后果。

任务实施

新闻的时效性和真实性是新闻的生命，摄像师在抢拍新闻现场画面时，既要与时间赛跑，又要保证所拍的画面能清楚地表现事件的主体，不能错过新闻现场的每一个环节、细节，错过了时机则失去了新闻的价值，这是难以补拍也无法弥补的，由此对新闻摄像师提出了更高的要求。为了准备下周的采访拍摄工作，建华抓紧时间学习新闻拍摄的要点。

在电视新闻拍摄中，电视新闻节目的画面质量始终影响和决定着节目本身的质量，因此对摄像机的熟练操作和对电视画面拍摄的基本要领的掌握是衡量电视新闻画面质量的关键环节。

1. 注重画面的稳定性

1）始终保持画面基本线条“横平竖直”。因为人们观察事物的习惯是先观察水平方向，后观察垂直方向，因此，镜头的拍摄必须符合观众的思维方式和视觉习惯，以便观众容易接受。

2）少用推、拉、摇、移等运动镜头。电视新闻的拍摄应少用运动镜头，多用固定镜头。因为每条电视新闻长度有限，为了增加单位时间的信息含量，多用一些固定镜头能使得观众在短时间内了解到自己想知道的信息。

3）镜头长短要合适。拍摄时每个镜头不能太短，也不能太长。时间太短，观众来不及看清画面的内容。时间太长，让人觉得枯燥乏味。一般固定镜头的时间长短在3～6s之间。当内容丰富时，可使用长镜头来表现。

4）熟练使用摄像机。在没有三脚架而使用肩扛摄像机运动拍摄时，最好走直线，迈小步，要尽量使摄像机与被摄者保持一定距离。双臂最好展开并离开左、右胸。利用三脚架拍摄时，为保证画面的稳定，首先必须选好中心机位并在试拍过程中调整机位和角度。

2. 把握画面的方向性

在电视拍摄过程中，要注意保证拍摄方向的统一性，其目的在于正确处理镜头间的方向关系，使观众对各个镜头所表现的空间有完整、统一的感觉。要做到这一点，就必须熟练掌握“轴线”规律，电视新闻画面比其他节目更注重方向性和逻辑性。因此，在拍摄一组相连的新闻电视画面镜头时，规定摄像机拍摄总方向限制在轴线（被摄体）同一侧，不能越过“轴线”。如果越过“轴线”，就会破坏空间统一感，造成观众对画面的误解。

3. 新闻摄像的构图法则

（1）突出主体

主体是指电视画面中所要表现的主要对象，是电视画面布局中最重要的一个组成要素。电视新闻的主体是指新闻事件发生的最重要的人或事物，是电视新闻画面中拍摄的中心，也是新闻报道的重点。因此，电视新闻拍摄时首先要确立新闻事件的主体，并通过构图处理好主体与环境、主体与背景等其他画面结构内容之间的相互关系，让被摄主体在画面中得到有效的突出和表现，减少无关的构成元素，达到既能很好地反映新闻事件的主题思想，又便于观众分清主次的目的。

（2）交代背景

背景是摄像机镜头里衬托主体事物的景物，是环境的重要组成部分，其主要作用是表现环境，丰富画面内容，对主体起烘托作用。新闻画面的背景实质就是新闻事件发生的地点和场所，在新闻报道中必须对新闻事件发生的地点和环境做有力的交代。因此，在新闻摄像中不仅要重视新闻主体的拍摄，更要细心安排好新闻主体所处的环境，即通过对新闻主体背景的拍摄，使得观众看到新闻事件发生的特定地点和场所。

（3）合理用光

在电视画面中，光线是电视画面构图的基础和灵魂。光线不理想，电视画面的表现就无从谈起。而当光线发生了变化，画面的构图效果和艺术氛围也会发生改变。因此，光线的选择是决定电视摄像和画面构图质量的关键因素。在电视新闻中的光线能从侧面反映出新闻事件发生的时间、地点和场所。众所周知，新闻事件报道的首要任务就是让观众知道事件在何时发生，从电视画面的光线可以间接交代新闻事件是发生在白天还是夜晚，是晴天还是阴天等。因此，用光线来交代时间在新闻画面中的呈现尤为重要。

4. 现场报道的拍摄

（1）单人的新闻摄像

单人的新闻拍摄原则是：真实自然，不能让被摄人物进行表演。因此，拍摄前应与被摄者交流，消除被摄者的紧张情绪，使被摄者在拍摄过程中情绪得到自然的释放。人物新闻拍摄一般不宜采用仰、俯角度拍摄，采用正面平拍，有利于向观众生动展现人物的表情神态。为了更好地刻画和表现人物的风貌和气质，还可以采用前侧面拍摄，如图6-1所示。如需保护被拍摄者，可从被拍摄者背面拍摄，仅通过他的声音来说明问题。单个人物的新闻摄像画面比较单薄，应通过不断变化和调整拍摄角度以及景别来丰富画面，同时还要保证后期编辑流畅。

对于静态单人的新闻拍摄，一般不用移动镜头和改变机位的推拉镜头，更多采用机位、光轴、焦距都不变的固定镜头。

图6-1　单人物新闻拍摄的角度举例

（2）双人的新闻摄像

拍摄双人的新闻摄像时，最忌讳的就是没有在画面中给两人建立起某种联系，使两位被拍摄者各自独立，互不相干。哪怕两人的空间位置比较远，也要用推、拉、摇等运动镜头的调动，来交代清楚两人之间的关系以及各自行为的关联性。双人的新闻摄像中，一般不拍人物的主观镜头，所拍画面只要能传达新闻信息就足够了。如果两人手上有动作交流，最好能抓拍到动作过程。如果两人有协作，最好也能抓拍到关键性过程瞬间，这些细节是最有说服力和表现力的镜头。如果是拍摄访谈节目，被采访者是拍摄的重点，一般用采访者的过肩镜头来表现。

一般情况下至少要拍摄到以下几组镜头，如图6-2所示。

1）一组不同景别的两人镜头，交代两人所处的环境（公园、商店、学校）、情景（工作、学习、讨论）、空间位置关系以及可以传达出来的社会关系（师生、同事、恋人）。

2）单人镜头各一组，介绍各自的行为和其他基本信息，并对其中一人的采访。

图6-2　两人的新闻摄像镜头组

（3）三人的新闻摄像

三人的新闻摄像要清楚交代人物之间的位置关系，要抓取富于表现力的人物形象。由于三人的位置关系不断变化，拍摄时还是遵循轴线原则，尽量让人物之间的关系清晰一些，如图6-3所示。人物表现的角度选择一个或两个更富有表现力的人物作为重点，综合考虑仪表、气质、表情、穿着、口头表达能力等多方面因素，对他们适当多加展现。注意：人物的背景必须“大含小”，即小景别所表现的内容一定要能够在大的景别中找到，也就是说小景别的内容是包含在大景别画面之中的，这样组接起来的画面才更有依据，更加真实。

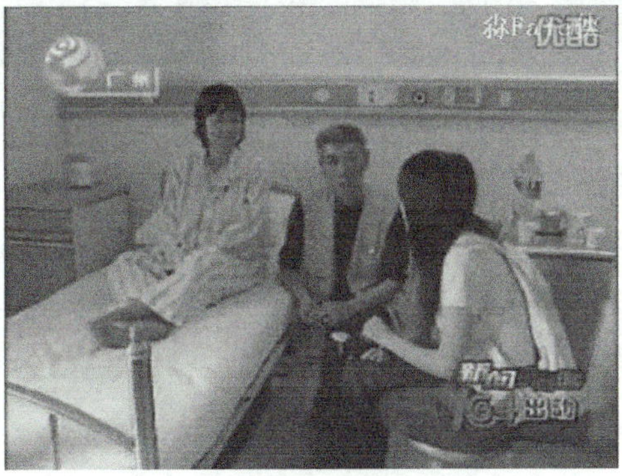

图6-3　人物之间的位置关系

（4）人物群体的新闻拍摄

人物群体场景的大景别拍摄一般应先寻找到附近的制高点，再进行俯拍。俯拍在表现大场面时具有绝对优势，但是光有大场面是不够的，还必须走到人物群体旁或中间进行拍摄。

对于按照一定规则排列的人群，如各种列队，适合使用规则的构图方式表现人群内容，如水平线、垂直线、对角线、曲线。除了表现人群的基本情况外，还要把人群规则、整齐的美感表现出来，在制高点的位置上俯拍，多用大景别表现整体的形式，同时也要拍摄小景别表现个体、部分人物，用个体充实和强化群体，如图6-4所示。可运用推、拉、摇、移等运动镜头进行拍摄，以增加画面的变化，由于群体的规则整齐，拍摄时尽量使用三脚架，提高画面稳定性，保证镜头运动速度均匀，取得更优质的画面效果。

图6-4　各种角度和景别体现美感

对于人物位置混乱的不规则群体，摄像师首先应明确拍摄的目的，在人群中快速寻找到合适的角度，尽量抓取可以表达拍摄意图的人物及人物关系。人物多拍不全没关系，但所拍下来的必须是具有代表性的、有表现力的、可以说明问题的部分。由于人物位置混乱，基本不考虑越轴问题。

5．录制现场画面的同期声

在电视新闻的拍摄过程中，新闻现场同期声是非常宝贵的。在新闻报道中采用人物同期声，既有助于烘托报道现场的真实氛围，又比用解说显得真实可信，有利于增强新闻的权威性，同时加大了新闻的信息量和客观性。

采访录音中一般应遵循以下工作流程：①根据现场环境判断使用自动还是手动方式进行录音；②正式开录前记者先用正常语音说说话，调整摄像机电平或传声器的距离；③判断摄像机录制声音好坏的标准是：音量表显示适中不超表，声音清晰明亮、失真小，环境声不干扰主声音；④录完后马上回放听一听，发现问题及时补录或重录。摄像师除了重视画面的质量，还要注意现场同期声音的录制质量，才可能拍摄观众满意的电视新闻来。

做好现场同期声的拾取要注意做到以下几个方面的工作，避免到时候手忙脚乱，错过现场声音的拾取。

（1）提前检查准备

由于不同特性的传声器对声音的拾取方式、效果都不一样，摄像师应根据现场情况选取最适合新闻场所的传声器。例如，在街头的随机采访，应使用强指向性的传声器，可保证传声器正对的被采访人声音拾取的灵敏度，也有效地避开了周围的环境噪声，但要注意传声器必须与被采访对象保持一定的距离。检查传声器线路是否畅通、电池电量是否充足、传声器的调试是否达到最佳状态。

（2）内置传声器始终保持打开状态

因为新闻现场突发事件比较多，为了避免在新闻现场一些突发事件造成外置线路突然中断等因素而无法录音，摄像机的内置传声器应始终打开，做到万无一失，确保现场同期声的录制。

（3）用耳机进行监听

由于新闻现场的特殊性，无法预料现场声音的录制环境，随时会出现噪声干扰或者传声器线路中断。因此，摄像人员必须要始终带好耳机随时监听传声器声音的效果，出现问题马上调试解决。

（4）同期声的录制必须完整

比如录制领导重要的讲话发言、受访者的回答等。如果前期录制不完整，受访群众的回答还没说完就停机了，而在后期编辑时假如需要完整地使用这些声音素材，那时将会无法弥补。

6. 符合后期编辑需要的素材

影视界有一句行话："不懂后期编辑的人就不会拍摄"，指没有后期编辑意识的摄像不会拍摄出好的画面，这是拍摄常识，因此，如何进行前期素材的拍摄，使前期拍摄的素材符合后期编辑的需要是必须考虑的一个问题。

（1）起幅落幅时间要足够

在拍摄每一个镜头时要有起幅和落幅，特别是运动性的镜头，镜头的起幅和落幅就是在拍摄一个镜头时开始和结尾时要有3～5s左右的静止画面，这样对于后期编辑和制作时起到稳定画面、保证镜头完整的作用。

（2）拍摄足够的转场镜头

转场镜头就是指利用特技技巧或利用特定镜头，对两个画面的剪切点进行切换，以完成场景的转换镜头。利用后期编辑的特技技巧完成的转场叫技巧转场镜头，而无技巧转场镜头是指不依靠特效制作，只通过前期拍摄的镜头使两个场面实现视觉上的流畅转换。摄像师应拍摄足够的无技巧转场镜头以备后期编辑时利用，最灵活的转场镜头是中性运动方向镜头或景物镜头（俗称空镜头）。

中性运动方向镜头即中性镜头，是指主体运动由画面深处向正前方行进，或从画面正前方向纵深处行进的纵向运动方向，除了主体大小的变化外，主体运动感并不强。纵向运动镜头作为中性镜头最常见的方法，优点在于中性镜头丧失了方向，但运动的强烈程度却没有因此而减弱，当下一个变换方向的镜头出现时，观众不易察觉到画面中运动方向的变化，镜头转接非常流畅，如图6-5所示。

图6-5　中性镜头使改变了方向的运动衔接自然

空镜头是指只有景物没有人物，或不出现与主题有关的人物的镜头。为了弥补摄像镜头不足以及实现电视画面的合理过渡，拍摄足够的空镜头非常有必要。利用空镜头转场是后期编辑的一种惯用手法，因此空镜头是摄像师完成拍摄任务中必拍镜头之一。在各大电视台的新闻节目中经常会看到某几个特定镜头的组合：先是一组记者引出本新闻报道的主题的镜头，接下来是后面出现街道上行走的人群、车辆等熙熙攘攘的一组空镜头，最后一组画面是记者在采访市民的镜头，如图6-6所示。这是利用空镜头实现无技巧转场的常见方式，空镜头在这种画面组合里解决了不同场景之间的合理过渡。

图6-6　利用空镜头实现无技巧转场

空镜头除了具有介绍环境背景、交代时间空间的作用外，在后期编辑中还能产生借物寓情、借景生情、渲染意境、烘托气氛、引起联想等艺术效果，并且可以利用空镜头使两个“越轴”镜头得到流畅的转接，如图6-7所示。

图6-7　空镜头使越轴镜头衔接流畅

(3) 尽可能做好拍摄场记

场记就是在新闻拍摄现场对一些重要的镜头进行特别的文字记录和解释。由于新闻画面中有一些镜头有很强的学术性或者专业性的信息，也可能因为新闻拍摄的镜头过多，在后期编辑中容易混乱而找不到，甚至可能影响节目制作的及时性，摄像人员应及时做好记录，同时在后期制作时能对镜头合理地进行利用和合成。

任务评价

电视新闻画面的拍摄不单要技术合理，还要能给观众带来及时、准确的信息，又要对画面进行艺术处理，给观众带来美的享受。因此，一名专业的新闻摄像师应该懂得如何应用光线、影调、线条、形状、声音等元素为新闻主体内容服务，精心捕捉那些以少胜多、具有典型价值的各种视觉和听觉细节，以凸显主题，达到“言有尽，而意无穷”的效果，利用多角度、多景别拍摄，给后期编辑制作留下足够的编辑空间。请根据表6-1对任务完成情况进行质量评价。

表6-1 任务评价表

评价指标	具体实施情况
传声器、灯具等辅助器材的准备	
事件的时间、地点、环境是否交代清楚	
新闻事件的主体是否明确	
构图是否合理	
对焦是否准确	
曝光是否准确	
白平衡调整是否正确	
光线的处理是否正确	
拍摄角度是否丰富	
景别运用是否得当	
镜头的运动是否得当	
转场镜头、空镜头是否足够	
素材是否符合编辑需要	
同期声录制是否清晰、完整	
画面的稳定性	
画面的方向性	

必备知识

电视新闻摄像是电台记者使用摄像机在新闻事件的现场有目的、有选择性地进行拍摄，反映事态与人物活动的画面，是电视新闻报道的关键环节。电视新闻摄像需要在拍摄时正确选择拍摄角度和光线，讲究构图，使画面富有表现力，能够用画面形象说明问题、传递信息、反映社会生活、表现人物的精神面貌。在拍摄时要严格遵循新闻真实性原则，用真实的画面形象反映新闻事件和新闻人物。因此，新闻摄像的美感形式体现在画面的真实性和真实感的统一上，体现在画面内容的新鲜、及时与信息量的丰富上。

1. 电视新闻摄像的特点

电视新闻摄像是反映现实生活、记录新闻事件、表现新闻人物的一种记录形式。是一种与事件和活动同时、同步进行的摄像方式，它只有忠实地记录和客观地反映新闻事实的任务，而没有塑造形象以及用艺术手段褒贬被摄对象的任务。因此电视新闻摄像必须做到3个真实。

1）事件必须真实。必须坚持新闻真实性的原则，报道的事件必须确有其事，必须符合事物发展的客观进程，而不是由记者、导演摆布出来的。

2）形象必须真实。画面表现的人物必须是真人真事，它不能由其他人“扮演”和替代，也不能是其他场面和事件的“移花接木”和“张冠李戴”。

3）表现方法必须真实。面对真人真事所进行的拍摄，必须忠实地还原或再现其本来面貌，不能采用艺术性影片的造型表现手段，比如通过声、光、色或特技来修饰形象，而应尽量采用现场抓拍、抢拍的拍摄方法，提供给观众真实可信的画面形象。

2. 电视新闻摄像对画面的要求

（1）画面要有信息量，形象要有说服力

电视新闻的画面形象本身应能说明问题，具有其自身的新闻价值和信息量。具体到一条电视新闻片中，画面不在多而在精，每条新闻片应该有一两个点题画面，能够直接而明确地说明该条新闻的主题。例如在报道长江截流成功的新闻中，应有横贯两岸的大坝拦腰切断长江河道的画面。因为只有这样的画面才能最清楚明白地说明长江截流成功，从而把新闻的主题建立在观众亲眼所见的事实基础上。

（2）坚持画面的真实性和纪实性

电视新闻摄像与艺术摄像不同，它不刻意追求画面的形式美和人物形象的造型美，而更注重画面表现的真实情景和现场气氛；以及注重画面表现的人物形象和新闻内容；注重画面表现形式的纪实性和现场感。例如：当被摄人物的突然移动，摄像机仓促地追随而出现画面剧烈运动，甚至在记者拍摄时摄像机不断被旁人碰撞而晃来晃去……诸如此类的画面有时却可以从一方面反映电视记者在现场抓拍的过程，不仅无损画面价值，甚至还可以增强画面的纪实性效果，给予观众更为强烈的现场感受。

（3）力求声画并茂

电视新闻画面的真实性包括视、听感受上统一的真实。也就是说，只要被拍摄的物体伴随着声音，拍摄时就应声画同路，以便让观众在观看画面的同时，也能听到当时现场的声音。具体到一个新闻片中，现场实况音响既可以作为主要声源用来烘托气氛、渲染环境、交代背景、传递信息的途径；也可以作为背景声源与现场记者报道声或后期制作时播音员的解说声混录在一起，形成一种综合的音像传播效果。

(4) 画面造型的客观性

新闻报道的客观性，表现在实际拍摄时坚持不干涉被摄对象、不导演摆布、不组织扮演的原则，始终从“旁观者”的角度记录新闻事件和人物。电视记者当然有自己的立场和倾向性，但这种立场和倾向性只能通过题材的选择、报道角度的把握、声画的取舍体现出来，而不能人为地组织或制造画面，这违反了新闻的真实性原则。

(5) 画面感受的现场性

电视新闻摄像重视画面表现上的真实性和视觉上的逼真感。在拍摄方式上，一般采用伴随式记录表现手法，利用跟镜头、移动镜头等运动摄像，唤起观众身临其境的视觉感受，使摄像机不仅只是为现场记录新闻事件和人物的机器，还成为观众以此为窗口“直视”新闻事件和人物的“眼睛”。这样拍摄出来的画面无疑可以给予观众更强烈的现场感，从而增强新闻的可信度。

3. 电视新闻画面的构成

电视新闻画面就是由一组不同内容、不同角度、不同景别和不同长度的镜头构成的。因此镜头是构成电视新闻画面的基本单位。电视新闻画面的镜头可分为中心镜头（重要镜头）和介绍性镜头（次要镜头）。

中心镜头是反映新闻主要内容，即引起新闻事件主体的一切镜头。拍摄中心镜头要注意的是：抓重点——即抓住关键的新闻场面和主要新闻人物；抓全面——即拍摄时不要遗漏相关的镜头，以免后期补拍；抓细节——即镜头要特别反映新闻主体的表情和感情变化的细节。一条成功的新闻，中心镜头要占到新闻时长的70%以上。

介绍性镜头是引导观众进入新闻主题的镜头，主要是交代新闻发生的时间、地点、人物、规模等新闻要素。

电视新闻画面的拍摄归根结底就是对构成画面的重要镜头和次要镜头的合理布局和拍摄处理，处理好这两个方面的问题，就基本上确立了新闻画面的基本构架。

从电视艺术的角度看，无论是中心镜头还是介绍性镜头，它们都是将在某个事件发生的时间、地点、场所以画面的形式表达出来。因此，引起事件发生的主体、反映时间的光线、表达事件发生场所的背景构成了新闻电视画面的基本要素，对电视画面镜头的处理就是对这三种基本要素的处理和安排。

4. 录像报道的拍摄

一般来说，电视新闻可以分为录像报道和现场报道两大类。

录像报道的介绍性镜头一般多采用全景镜头或摇镜头来交代新闻发生的时间、地点、人物、规模等要素。拍摄中心镜头时，首先注意不要遗漏反映事实过程的镜头，以保证叙述的完整性；第二是要注意抓拍关键的场面和主要的新闻人物，这是观众注意的焦点；第三是要捕捉典型细节，以使画面生动感人，富于冲击力。比如拍一条会议新闻，首先要拍摄有带会标的介绍性镜头，交代新闻主题。如，各发言人的镜头，交代新闻人物；与会者凝神静听或边听边记的镜头，交代环境和烘托气氛；要有按时间顺序拍摄的会议镜头交代会议进程。同时还要有一些必要的空镜头用来转场。中央电视台曾经播出过一条“孔繁森事迹报告会”的新闻，第一个镜头便是挂有会标的报告会会场，接着是几个报告团成员讲演的镜头，中间插入听众眼含热泪或掩面饮泣的镜头，情绪异常感人，观众也被孔繁森同志的事迹所深深感动，完全达到了新闻预期的传播效果。整条新闻浑然一体，缺少任何一个镜头都达不到这样完美的境界。

5. 现场报道的拍摄

在现场报道中，有时会在记者的镜头前采访。在拍摄镜头前采访时，要拍一个包括记者和采访对象在内的交代性镜头。如果记者已经在新闻开头的独白处露过面，交代性镜头也可拍成以被采访者为主体的越肩镜头——经过记者的头和肩背看到的被采访者的脸。若被采访对象的回答较长，就要拍其单独的中近景或特写镜头。为了后期编辑的需要，也需要拍摄一些采访的间隔镜头，如采访者或被采访者的反应镜头（也叫倾听镜头），或者是记者的提问镜头。这两种镜头都可拍摄为越肩镜头。可以获得间隔镜头的方式很多，如看不清记者和采访对象交谈口型的远景镜头，也可以在采访现场挑一些与采访内容或被采访者有关的东西，如能反映被采访者身份、职业特点等的采访环境中的物品。

在用一台摄像机拍摄的情形下，采访首先要保证声音的连续，因此拍摄倾听镜头和提问镜头就需要被采访者给予协助，可在正式采访前后拍摄。拍摄倾听镜头时，可以在记者与被采访人随便聊天时拍摄；而提问镜头则需要记者重复采访中所提的问题。

6. 现场拍摄的注意事项

在进行现场拍摄时，摄像师应该很好地与记者沟通，把握好拍摄的轻重缓急，在心中有所筹划。在录像报道的拍摄中，有一些镜头是可能会需要打乱时间顺序进行拍摄，因而要进行时间和空间上的统筹，要谋划好先拍什么，后拍什么，什么是必不可少的，什么是在不得已的情形下可以放弃的……通常情况下，要先拍介绍性镜头，再拍摄中心镜头和采访镜头。必要的话，可在采访结束前要再拍一个新闻事件现场的全景镜头，与开始的介绍性镜头相呼应，反映事态发展的最新变化状态。拍摄的次序有时候还会对采访的结果产生影响，例如在采录批评性报道时，先进行采访后拍摄时，在采访后被采访者可能会干扰拍摄，因此则应该先拍摄到必需的镜头后再进行采访。

要根据报道的需要把镜头充分拍够。在可以直接表现解说词的镜头相对有限的情况下，要根据需要拍摄一些与报道内容尽可能相关的“空镜头”，以保证在解说词播出的同时，观众有内容可看。如在报道2012年12月12日扎堆结婚的新闻里，摄像师摄录了大量民政局内热闹的情景和新人们温馨的画面，并采访了几对新人，还拍摄了几组跟主题相关的空镜头，如图6-8所示。

图6-8　空镜头的作用

为了使画面真实自然，在条件允许的情况下，应与被摄对象保持适当的距离，使用三脚架拍摄，这样可以减少对被拍摄者的干扰和心理压力，更容易拍到较为自然的表情。同时摄像师也得到了解放，有机会从容观察，操纵摄像机推、拉、摇、移，获取理想镜头。不过，这种方法不适合于被拍摄对象活动范围很大、现场较混乱和嘈杂的情况。

在现场拍摄时，还要注意尊重被拍摄对象的意愿，对那些不愿意在电视上暴露形象的人和不宜在电视上露面的人，如身份保密者、青少年罪犯等，应采取一些特殊的拍摄方法。例如，只出人物的背影或局部特写，使人难以识别；或将其隐入阴影中，只见其大致轮廓。当然，也可以在后期编辑时用特技处理，使被采访者的面部模糊，声音频率改变，以达到保护被采访者的目的。这样做往往能使一些原本不愿意接受采访的人接受采访。

新闻摄像应以自然光为主，室内能不打灯就不打灯。现在的摄像机在低照度下记录影像的能力已有所提高，应充分发挥其功能。

此外，还要注意新闻的拍摄长度。在反映事物的发展过程和人物的情绪变化时，要连续拍摄，以获取时空统一的完整镜头。在被拍摄对象的语言是主要信息源的情况下，要确保其连续性和完整性，切不可轻易关机。

在现场拍摄时还应注意做好场记，记录下所拍镜头的内容和次序，为后期编辑提供方便。还要注意及时记录下被采访者的姓名、身份和形象特征，以避免编辑时张冠李戴。

7. 同期声的采录

在电视新闻的拍摄过程中，声音的采录同画面的拍摄具有同等重要的意义。眼耳并用是人类接受信息的常态，因而无论在什么情形下，也不管在后期编辑中是否用得上同期声，都应将传声器开关打开。一般来说，新闻摄像中不管是人物的采访还是环境的声响，都应该记录下来，以备后期编辑之用。同期声能够起到传递和增加画面信息量、烘托气氛、表现环境特点的重要作用，如果没有了同期声，只能是不完整、不真实的画面记录。有的摄像记者往往只重视画面的录制，而忽视同期声的采录，这是不对的。实践中有时会出现这样的情况：拍回来的素材没录上声音；人物采访时杂音太大；声音断断续续、时有时无等。这些都会给后期编辑带来不利的影响，有的甚至无法弥补。这就要求外出采访时一定要注意以下几点。

1）开机后仔细检查声音系统。传声器电磁是否有电，外界传声器线路是否接触不良，无线采访传声器是否正常，机身传声器是否打开等。

2）拍摄时要保持声道的统一。一声道就是一声道，二声道就是二声道，不要变来变去，不然会给后期制作带来不必要的麻烦，声音质量也不稳定。

3）净化环境，尽量避开非新闻事件的声源。现场采访同期声的要求是音量均衡适中，音质清晰，没有外来杂音干扰，确保被采访者声音的节奏、情绪“原汁原味”。室内采访时，要排除任何可能产生杂音干扰的声源。室外采访时，除了要避开其他声源外，还要特别注意防风。在风中采访，风声往往压过人声，有时还会产生尖厉刺耳的劈啪声。如果摄像机上的传声器防风性能不强，不妨试试把录音电平尽量调低，而把传声器尽量贴近被采访对象的嘴，这样可得到较好的录音效果。无论在室内还是室外，最保险的办法是采访结束后马上回放一次，检查一下声音效果是否满意，如发现问题可以立即补救。

4）不要怕麻烦。在人物采访时常常要把传声器取下，接上长线，然后再拍其他素材，这时长线就显得碍事。为了方便，有些摄像师干脆就把长线拔下来，但并不把传声器复原，于是摄像机成了“聋子”，画面便成了“哑巴”，这是初学摄像者的大忌。不管接驳多少次，传声器绝不能与摄像机分家，这是要切记的一条原则。

此外，声源特点和声音环境的不同，对采录效果影响很大。因而录音机采录到的音响并不一定与人们听到的声响相一致。因此，需要不断实践、探索、积累经验，找到具体的采录方式。

8. 无剪辑拍摄

无剪辑拍摄也叫一步摄像法。顾名思义，就是省去了剪辑过程，在现场直接拍摄完成的新闻报道。无剪辑拍摄省去了后期专门剪辑过程，并不等于省去了编辑意识和编辑思想。相反，它比一般新闻摄像具有更为明确的编辑意识和编辑思想，只是这种意识或思想不是产生于拍摄之后，而是产生于拍摄之前或拍摄之中。换句话说，无剪辑拍摄是在明确的编辑思想指导下，在现场完成拍摄的。

无剪辑拍摄不是真的不要剪辑，而是为了抢时间、争速度，省去了专门的后期剪辑工序。但为了保证报道的质量，它在整个拍摄过程中时时都在按照编辑思想剪辑画面。因而，“无剪辑”实际上是将拍摄与剪辑两步并为一步。在现场拍摄时，每一个镜头的转换都是一次剪辑，关键是要不留痕迹地转接在剪辑点上。

和传统的拍摄方法相比，无剪辑拍摄方法具有明显的优势。它省去了后期的编辑工序，摄、编一次性完成，从而缩短了整个摄制时间，增强了新闻的时效。同时也有利于调动记者的主动性和创造精神，促使记者随时根据现场的多变情况进行即时构思、即时拍摄。所以，运用无剪辑拍摄方法在现场一次拍成的新闻片，往往具有中心事件突出、现场气氛浓厚、新闻人物的言谈举止保持一定的连续性，以及现场感、真实感较强等表现效果。

无剪辑拍摄适合于那些内容有可能事先知道，现场不会有太大变化，事件比较单纯、集中，而时间要求比较紧的新闻题材，当然也可以用来报道突发性新闻。不过，由于事件来得突然，现场变化太快，需要以最快的速度、最好的角度进行拍摄，这对记者的现场构思、现场拍摄与剪辑能力无疑是相当严峻的考验。

任务2　掌握访谈节目摄像

任务情境

建华参与新闻采访摄像的工作已有一段时间了。最近建华所在的部门准备开出一档谈话节目，以主持、嘉宾和观众共同讨论的形式对城中的热点话题各抒己见。这个节目计划在演播室里以现场节目制作的方式进行拍摄，需要一些熟悉操作演播室摄像机和有多机位摄像经验的摄像师。建华虽然没有接触过演播室的工作，但他主动向节目制片人申请到了实习摄像助理的职位，有机会学习演播室的拍摄工作。为了胜任这个实习摄像助理的职位，建华全面自学了关于演播室和多机位拍摄的理论知识。

任务分析

当前，以多台摄像机进行现场拍摄的制作方式已经广泛应用于电视节目中。无论体育比赛、大型社会活动的转播、游戏类节目、观众参与的谈话节目的拍摄中都采用现场节目制作方式。在演播室或户外环境下，借助多机拍摄可以降低节目制作成本，避免单机拍摄的后期制作产生额外周期和成本。甚至在肥皂剧和系列情景剧中也采用多机拍摄加上现场切换可以大大提高节目制作的效率，同时节省剪辑上的支出。

与电影或电视节目的单机拍摄形式相比，采用多台摄像机进行拍摄，并通过不同机位的切换进行录制的节目制作手段，无论从整体的协调运作、对节目制作人员的技能要求，还是摄制过程中的操作规程上都自成一体，有其独特的运作方式。

便携式摄像机和演播室专用的大型摄像机在操作方式上是类似的。因此，当面对多机拍摄的人物时，除了要适应演播室中大型摄像机上那些高级功能的操作之外，还要能够在节目制作现场流畅地驾驭镜头和恰到好处地进行机位调度，配合导演的指挥以及和其他节目制作人员保持默契的配合，这些都是需要假以时日才能够练就的“硬功夫”。

任务实施

1. 拍摄前的准备

作为初次参与演播室拍摄工作的摄像师，应按照以下步骤做好准备工作：

1）全面检查摄像机、支撑架以及移动装置，确保它们状态正常。

2）根据需要调整云台水平和俯仰角度。

3）改变摄像机拍摄姿态，调整阻尼大小，以便在操作中得心应手。

4）检查基座升降是否顺滑，把摄像机向下降至最低点，松手后，支持圆柱是否回升，出现回升则需要增加摄像机基座的配重。

5）多余的电缆应按8字形缠绕放置，且在摄像机移动过程中便于伸展开来。

6）浏览一遍镜头列表，并逐一核对机位分布。

7）检查摇移控制手柄和变焦控制器的安装位置是否便于操作。

8）与其他摄像机一起统一调整白平衡。

9）检查变焦和聚焦控制调整是否平滑。

10）检查摄像机以及寻像器是否成像清晰。

11）调整寻像器的角度，检查混合返送信号是否显示正常。

12）将寻像器的对比度、亮度、切割电平和轮廓调整到最佳状态，检查摄像机机身所有位置上的切换指示灯功能是否正常。

13）给出拍摄单人镜头时的参考景别，并调整俯仰手柄的固定角度。应保证俯仰手柄的可调空间覆盖预演中的取景范围。

14）主持人试音，调节摄像机录音电平确保录音音量适中。

15）检查对讲系统是否正常工作，节目声音的比例是否合适。

16）将多余的耳机线打捆后系在摄像机上，以免损坏。

2. 机位的布置

多机位拍摄中，每台摄像机都会被赋予一个号码，对于事先设计好所有机位的节目，摄像机的编号就相当于相应机位的名字，并且各个机位的编号会标注在演播室地面上。

虽然演播室访谈节目录制时有导演在现场进行整体控制，包括机位数量、机位布置、场景调度、摄像调度、演员调度等，但摄像师还要发挥主观能动性，能看懂机位分布图，了解自己负责哪个机位，以及这个机位负责拍摄的区域范围、角色分配和拍摄景别，如双人镜头、中近景等，从而与其他摄像师共同合作完成节目的录制工作。

（1）一对二的采访

一对二和一对一的访谈拍摄有共同的基本原则。嘉宾的位置可以灵活安排，主持人可以安排在两个嘉宾之间，也可以在嘉宾的一侧。

主持人在嘉宾一侧，这是一种相对容易安排的座位方式，特别是只有两台摄像机时。

如图6-9所示的录像位置，1号机主要用于拍摄主持人，2号机主要用于拍摄嘉宾。这样在拍摄时，1号机就可以拍摄主持人的中近景或是中景镜头，甚至可以稍微向右侧移动一下机位拍摄三个人的画面。2号机可以单独拍摄任何一位嘉宾，也可拍摄嘉宾的双人镜头，或者三人的画面。在这种情况下，当2号机进行重新构图时，1号机则需要拍摄许多反应镜头。

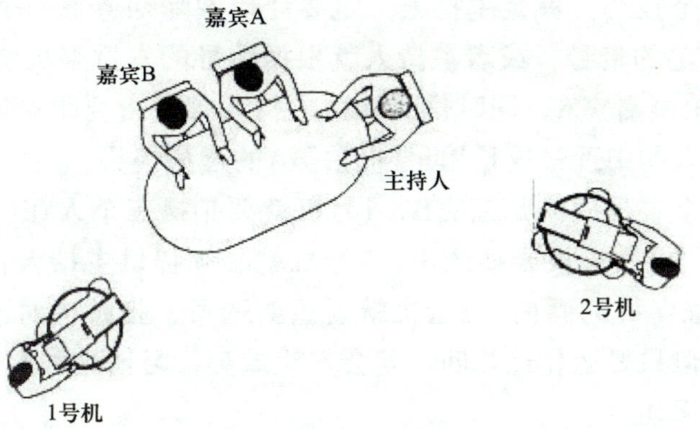

图6-9　两台摄像机拍摄主持人坐旁边的一对二采访

如果有三台摄像机，问题就变得简单多了。1号机主要拍摄主持人的活动，同时也可向右移动一点拍摄三个人的活动。2号机可以拍摄嘉宾A，或嘉宾A和嘉宾B，或三人的活动。3号机可以拍摄嘉宾中任何一位，也可以拍摄A和B他们两个人，如图6-10所示。

大致说来，2号机可以拾取节目过程中嘉宾A的精彩镜头，3号机则可以聚焦嘉宾B，这样就能同时给两位嘉宾以很棒的正面镜头，以及嘉宾B倾听嘉宾A说话的反应镜头。

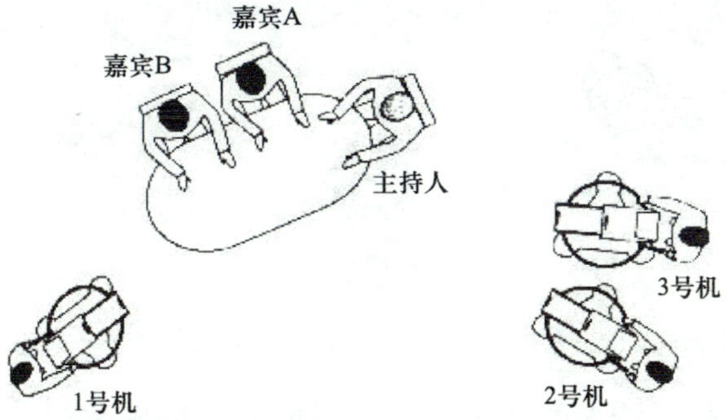

图6-10　三台摄像机拍摄主持人坐旁边的一对二采访

当主持人坐在中间，却只有两台摄像机拍摄的话会比较困难。如图6-11所示，两台摄像机分别放在两位嘉宾各自的一边。只要轻轻移动1号机，就可以拍摄嘉宾B的单人画面；或是以嘉宾B为主的双人画面；或是主持人向嘉宾A说话的单人镜头；又或者是越过嘉宾A的肩膀拍摄以主持人为主的双人画面；再就是三人镜头。而2号机拍摄的画面和1号机是相反的。

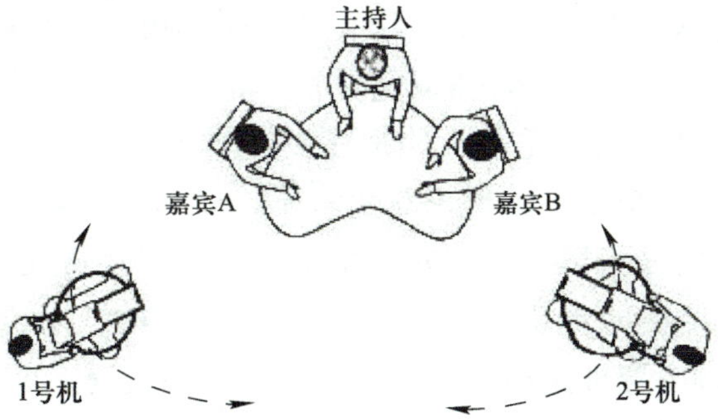

图6-11　两台摄像机拍摄主持人坐中间的一对二采访

这里要掌握一个技巧，就是主持人一定要让摄像师知道下一个要发言的是谁，可以通过一些事先约定的暗号，或者主持人就根据编导的安排来决定下一个说话的人。假设你正用2号机拍摄嘉宾A，同时你又知道主持人接下去要跟A说话，那么下一个镜头就可以拍摄主持人的中近景或是用1号机拍摄A的过肩镜头。

如果知道下一个要提问的是嘉宾B，1号机就要拍摄三个人在一起的画面或者右边两个人的画面。只要1号机被导播选中，2号机就必须提供主持人正在看着嘉宾B的画面。若切入2号机准备好的画面，1号机就要重新选景，把镜头对准嘉宾B。开始的时候虽然比较麻烦，但只要运作过几回，就会产生默契，习惯这种操作顺序了。

（2）一对二的采访

使用三台摄像机拍摄主持人坐中间的一对二采访时，仍然要在两边安排两台摄像机，分别是1号机和3号机。另外，可以尝试让1号机和3号机做侧移运动，然后用过肩镜头来拍摄两个嘉宾眼神交流的场面，如图6-12所示。

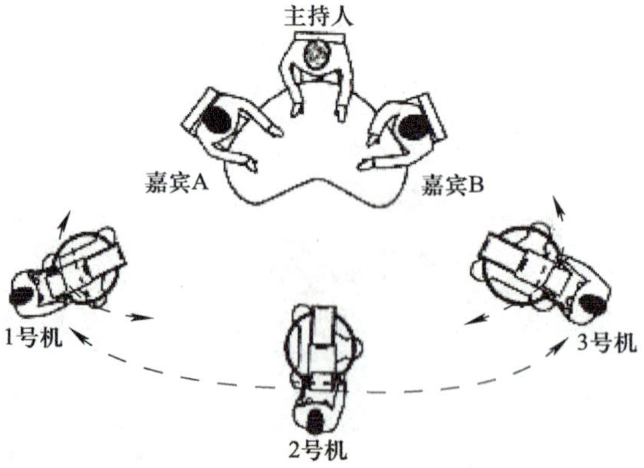

图6-12　三台摄像机拍摄主持人坐中间的一对二采访

2号机放在中间拍摄主持人的活动，也可以向左右两侧移动，对于大部分的访谈节目来说，1号机的最佳位置是在2号机的两侧。这样2号机就可以拍摄以嘉宾A为主的双人镜头，或以主持人为主的双人镜头，或者是三人画面。3号机既可以拍摄中近景也可以拍摄嘉宾A的过肩镜头。

（3）二对二的采访

这种模式被日间谈话节目所普遍采用，主持人和嘉宾的位置排成一个“L”形。尽管理论上只用三台摄像机即可完成拍摄，但要做到灵活调度的话，用四台摄像机会更好。

当现场有2位主持人和2位嘉宾时，可采用的机位布置，如图6-13所示。3号和4号机集中拍摄主持人。如果需要同时抓取两位嘉宾的镜头，就要让4号机拍摄嘉宾A，3号机拍摄嘉宾B。这样能使两位主持人的视线更自然。

如果确切地知道下一个轮到哪位嘉宾发言了，就可以让4号机拍摄该嘉宾。如果另一位主持人发言，3号机就可以向左轻转来拍摄一个大景别画面。

1号机和2号机在拍摄两位嘉宾上起的作用是相同的。如果同时拍摄两位嘉宾的话，1号机拍摄嘉宾B，2号机拍摄嘉宾A。另外一种情况是，1号机拍摄正在说话的嘉宾，2号机拍摄两个人的活动画面。

如果再添一个嘉宾的话，在二对二的拍摄模式下是很容易进行拓展的。许多节目的座位设计都很灵活，当嘉宾要临时增加时，只需在原先的沙发上增加一个应急的座位就行了，每台摄像机的机位和分工基本保持不变。不过，这时用2号机拍摄集体的画面，同时用1号机拍摄每个嘉宾的画面是比较明智的选择。

在采访的结尾，主持人会感谢嘉宾的合作，要让一台摄像机提前准备好全景的画面，否则切出的画面会很突兀。

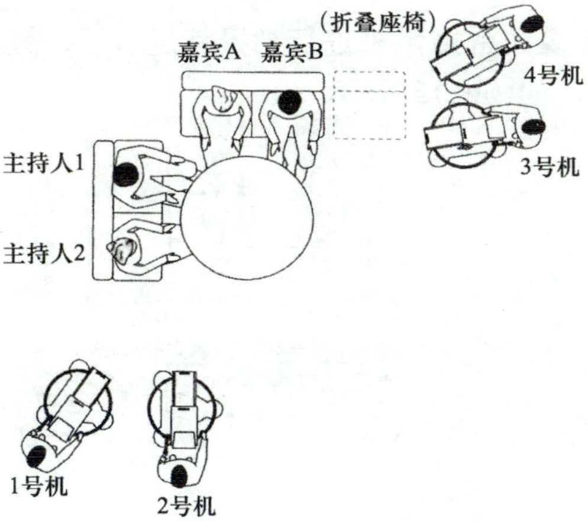

图6-13　二对二的拍摄机位布置

（4）一对三的采访

“圆桌”式和“方桌”式访谈是最难处理的，其最大的困难在于：随着说话人的不同，拍摄的轴线是不断移动的，而且移动的方向在不断变换。

在如图6-14所示的机位布置中，假设主持人和A在交谈。2号机拍摄主持人或以主持人为主的双人镜头，4号机以同样的方式拍摄嘉宾A，然后用1号机拍摄嘉宾B和C的反应镜头。但如果这样拍摄，那么理论上已经越轴了。

紧接着当主持人转向嘉宾C时，就应变成3号机单独拍摄主持人，1号机拍摄被采访的嘉宾，然后4号机拍摄其他嘉宾的反应镜头。

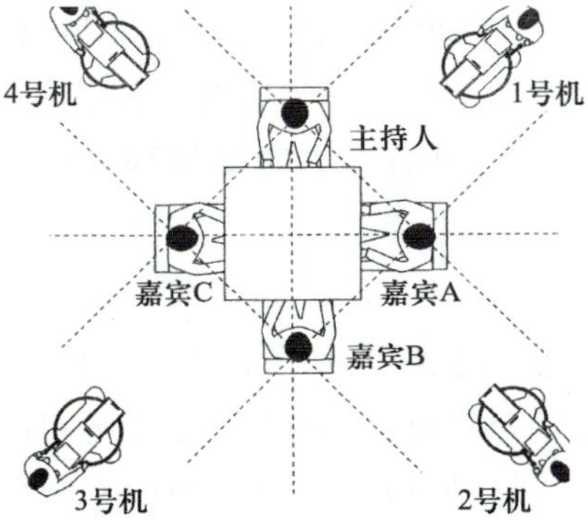

图6-14　一对三采访的机位布置

如果嘉宾A开始对着嘉宾C说话，因为在轴线的两侧各有两台摄像机，因此可以使用四台机器中的任意一台进行拍摄。选择机器的关键在于交谈是由哪一方发起的，如果是主持人先开始对嘉宾C说话，那么使用2号机或3号机，这样就可以保证嘉宾C的视线始终朝向画面右侧，但如果是嘉宾C对嘉宾B说话，那么最好用1号机或4号机进行拍摄。

摄像师经常需要左右移动摄像机以获得较为完美的单人镜头或是过肩镜头。但是并非演员一开口就得把画面拍到说话人的单人镜头，因为观众并不需要画面也能听得懂每个人的说话。一般先用广角镜头，再推至小景别的镜头。

（5）谈话类节目

拍摄谈话类节目只需要几台摄像机进行拍摄就足够了，最少的时候5台就可以了，本例采用7台摄像机进行，如图6-15所示。

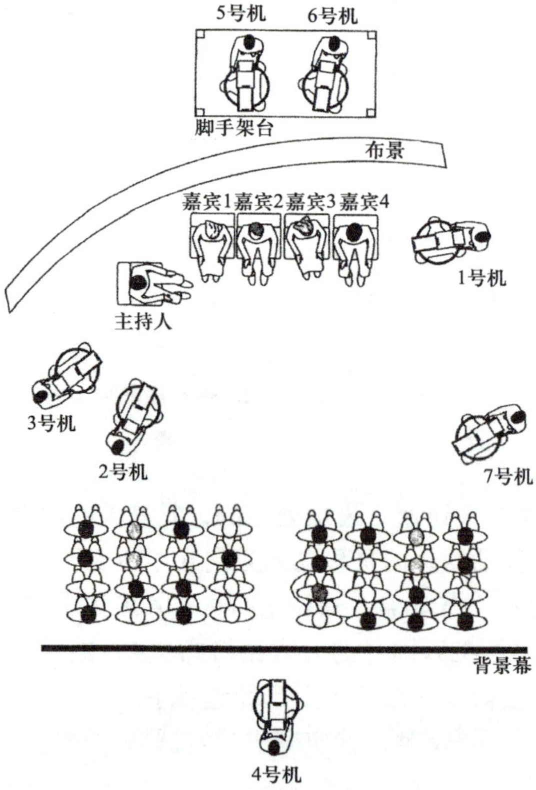

图6-15　谈话类节目的机位布置

1、2、3号机的位置拍摄采访比较方便，可以交叉拍摄主持人和嘉宾。其中1号机主要拍摄主持人，因为它的上面装有提词器。4号机装有很大的透镜，即可以拍摄从大景别到小景别等层次不一的画面，因此适合安置在后排观众席的上面，背景幕的后面。也可用4号机拍一个大全景，画面内容包括观众的背面，主持人和嘉宾，以及他们背后的舞台背景幕；也可以聚焦一组人，或者进一步推到任何一位嘉宾的中近景。5号机和6号机的机位要架得高一些，他们也是安置在观众和主持人的后面。其中5号机用大景别的镜头来拍摄观众，而6号机拍单人画面会更自然一些。7号机可专门拍观众席间的精彩画面，而画面的精彩与否其实还依赖于观众的位置。可以用同一画面表现几个观众的活动，无须用大景别的画面。4、5、6号机都是恰好设在和演播室的中轴线垂直的位置，所以它们拍出的画面大多数都是“中立”镜头，就是说大多数人的视线和摄像机的轴线是一致的。

3. 现场节目制作拍摄的注意事项

1）听从导演的调度，当切换指示灯亮时表明导演正在使用你的镜头，没有导演的指令不要改变镜头，只有在切换指示灯灭时才能调动摄像机。

2）电视访谈节目一般场景固定，画面变化少，但必要时，该推的推，该摇的摇。

3）电视访谈节目的拍摄以中景、近景为主，辅以特写画面。中景和近景比较有利于观众将注意力集中到嘉宾身上，而且可以较好地表现嘉宾和主持的神态和手势。被摄对象手势比较少时，用近景；手势较多时用中景，甚至全景保留被摄对象动作的完整。

4）拍摄的角度以正面拍摄或斜侧面为主，拍3/4人面像时，要完整再现人物的两只眼睛。

5）人物访谈的拍摄一般用平拍，不要仰拍。

6）应该多表现一下参与节目的其他人的反应，注意拍摄倾听谈话对象的反应镜头，包括现场观众的反应镜头，如图6-16所示。倾听者反应的镜头无须太长，但也要有一定的长度，否则观众会以为是误插的镜头。

图6-16　有观众参与的现场节目

7）在拍摄过肩镜头时，前景人物保留1/3左右，镜头焦距不宜太短，防止前景人物和主体人物的变形和大小差异，前景人物明显高于主体人物时不适宜采用过肩镜头。

任务评价

电视节目的制作是一项系统工程，它需要在导演的统一调度下，将各个岗位的操作技能有机结合起来。对于电视访谈节目的拍摄，首先应分配给每个摄像师固定的拍摄角色，再由导演根据现场情况对节目的切换作出灵活的把握。节目一旦开始拍摄，则意味着不可能因现场节目制作中的失误而暂停下来。因此，摄像师能否在第一时间形成正确的判断且迅速实现相应操作是多机位拍摄中的基本技能要求。

对于一些有预演的电视节目制作，在预演中导演会与摄像师不断地相互交流，以便摄像小组中的每一位成员明确自己的拍摄角色和任务。预演过程往往可以提供大量有用信息，帮助摄像师在正式拍摄过程中尽力搜集与拍摄有关的各种信息和细节，并逐渐积累拍摄经验，以便于身处现场时可以从容地抓取稍纵即逝的拍摄时机和最佳镜头。作为一名合格的摄像师应当具有随机应变的能力，可以在数秒之内对现场状况作出正确判断并实施拍摄。

对于电视访谈这类既不能预演也不能事先人为设定的节目，摄像师首先明确自己的拍摄角色和任务，凭借摄像师丰富的节目摄像经验和熟练的拍摄技巧，根据导演的现场要求做出快速的回应。请根据表6-2对任务完成情况进行质量评价。

表6-2 任务评价表

评价指标	具体实施情况
听从导演的调度及时做出回应	
熟练操作演播室摄像机的特殊功能	
清晰理解导演的镜头调度指令并准确操作	
多角度、多景别拍摄本机位负责的人物	
与其他摄像机统调白平衡是否正确	
对焦是否准确	
曝光是否准确	
构图是否符合标准景别要求	
景别运用是否得当	
镜头的运动是否得当	
拍摄角度是否丰富	
拍摄过程中是否越轴	
前后镜头是否协调，与其他机位镜头是否匹配	
同期声录制是否清晰，音量适中	
对摄像布光有一定认识	
具备团结协作精神	

必备知识

1．电视节目制作的种类

（1）ENG方式

ENG（Electronic News Gathering，电子新闻采集）是指使用便携式的摄像、录像设备来采集电视新闻，是人们经常采用的方式。最简单的采集设备就是一台摄像机和一条编辑线。在ENG制作方式中，一般在使用便携式摄录机时可使用肩扛等方式进行拍摄，需要时再加上一名记者就可以构成一个流动新闻采访组，可以方便灵活地深入街头巷尾、村庄山区进行实地拍摄采访。ENG方式由于非常机动灵活，也被其他节目采集素材时大量采用。因此，ENG制作方式也是一种基本的电视节目制作方式。

（2）EFP方式

EFP（Electronic Field Production，电子现场制作）是以一整套设备连结为一个拍摄和编辑系统，进行现场拍摄和现场编辑的节目生产方式。EFP也是电视技术迅速发展的产物，是一种适用于户外作业的电视节目生产方式。EFP需要一整套设备系统，即电视转播车，如图6-17所示，包括两台以上的摄像机，一台以上的视频信号（图像）切换台，一个音响操作台及其他辅助设备（灯光、话筒、录像机运载工具等）。利用EFP方式，可以在事件发生的现场或演出、竞赛现场制作电视节目，进行现场直播或录播。如果电视节目是在事件发展同时播出，可称之为现场直播；如果电视节目是在事件发生、发展的同时进行录制后再播出，则称之为现场录像、实况转播。

图6-17　EFP方式——电视台转播车

不论是现场直播还是现场录像，摄录过程与事件发生发展同步进行，因此现场性特别强烈，这是EFP方式最突出的优点，所以EFP也可称“即时制作方式”。又由于EFP须多台摄像机拍摄，所以也同“多机摄录、即时编辑”的概念相通。EFP是最具有电视特点、最能发挥电视独特优势的制作方式，因此每一个成熟的电视台都将EFP制作视为必须具备的能力。这也使EFP成为了一种广泛应用于文艺、专题、体育等类节目的制作方式。

（3）ESP方式

ESP（Electronic studio Production，电子演播室制作）是指电子演播室制作，主要是指演播室录像制作。由于演播室在设计和建造时预先充分考虑到了节目录制、播出的技术要求，因此它具有高保真的音响效果，完备的灯光照明系统和自动化调光系统，布景中心，录制设备和控制设备等。ESP使用质量最好的固定式摄像系统，如高清晰度、数字化的广播级摄像系统，摄像机的体积和重量不受某些条件的限制，并可架设于有移动轮的液压支撑设备上，使摄像机的操作移动平稳可靠。因此，ESP制作方式技术质量高、特技手段丰富，是一种较为理想的制作方式。

ESP方式既可以先拍摄录制后编辑配音，也可以多机同时拍摄，在导演切换台上即时切换播出。ESP方式综合了ENG和EFP两种拍摄方式的优点，手段灵活，可用于各类节目的制作，如图6-18所示。目前，ESP已成为电视台大、中、小型各类自办节目的主要制作手段。

图6-18　ESP方式——电子演播室制作模式

2. 演播室摄像机

科技的发展使得摄像机体积越来越小巧，然而设备的小型化趋势有利有弊。体积小巧的摄像机装配更加方便，同时还可以被安装在升降摇臂上实现灵活的移动拍摄。相比体积和重量都大得多的演播室专用座机来说，在一些难于放置三脚架的狭小空间里，便携式摄像机的优势显而易见。不过，从操作特性上衡量，尤其是针对画面细节的处理上，便携式摄像机用于现场节目制作时，在控制精度和易操作性上还无法达到演播室座机的水平。另外，便携式摄像机上通常缺乏只有演播室座机才具备的一些高级扩展功能，如寻像器中的游标控制、混合返送监看、更便捷的滤色镜设置以及更细微和精确的镜头移动控制等。演播室座机的功能组件，如图6-19所示。

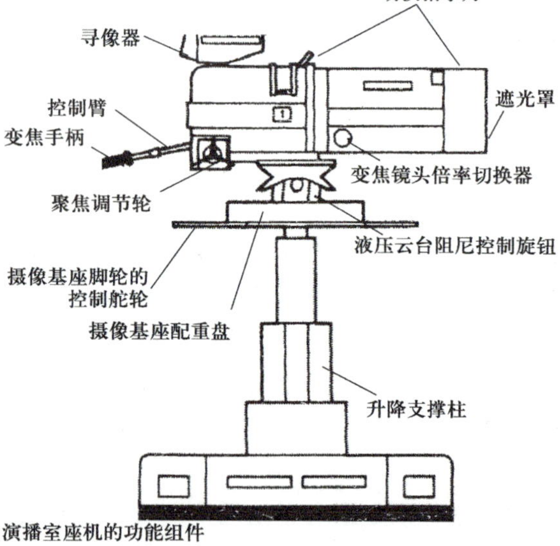

图6-19　演播室座机的外型以及功能组件

大型摄像基座的云台可承载演播室专用摄像机、镜头伺服系统等部件，承重能力高达300公斤以上。要想随心所欲地移动如此沉重的设备，同时还要确保拍摄中良好的聚焦和构图，摄像师必须具备大量的实践经验。在多机拍摄中，摄像师可以借助摄像基座的脚轮前后或横向移动机位，或者通过升降杆调整拍摄高度，如图6-20所示。这些操作的关键是保持稳定且不发出噪音，持续拍摄运动镜头往往需要演播室具有平整的地面。

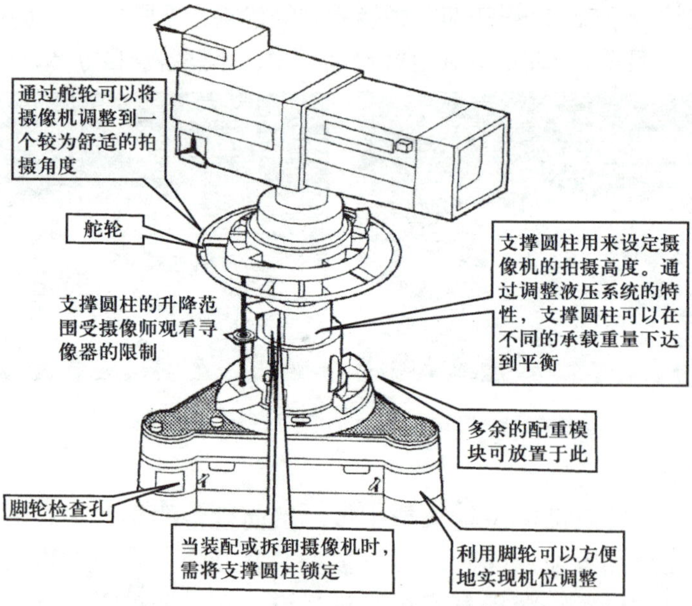

a)

图6-20　演播室座机的操控

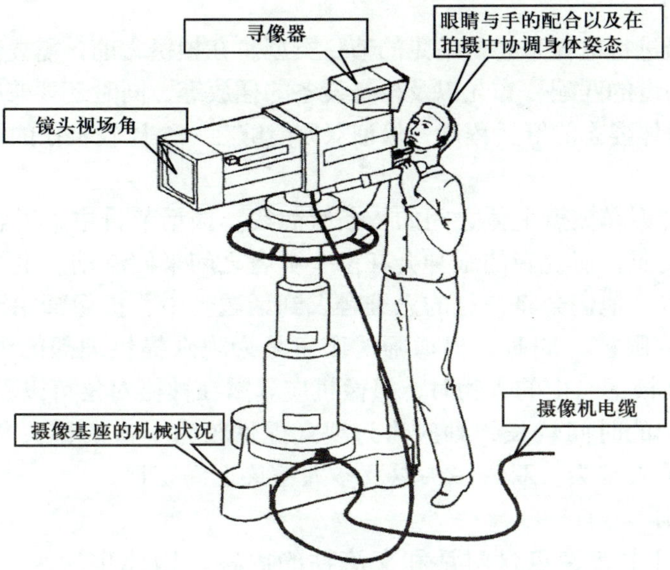

b)

图6-20 演播室座机的操控（续）

3. 多机位拍摄采访节目

在实况转播类、访谈类、综艺类节目的多机拍摄中，当导演在多个机位之间进行切换时，会在画面内容上形成自然流畅的递进变化，这种手法相当于对整个节目进行一次现场剪辑，通过现场切换摄像机的镜头，可以全面、灵活、流畅以及一览无余地记录和再现节目的全过程，录播的节目还要在后期制作中进行精剪，既节约大量剪辑时间，又方便后期编辑人员挑选节目的精彩细节。

在多机拍摄中，任何镜头都不是孤立存在的，每个摄像师所拍摄的画面不仅要符合该机位的角色要求，还要与其前后镜头在衔接上形成匹配，与其他摄像师拍摄的镜头相协调，如图6-21所示，因此摄像师的拍摄必须听从导演频繁发出的机位调度口令。

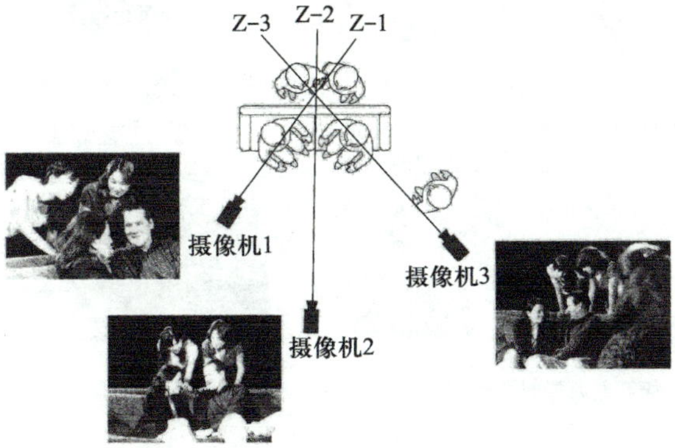

图6-21 镜头要符合机位的角色要求

在非导演性节目的拍摄中，摄像师需要不断捕捉可供导演进行切换的镜头，例如用全景表现事物的概貌，用近景表现事物的细节，这些镜头应当与节目的类型特征相符，以便供导演作出有目的的切换。

（1）准备工作

利用多机拍摄进行电视采访是常见的节目类型。在拍摄之前，需要预先设计好谈话双方的位置、拍摄角度的匹配、布光以及拾音设备的摆放等，同时还要兼顾到被采访者和主持人进行交流时身体姿态的舒适程度，保证双方能够在一个比较轻松的距离上进行沟通。

（2）视线

视线是连接镜头和被摄主体之间的一条假想线。谈话节目中，听者通常会通过各种反应与对方形成交流，而说者的眼神会在多个听者之间来回游动。电视机前的观众是不发言的节目参与者，他们会将自己的思维融入到话题当中。摄像师拍摄的镜头应当让观众察觉到谈话者的眼神。同时，摄像师的职责是为观众提供理想的观看角度和景物范围，因此拍摄正在谈话当中的人物时，摄像机应暴露在被摄对象可以看到的位置。

如果话题持续的时间较长，则应当为观众提供较为丰富的镜头角度，例如不断在双人过肩镜头、单人镜头、双人镜头以及多人镜头之间切换。

（3）标准景别

由于电视节目中普遍包含对话和交流性的内容，因此出现了一些标准景别，如图6-22所示，主要包括：

1）近景：脖子以上的部分。

2）中近景：胸部以上的部分。

3）中景：腰部以上的部分。

4）大近景：人物面部充满整个画面。额头位于画面的顶部，下巴位于画面底部（采访中很少使用这种景别）。

5）全景：画面中囊括了所有的元素。

6）大全景：交代被摄主体以及所处的环境。

7）过肩镜头：画面从一个人的肩上跃过，着重表现另一个人的面部和肩部。

8）双人镜头、三人镜头：根据可以辨识的人物的数量划定。

大近景
人物面部充满整个画面。额头位于画面的顶部，下把位于画面底部

近景
颈部位于画面底部

中近景
身着夹克衫时胸兜以上的部分

中景
腰部以上的部分

全景
画面中囊括了所有的元素

大全景
交待被摄主体以及所处的环境

图6-22　标准景别

多机拍摄的任何一台摄像机在构图的时候必须符合标准景别要求，才能使各摄像机之间的画面切换流畅。

在实际拍摄中，可能会因为导演的要求或限于拍摄条件在此基础上灵活调整。关键是理解不同景别的底边位置，为导演提供满意的镜头。

（4）交叉拍摄

交叉拍摄适用于面对面进行交流的谈话者。两台摄像机分别架设在面向各自拍摄任务的方向，位于另一个人物肩膀附近的位置上。交叉拍摄中，摄像机在各自的位置上既可以从容地拍摄双人过肩镜头，也可以拍摄到单人镜头，如图6-23所示。在拍摄双人过肩镜头时，如果摄像师给出的景别太小，背向摄像机的人物的动作会对面向镜头的人造成部分遮挡。为了作出及时的补偿，需要摄像师调整摄像基座的舵轮方向，迅速横移避开遮挡。

根据节目中参与讨论的人物数量以及他们之间的交流方式，可以采用丰富的镜头表现方式。通过分析参与者之间的连接线，可以得到各种拍摄预案。两个人之间进行的谈话，通常在机位布置上参考三个原则。第一，如果说者将视线从画面左部向右移动，听者同方向移动眼神时则在画面中是从右向左移。第二，景别和视线应相互匹配。第三，所有镜头的方向都应当从两个谈话者的位置连线或延长线的同侧出发，朝向另一侧拍摄。

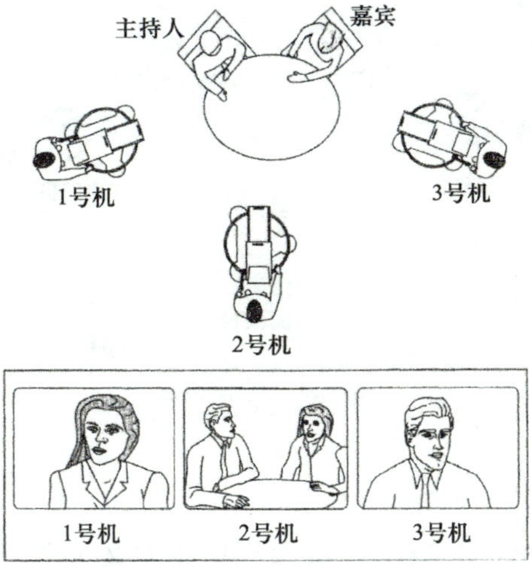

图6-23　交叉拍摄的镜头效果

如在图6-23所示的场景中，1号机位拍摄嘉宾正面，3号机拍摄主持人，2号机则可拍摄全景或移动拍摄转场。

对于一对一的访谈节目，从成本核算出发，使用两台摄像机就可以轻易完成，但使用三台摄像机便可以用第三台摄像机灵活拍摄一些补充画面，如既可以从侧面拍摄单人画面，也可以拍摄全景的画面。

（5）多机拍摄中的相互配合

除了进行机位布置，从事多机拍摄的摄像师既要让自己拍摄的画面和其他机位形成匹配，又要在确保不改变机位的前提下能够灵活实现各种景别的拍摄。拍摄中近景画面时，摄像师应当与其他机位的中近景保持相同的人物头部空间，保证导演切换时镜头间具有相同的视线高度。在交叉拍摄中，只要条件允许，所有摄像师应尽可能使用相同的镜头视场角（这要求他们与各自的拍摄对象的距离相同）。特别是在拍摄过肩镜头时，相同的镜头视场角能够避免不同机位的镜头之间在透视关系上存在差异（例如不同机位拍摄的画面中背景的大小不一致）。当然，要做到机位匹配，还需要在近景拍摄中特别留意各机位间视线高度是否一致。

可以通过摄像机寻像器的混合返送功能判断机位是否匹配。混合返送功能允许摄像师通过寻像器查看从导播间输出的经过切换的节目画面，甚至可以选择导播间其他机位拍摄的镜头。

例如图6-24所示的拍摄环境中，摄像机4位于参与者实现连接线的另外一侧，属于越轴拍摄，当摄像机4拍摄的镜头与摄像机3拍摄的镜头进行切换时，由于前后画面中两个人物的朝向相同，使本来面对面交流的嘉宾A和嘉宾B在观众看来变成了同方向站立。但是如果用摄像机2代替摄像机4，则在切换上就可以避免出现方向上的混乱。多机拍摄中任何机位的调动都必须从整体出发，而不是某个摄像师的个人行为。

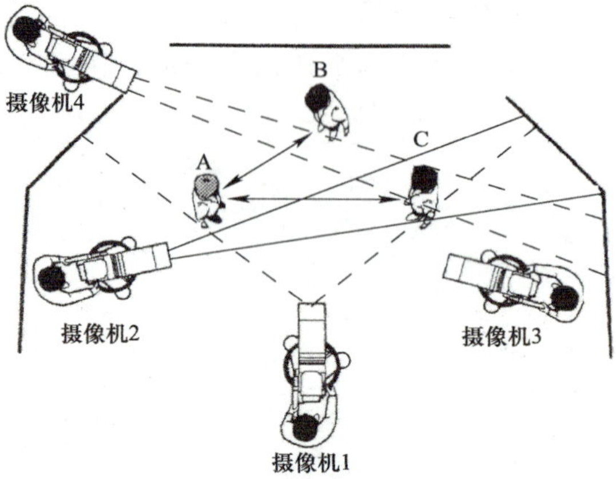

图6-24　越轴拍摄

4. 多机位拍摄前的准备工作

节目拍摄前，导演一般会对技术人员做出以下具体安排：

1）确定负责拍摄主持人的出场镜头的摄像机机位。

2）确定节目进程中是否需要回放插播片段。与各相关岗位明确需要播放的插播片段时的口令，以及确定拍摄现场回放大屏幕的机位。

3）检查所有摄像机的取景范围，确定每台摄像机的主要拍摄范围。

4）协调不同机位之间在拍摄景别上的匹配。

5）检查现场拾音质量和声响幅度。

6）摄像师和导演之间应使用统一的标准景别和镜头调度指令，避免在拍摄中产生误解。使用统一的简称可以加快镜头调度。

7）通常导演会先给出机位编号指令，然后再给出景别指令，如：“3号机位，双人镜头”。

8）摄像师应充分利用预演来熟悉本机位可以拍摄到的范围空间，这样当导演提出镜头要求时，如果时间和条件允许，摄像师就能够迅速告知这些镜头的最佳拍摄机位供导演参考。如果拍摄位置处于现场拾音麦克风和舞台之间，或位于其他麦克风的拾音范围内，则在移动拍摄时，摄像师应特别注意保持静音操作。另外，在移动拍摄过程中，始终要注意自己和摄像机阴影的投射位置和方向。

9）在预演中，利用拍摄间隙调整摄像机机位时，应当特别加以确认。采访和谈话类节目的随机性很强，现场直播中，几乎没有在拍摄间隙进行机位变换的可能，如果镜头外的嘉宾突然发言，就需要1～2台摄像机迅速调整机位实施拍摄。在直播过程中，确实需要改变拍摄机位时，导演会向摄像师询问机位调整所需的时间。富于经验的摄像师的应答总会比实际估算的时间多出一点，为应付意想不到的情况留有余地。

5．辅助设备的使用

（1）混合返送寻像器

摄像师可以控制寻像器在多个画面间进行选择性显示。这些画面包括摄像机本身拍摄的图像，以及来自演播间其他机位通过混合返送系统输入到本机寻像器的图像。混合返送寻像器还可以显示来自导播间经过导演切换的图像，以及经过字幕叠加等处理后正式提供频道播出的节目图像。在摄像机的俯仰控制手柄上，专门备有对图像进行切换的按钮。另外，摄像师还可以通过安装于寻像器或摄像机侧面板上的切换开关调整画面来源。在非导演性节目中，“切换图像”对于让摄像师了解其他机位的拍摄状况、进而实现摄像机之间的镜头匹配具有重要作用。例如在赛车转播中，摄像师可以在赛车驶入拍摄范围之前，通过寻像器查看“上游”机位拍摄的画面，以便在极其短暂的准备时间里，提前了解到当前的车辆排名和行驶道位。在车辆飞速驶入本机位的拍摄范围时，摄像师就可以相对从容地迅速抓取到领先车辆的中近景镜头。

拍摄中要注意寻像器的角度调整。当摄像机位于最低拍摄高度时，寻像器角度需要倾斜向上，而当摄像机升至最高位置时，倾斜向上的寻像器可能会在演播室灯光照射下产生强烈的反光，如图6-25所示。

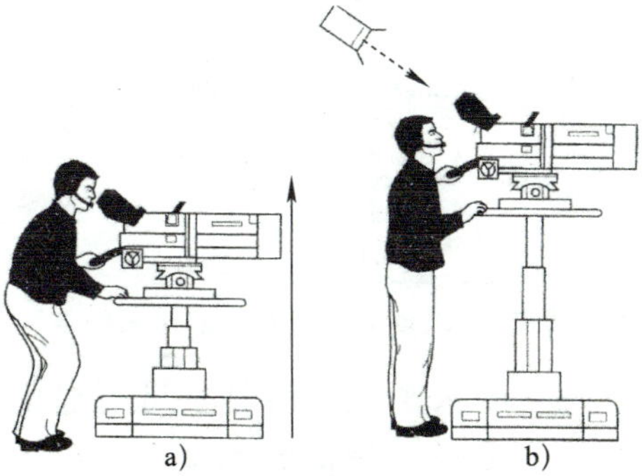

图6-25　不正确的寻像器角度

要避免这种情况出现则应把寻像器角度调整至向下倾斜，在低角度拍摄时摄像师操作会比较困难，但随着摄像机的抬升不适感逐渐消失，如图6-26所示。

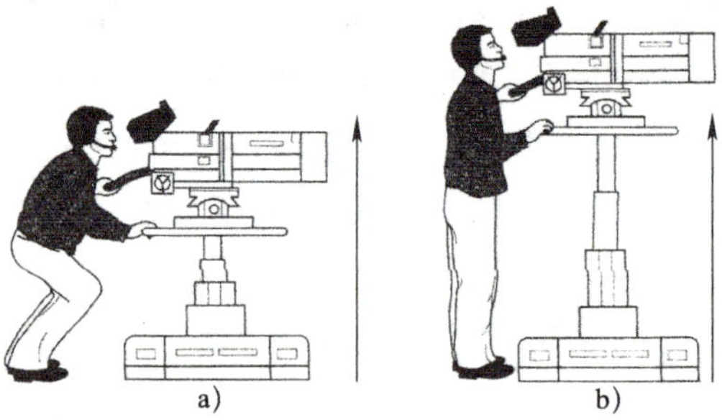

图6-26　正确的寻像器角度

（2）通话系统

多机拍摄中，通话系统就如同连接各个环节的神经网络。没有通话系统的帮助，摄像师会完全脱离节目制作的整个团队。多机拍摄的每项工作都可能会涉及位于不同岗位的工作人员，拍摄进程中随时需要相互沟通。导演必须借助通话系统协调各工种的操作，才能保证拍摄进程有条不紊。

导演在整个节目制作团队中掌握着组织和调度的权利，并利用通话系统告知各个岗位节目的进程。导演会始终头戴对讲耳麦，频繁向各岗位传达指令，例如要求摄像师调整景别，通知导播进行切换等。与此同时，大量信息从各个岗位反馈给导演，如图6-27所示。

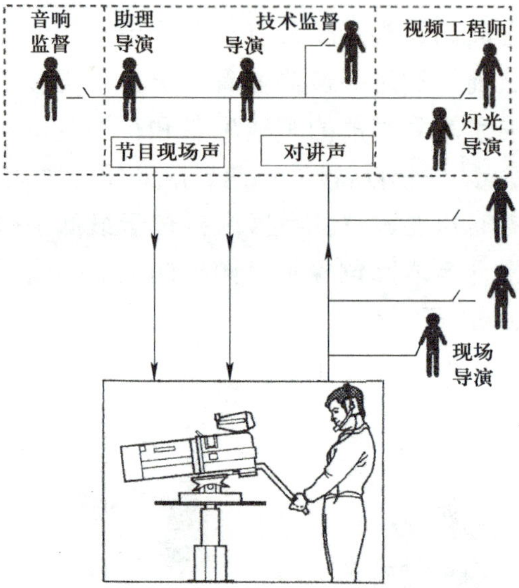

图6-27　现场节目制作对讲系统

摄像师通过连接在摄像机上的头戴式对讲耳麦进行通话。所有摄像师的对讲装置均被连接到一个专用通道，该通道还与导播间的视频控制人员和灯光师的对讲装置相连，再加上导演对讲，三种通话声音会混叠在一起。初次带上对讲耳麦，在通话系统的协助下从事拍摄，很可能会被大量的指令和密集的信息弄得不知所措。摄像师应积累经验，从众多信息中筛选出和自己有关的内容。

几乎所有对讲通道都与导播间连通，因此与导演或导播间里其他工作人员通话时，选择适当的时机至关重要。切忌打断他人正在进行的通话以及导演告知全体制作人员的指令。摄像师在呼叫导播间之前，先做短暂的等待，确定没有其他人正在对讲，再呼叫自己的通话对象。通话过程中用语要尽量简洁。

对讲中需明确前后左右的概念。如果导演的指令包含有“画面左侧”这样的词语，则一定是指与摄像机的拍摄方向同向站立时的左手边方向。实际拍摄中需要注意的是，主持人面向镜头时，摄像师的左手边方向对于主持人来说则是右侧。“向前走”是指接近镜头，“向后走”则是远离镜头。常见镜头调度指令，如图6-28所示。

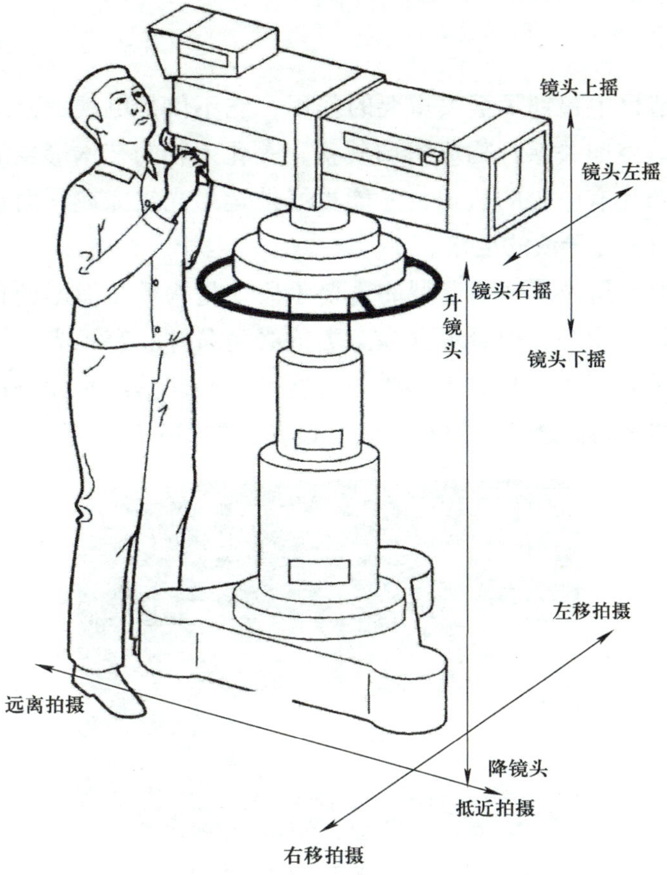

图6-28　镜头调度指令

演播间中，参考画面监视器通常会面向舞台放置，以便主持人等演员方便地观察到自己在镜头中的效果。这时面向监视器的被摄人物会发现屏幕中显示的影像与照镜子时的成像正好相反。镜像是水平反转成像，而摄像机镜头拍摄的则是正像。日常生活中，人们习惯于面对镜子整理自己的衣冠，但是当面对参考画面监视器中的正像时，就会很不习惯。如果在拍摄中参照监视器做出位置和姿态调整时仍然凭借日常经验，则必然会在方向上背道而驰。

(3) 切换指示灯

多机拍摄中使用的摄像机一般都会在机身和寻像器上配有切换指示灯LATTY。当导演在切换台上选中某个机位时，相应摄像机的切换指示灯就会立刻亮起。这种在切换台和摄像机之间形成通信的切换指示系统作为多机拍摄不可或缺的部分，不仅对摄像师，而且对参与节目制作的所有人员都起着至关重要的作用，它能够随时提示当前哪个机位正处于切换状态。

摄像师应当对切换指示灯的状态具有一种本能反应，一旦切换指示灯亮起说明该摄像机处于切中状态，摄像师就要立即中止任何不必要的调整工作，应当按照导演的要求准确无误地实施拍摄，服从导演的镜头要求。当导演正在切中其他机位时，摄像师应迅速做好下一个镜头的拍摄准备。

6. 布光方法

灯光效果在节目中起到了至关重要的作用，它不仅是电视画面造型艺术的基础，而且还起到了表达空间关系，构成情调气氛，美化人物的艺术形象的作用。作为摄像师需要对演播室布光有一定的认识，才能更好地运用光线完成画面造型的任务，保证镜头所拍摄的画面符合导演的要求。

在电视摄影中，用光是画面造型的重要手段，是构成画面影调色调、渲染气氛、美化画面、突出视觉中心、引导观众注意力的必备条件。有了光，物体才显示形态、颜色、质感；有了光，才能刻画人物的外貌特征、心理情绪和性格特征；有了光，才能描绘环境空间和时间概念。演播室的灯光设备，如图6-29所示。

图6-29　演播室的灯光设备

光源分为两大类，一类是来自大自然的太阳光，称自然光；一类是属于人造的光源，大部分属于电光源，即各种类型的照明灯具，称人造光。人造光的运用不受时间、天气、季节、地理位置等自然因素的制约，从光的选择到照明方向、高度、光线强弱、明暗反差等各种光位、光效的控制与运用上都具有广泛的灵活性。

由于人们的视觉习惯深受自然光的影响，在人造光的运用中，必须遵循自然、合理的原则，以自然光的规律、特性为依据，力求光线效果逼真，符合自然规律。在模拟自然光照明效果的基础上，可以进一步灵活利用各种灯具的照明条件。根据节目制作的需要，还可以通过对色温、色调、光影等因素的充分调动来渲染营造光线气氛和意境，刻画心理情绪特征，在节目制作中，发挥更大的优越性。

（1）人造光的灯具种类

人造光（即各种照明灯具）的运用称为电视照明。电视照明的灯具类型按色温分，有高色温灯具和低色温灯具。高色温灯具接近太阳光的颜色，色温系数为4500K～5500K，这类灯具温升低，发热量小，也称为冷光源。低色温灯色温系数为2800K～3200K，例如：钨丝发热的碘钨灯、溴钨灯，这类灯具温升高，发热量大，也称为热光源。人造光照明灯具主要有卤钨灯、镝灯、荧光灯和电瓶灯等，如图6-30所示。

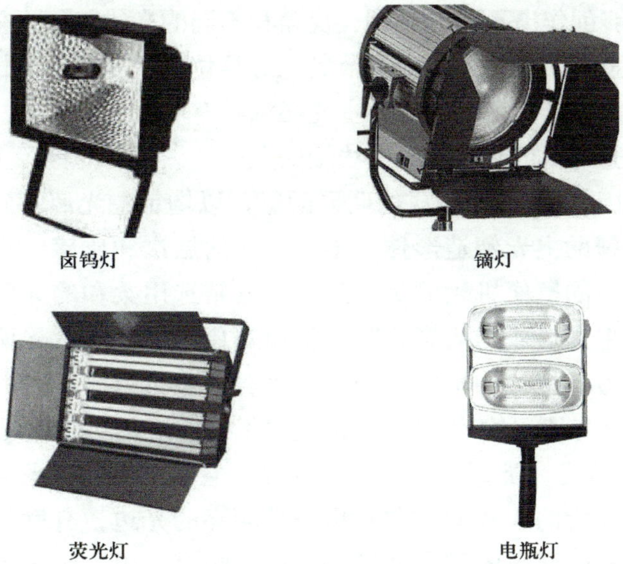

图6-30　人造光照明灯具的种类

卤钨灯以钨丝作为发光材料，色温一般在3200K左右，属于低色温灯，具有携带、使用方便的优点，在电视新闻的拍摄中适合于面上照明，也称为“新闻灯”。

镝灯也称为金属卤素灯，色温4500K～6000K，为高色温灯，具有体积小、亮度高、色温和显色性能好的优点，常用作外景拍摄时辅助自然光的照明光源。

荧光灯以荧光粉为发光材料，能发出柔和的漫射光，亮度分布均匀，通常需要多个灯管组合作为面光源使用，或作为一种补充的照明与其他灯具一起使用，色温有2900K的暖白色、4500K的冷白色和5600K的日光色等类型。

电瓶灯也称便携式新闻灯，它的光线属于聚光性质，照距远，光线硬，明暗反差大。它轻便灵活，能以手持方式配合摄像机做各个方向、各种角度的照明，特别适合于新闻采访时的外景拍摄辅助照明和用作内景拍摄时的主光源。

随着照明技术的创新和发展，新的灯具不断出现，电视节目拍摄中采用的照明方法也在不断改进。如尼龙伞灯、反光无影灯、柔光灯、反射器等广泛应用，这些灯具的特点是光线柔和均匀，阴影不明显，能达到散光照明的效果，有效地减少了人为布光的痕迹，使电视画面更加逼真自然。

（2）人造光的种类

各种人造光照明的光源因光线性质不同，造型任务各异，可构成主光、辅助光、背光、轮廓光、背景光等不同的光种；因选择照明位置不同又可以形成水平方向、垂直方向的角度变化，构成正面光、侧光（正侧光、前侧光、后侧光）、逆光（正逆光、高逆光、低逆光）、顶光等不同的光位。因照明距离的变化，还可构成亮度强弱不同的光效等。

1）主光。即照明中最明亮的、起主要作用的光源，是表现环境和刻画人物形象的主要光线，也称塑形光。主光一般常以直射光从顺侧位照射居多，能较好地表现被摄对象的立体感和质感，主光确定后就决定了画面的整体光效和气氛，可以与不同亮度的辅助光配合使用，能够创作出不同的影调、反差和不同的光线气氛、效果。主光的强度决定着摄像机所用光圈的大小，并成为调节其他灯具位置、亮度与光比的基准。由于人们习惯的日光光源（太阳光）来自上方，主光必须具有明显的方向性，通常设置在拍摄对象的上前方（或侧上前方）即摄像机中线轴向上30°～45°的位置上。

2）辅助光。用于减弱主光造成的明显阴影，以增加主光照不到的那一部分位置的画面层次与细节，帮助主光塑造形体，丰富画面的层次和质感，也称为副光。辅助光应位于与主光相对应的摄像机轴的另一边，灯具常选用柔和的无明显方向的散射光或反射光，用来减弱主光形成的阴影，降低被摄对象受光面和背光面的反差，提高背光面影响的造型表现力。传统的辅助光一般都来自摄像机方向，它的亮度低于主光，主光和辅助光的比值（光比）约为2:1，光比决定了被摄对象的影调反差和层次。

3）轮廓光也称背光，类似自然光种的逆光。它从被摄物体的背面方向投射过来，沿着物体的边缘或人物的头和肩部勾勒出一道明亮的光边，有助于将拍摄目标与背景分开，突出主体，确立画面的层次关系和立体清晰度。由于轮廓光的造型效果突出，有条件时应尽量安排使用。背光通常使用聚光灯照明，直接置于被摄对象的背后或稍高的地方。有时，人们使用反射光作为轮廓光，形成较柔和的背光。为了有效地突出画面的立体造型，轮廓光的强度通常应控制在至少等于主光的强度水平上甚至更大。

4）环境光。背景光是用于照明拍摄对象周围环境和背景的光线。它的作用是消除背景上的投影，使被摄对象与背景分离，突出主体，形成画面空间的真实感，还可以表现特定环境、时间或营造某种特殊的气氛和制造画面基调。例如表现明亮的白天或黑暗的夜晚以及明朗的感情色彩或深沉忧郁的情绪特征等。运用环境光时应注意避免对主体布光效果的影响，环境光的强度一般以主光的1/2或3/4为宜，过亮的背景会减弱前景主体的相对亮度，造成喧宾夺主的感觉。

5）装饰光。装饰光又称润饰光，用于弥补各种光线照明的不足或修饰某一特殊强调的局部，例如用于照亮头发、服装、道具，以表现其某些特点和质感。装饰光能减弱从主光到辅助光过渡之间局部细节的生硬反差，增加画面的中间影调，对光线的整体效果起到润色、调节作用。装饰光适宜使用发出小光束的聚光灯，其光束的大小可以根据修饰范围作出调节，因为只是用于对局部的、相当有限的范围的修饰，应特别注意防止它对其他光线照明效果的干扰，必要时要做适当的遮挡。

6）眼神光。眼神光是指使人的眼球能在光源照射下反射出光斑的光线。通过产生在人物眼球上的小光斑使人物目光炯炯有神、明亮而又活跃，是表现人物近景或面部特写的点睛之笔。特制的眼神光灯是一种发光功率小、光线柔和且照射面积较大的灯具，它在摄像机的位置上近距离正面拍摄人物特写时使用，足以使眼睛产生较亮的反射光点，同时照亮眼窝周围的阴影，又不会影响其他光线效果。眼神光的形状应该大小适中而圆，位置应当处于瞳孔的偏上侧，数量以一点或两点较好。

（3）电视布光的方法

人造光的运用称为布光，它比自然光的运用有更复杂多变的组合因素，也有更灵活多样的布光方式和方法。在布光过程中，应按照不同类型节目的需要和拍摄现场照明的实际条件，选择合适的光源，并通过不同数量、不同光种灯具的灵活组合，以主体表现为依据，合理调整各类光线的强度和位置，正确布光。

1）一点布光法。一点布光法又称单电源照明，在拍摄中只使用一个照明灯具作为光源。单电源照明一般都采取正面布光，因为在正面光照射下的被摄体使人感到明亮，其正面形态能得到充分的表现。正面光能减少物体表面凹凸不平，当照到人物脸上时，能够掩饰皮肤的皱纹和松弛，从而使人显得年轻。因此，新闻节目大部分都采用正面布光方法。单电源照明简单方便，适合在拍摄准备时间紧迫或现场布光条件有限如一些新闻采访的场合中应用。在新闻节目的采访现场，通常使用一支碘钨灯或电瓶灯从适当的角度照明，便足够照亮被采访人物以及相关的景物。一般，灯位在垂直方向上略高于摄像机，在水平方向上要与摄像机有一定的夹角，约为15°度为宜，如图6-31所示。

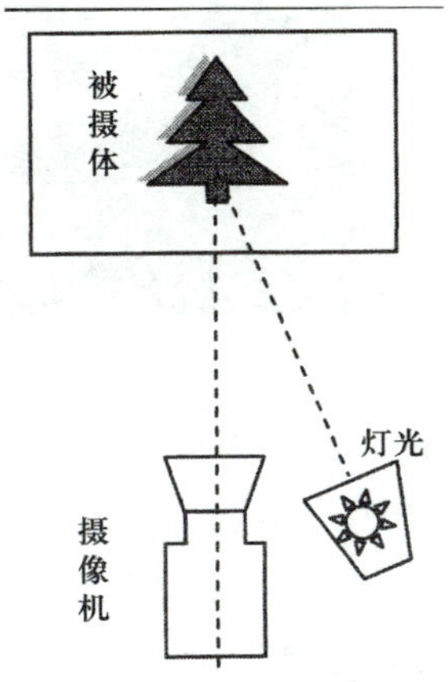

图6-31　一点布光法

2）两点布光法。两点布光法又称主辅光照明，即在拍摄中使用两个照明灯具布光。一般以一台灯作为辅助光源用来打底，为被摄对象全面布光，将其置于摄像机一侧15°左右的位置；另一台作为主光源，放置在摄像机的另一侧的45°～60°的位置。在垂直方向上，主光与摄像机成45°左右为宜，辅助光与摄像机高度基本一致，其光位示意图如图6-32所示。两台灯布光中，也可以将主光和辅助光位置调换，主光与摄像机在水平方向上成15°，而辅助光与摄像机在水平方向上成45°～60°，其效果是使亮部面积增加，暗部减少。两台灯布光方式下，高光、过渡和暗部都有所表现，拍出来的画面调子很清楚，有很好的整体造型效果。

图6–32　两点布光法

3）三点布光法。三点布光法也称三光照明或三角形布光，是摄像中传统的最常用的布光方法，由主光、辅助光、背光组成，如图6–33所示。由主光确立被摄物体的形态，辅助光增加柔和的层次，减弱主光造成的阴影，背光则把被摄物体从背景中分离出来。三种光线分别置于一个基本的位置，各司其职，共同体现画面的空间感和立体感。

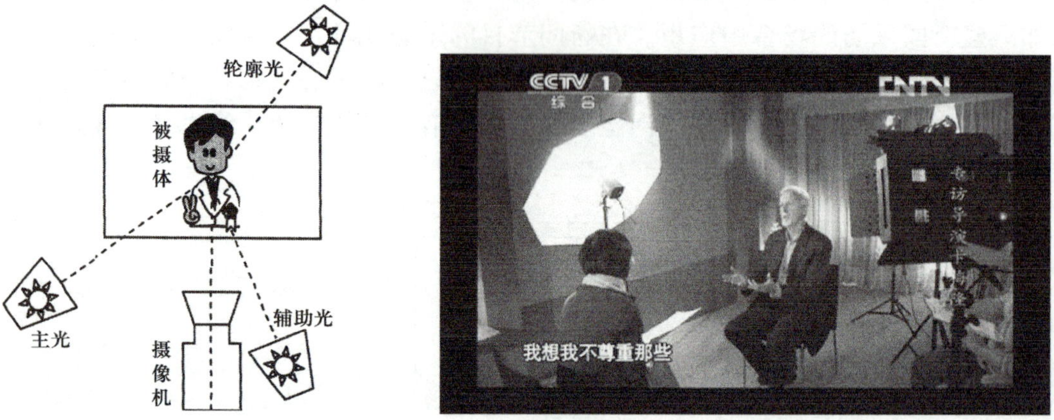

图6–33　三点布光法

其中主光、辅助光、轮廓光的灯具以及位置、亮度之间的关系均按造型效果应遵循的原则配置。主光强、辅助光就弱，主光左、辅助光右，主光高、辅助光低，才能有效消除主光造成的阴影，创造细腻、丰富的中间层次和质感。轮廓光的布置可以根据主光和辅助光的位置决定其高低和正侧。

主光、辅助光、轮廓光的光比设置，习惯上沿用1:0.5:（1.5～2）的比例标准，即以主光为基准，辅助光的强度为主光的1/2，轮廓光为主光的1.5～2倍，并把它作为一种理想的模式。这是因为如果主光太暗或辅助光过亮，画面造型效果就会削弱；而轮廓光过弱则主体与背景无法分离，画面缺少立体感和深度感。然而在实际操作过程中，并没有一个绝对不变的模式，应根据拍摄场景在摄像机取景器中所反映的实际情况对光效需求做出判断，视光比变化需要，依照明意图而定，使三光照明达到平衡的关系。

一般情况下，在水平方向上，主光与摄像机间的夹角为45°～60°为宜，辅助光与摄影机的夹角为15° 为宜，轮廓光一般与主光相对，即与主光间的夹角为180° ；有时也可将主光与辅助光的位置对调，即主光与摄像机夹角为15° ，辅助光与摄像机夹角为45° ～60° 。在垂直方向上主光高为45° ，辅助光与摄像机同高，轮廓光与水平面夹角以30° 为宜。当轮廓光作为隔离光和美化光时，也可以不考虑主光和辅助光的位置关系。

4）全面布光法。安排好主光、辅助光、轮廓光后，就确立了最基本的照明基础光。然而，为了营造更全面更理想的光线效果，还需要使用更多的辅助光源，其中很重要的一种辅助光源是环境光，还有适应各种局部照明所需要的其他装饰光、眼神光等。

7. 节目制作团队的团结协作精神

演播室多机位拍摄的工作效率是以每个岗位确保出色完成自身工作为基础的。在这个节目制作团队里，全神贯注、精力集中是对所有工作人员的基本要求，无论灯光、音响、视频、切换等所有岗位的工作人员应始终保持密切配合，从确保节目制作质量的角度出发，顾全大局、做出正确判断，避免出现任何失误导致影响到节目的整体效果或拍摄进度。例如：要确保节目录制的声音效果，就需要摄像机尽量避免机位移动。同样，在最佳拾音位置上架设麦克风应注意取景范围内不能产生阴影。例如：如果从画面构图出发，摄像师应当在画面中预留足够的人物头部空间，但这可能导致录音师无法控制拾音麦克风接近被摄人物，因此从全局出发，这种镜头是失败的。每个人都希望在自己的岗位上发挥最高的技术水准，然而现场节目制作强调的是团结协作精神，真正意义的高水平是在高效率高质量完成本职工作的同时充分确保为其他工种创造有利的条件。

在摄像岗位中，摄像师之间的协调配合能力是决定最终拍摄效果的重要因素，是需要摄像师们同心协力共同完成的工作，摄像师应全面积累各相关工种的专业知识和技能，当各工种间发生业务上的矛盾时，在自己的职责范围内适度做出有针对性的让步有利于提升节目整体的制作效率和效果。

任务3　掌握电视专题片摄像

任务情境

建华所在的新闻部门正在策划一条新闻专题片，编导已选定了主题并制定了初步的拍摄脚本，编导正在物色合适的摄像师。建华跃跃欲试，他找来大量专题片观摩学习，掌握了大量相关的理论知识。他了解到，拍摄专题片时摄像师应能看懂分镜头剧本，能根据编导的设计意图修改分镜头并进行拍摄；在拍摄过程要具备编导意识和编辑意识，用镜头画面再现真实的故事；要有捕捉感人细节的能力等。虽然这些对于建华来说是个挑战，但他在汲取了丰富的知识后满怀信心地参加了应聘，终于成功获得了参与拍摄的机会。这个机会来之不易，为了能出色地完成拍摄任务，建华抓紧时间强化自己的实践经验。

任务分析

作为一名摄像师，如何拍摄一部专题片，并采集好的素材，要把握好以下5个原则。

1．注重真实

电视专题片要求“真实地再现真人真事”，真实性是它的本质特性。在专题片的拍摄中，拍摄者应根据事先确定的主线进行取舍，选择一些与主题密切相关的事件，抓住富有揭示意义和价值的镜头，对一些必要的事件进行深入的拍摄，用画面反映拍摄对象的内部世界，表现事物的独特个性。从拍摄角度出发，应该注重两个方面的真实。

一是主观真实，主要是指专题片编导对现实和人生的思考和观察方式，编导在片子中流露的情感必须是发自肺腑的真情实感，是被拍摄内容所感动的情感的真实表现，只有带着真实的情感才能够拍摄出更加真实、感人的画面。

二是客观真实，也就是说专题片中传递的信息必须是真实的，包括时间、地点、人物，以及事情的来龙去脉必须准确无误，哪怕是一些画面的再现，也必须符合现实规律，是现实生活中可能存在的事。在专题片《沙与海》中，作者在拍摄沙漠中的牧民刘泽远时，多次运用近景和特写镜头给老刘那张“像刀刻的一样”的脸来张特写，那脸上布满了长长短短深深浅浅的皱纹，在风沙中毫无光泽，这张脸显然是经过风吹日晒和沙子打磨过的。而在拍摄黄海井蛙岛上的渔民刘丕成一家的时候，则突出脸上古铜色的光芒。这种对比，完全符合当事人的身份和生活经历，因此具有可信性，如图6-34所示。

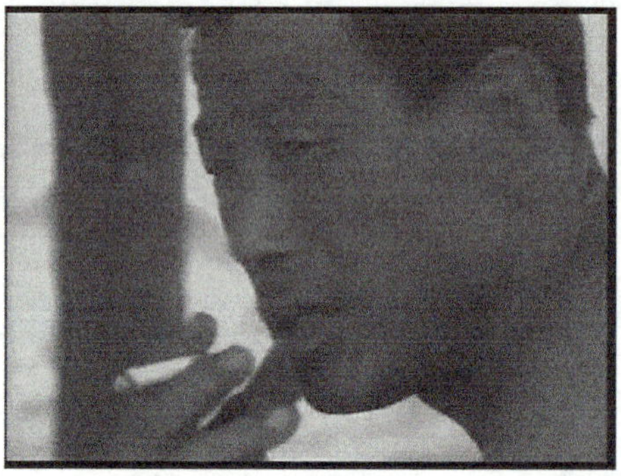

图6-34　电视专题片《沙与海》

真实是电视专题节目的生命，电视专题片所反映的生活内容必须以客观事实为其直接原型，同时应尽可能在保持原有生活内容感性真实的基础上努力表达出蕴涵在生活内容中的本质真实。尽管电视专题片在表现手段和方法上有较多的艺术创造，但在表现、描绘实际生活和实际生活中的人物及其相互关系上，不应失去它的根本属性——真实性。因此在拍摄的过程当中应牢记拍摄真实的素材，讲述真实环境中的真人真事。

2. 注意细节

所谓细节是指在电视屏幕上构成人物性格、事件发展、社会情境、自然景观的最小组成单位。社会情境和人物性格的完整屏幕体现，往往是由许多富有生命力的细节所组成的。细节在述事、写人、描景、抒情等各方面都有不凡的表现力。摄像师应该通过富有生命力的细节渲染情绪，追索生活底蕴，以充满诗情画意的、深沉含蓄的生活细节来震撼观众的心灵。

电视专题片能否吸引观众并与观众产生共鸣，在于环境特征和人物性格的细节刻画，只有通过栩栩如生的人物形象，色彩鲜明的画面，生动感人的生活场景才能达到“表现情、蕴含理”的效果。典型的细节能够以小见大，起到画龙点睛的作用，具有对揭示主题有最大的视觉价值、刻画人物性格、揭示人物心态、传达情感的力量、构筑全部作品、展示人物关系等作用，从而给观众留下深刻的印象。

获得中国新闻一等奖的专题片《难圆绿色梦》，与其善于捕捉细节是分不开的。比如描写沙漠化的严重时，用鸡毛掸子拂一下床单，扫出厚厚的尘土，扫过的地方与没扫的地方颜色对比十分鲜明；一只羊踮起后腿，抬起前腿，直着身子去吃树上的叶子，因为地上寸草不生了；植树老人徐治民看到他引以为豪的树王被砍，用拐杖去戳树桩上的积沙，表现心中的酸楚与痛苦；政府为植树老人立的碑，记载了老人一生植树治沙的业绩，却有三个字被人打掉了。这些精彩的细节在节目中比比皆是，都有强烈的视觉冲击力，给人留下深刻印象，因此成为难得的佳作，如图6-35所示。

图6-35　专题片《难圆绿色梦》中的画面

3. 重视过程及偶发事件

电视专题片中最重要、最生动的部分就是事件的过程，没有过程，就没有了魅力。观众想要看到的是一个完整的过程而不只是一个简单的结果，尤其事件类专题片对整个过程的展示就更加重要。在拍摄过程中要格外关注偶发事件的拍摄，在拍摄过程中随时会出现编导事先估计不到的意外情况，这些事先根本没有预料的情况往往是最可贵的，会成为一部片子中的精彩内容。如经典专题片《沙与海》中有一个被中外专家一致叫好的镜头，就是刘泽远的小女儿在沙漠中独自一人游戏的这一段，如图6-36所示。这本来是一个很偶然的场景，但是摄像师很好地拍摄到了这一偶然的场景并使其成为了作品的闪光点。在刘泽远大女儿沉默的镜头之后，衔接了小女儿在沙丘上天真地戏耍的画面，小女儿的画面使大女儿的沉默得到了延伸，小女儿的今天不正是大女儿的昨天吗？小女儿一个人在沙丘上奔跑、跪地戏耍，一会儿把鞋子扔到沙丘之下，一会儿又从沙丘上滑下，这正是一个孩子在缺乏玩伴而孤独时自己寻找乐趣的体现，让观众看到了大女儿曾经的孤独，这使大女儿的沉默有了更为丰富的内涵。

图6-36　电视专题片《沙与海》中的画面

除了要拍摄好有利的偶发事件外，还要处理好一些不利的偶发事件。在专题节目的拍摄中，常常会遇到现场情况突然发生变化使得预先制定的拍摄方案无法进行的尴尬情况，这就要求摄像师在拍摄过程中要有随机应变的能力，遇事沉着冷静，随时能够掌控大局。

4. 合理记录同期声

同期声是指拍摄画面的同时记录下来的原始声音，它包括画面人物所说的话，画面中环境发出的原始声响等。同期声在电视专题片中具有举足轻重的地位，它能使画面的内容进一步具体化和确定化，渲染了画面氛围，使画面所要表现的内容更加具体，从而让观众更易于理解感受画面的内涵，进而较好地实现预先设计的创作意图。例如，在观看战争题材的电视专题片时，那真实的战争场面，形象真切的大炮声、飞机声，马上就把观众的意识拉回到当时的年代。

同期声的运用是否合理，对一部电视专题片的成败起着非常重要的作用。运用同期声要从整部片子的内容需要出发，把真实性与艺术性结合起来考虑，要仔细选择，切忌杂乱，从而达到艺术的真实。街头嘈杂的喧闹声、建筑工地刺耳的施工声，虽然都是真实的，但如果不是刻意去表达这种声音，应尽量压低或不用，因为它不能给人以美感。所以，记录同期声时应注意“有效同期声”与“无效同期声”的区别。在实际拍摄中，这两种声音常常是并存的，如果不注意加以区分，致使噪声过大，喧宾夺主，有效同期声就得不到充分表现。

5. 注重素材的全面性

一部专题片需要大量的素材。为了避免在后期编辑的时候出现素材不足的困难局面，摄像师在拍摄时就一定要尽可能全面地拍摄素材。除了完整地拍摄事件的过程外，还要拍摄足够多的空镜头和转场镜头。摄像时拍的有效镜头适当地多些，后期编辑选择的余地才大。摄像师一定要谨记自己拍摄的素材必须满足片子所需的镜头数量，但素材的全面不等于见什么拍什么，需要有选择地进行拍摄，确保拍摄的是后期可以使用的镜头。

作为摄像师，如何确保素材的全面性是需要认真思考的。例如涉及“统计数字和增长速度”方面的内容，光用文字语言来表述，给观众建立的形象是抽象的。如果采用形象直观的图形数据，就可以把许多文字表达不清的内容形象化、具体化，这时候摄像师就需要收集数据图表类的素材进行拍摄。涉及为主题提供论据资料的时候，拍摄一些法律条文、政策法规、合同文件等材料能起到很好的效果。总之，为了更好地制作一部专题片，摄像师要开动脑筋，千方百计地拍摄和收集全面、高质量的素材。

任务实施

1. 拍摄前的准备

1）熟悉拍摄内容：首先摄像师要跟栏目策划人员充分沟通，对拍摄的文字稿本进行详尽分析，明确拍摄的主题和专题片的风格，事先做好拍摄计划。其次要与编导协调制定好分镜头脚本，确定片子所需要的细节镜头大概有多少。对拍摄的内容要十分熟悉，知道拍摄什么，如何去拍摄，怎样拍摄出需要的细节镜头等。摄像师在开机前一定要做到心中有数，只有这样才能向观众交代清楚你所要表现的东西，才能够让观众看得清、看得懂。

2）熟悉拍摄场地：摄像师到达现场首先要了解拍摄场地的环境、背景、光线情况，根据选题需要选择摄录设备，如镜头、话筒、支架、偏光镜和滤色片等。还要设计摄像机的机位和角度，架设灯光照明，调整白平衡、曝光、聚焦等参数，做好开拍前的准备工作。

2. 拍摄中认真落实拍摄脚本

摄像师在电视专题片的拍摄过程中要认真落实拍摄脚本，注意拍摄神情、动作、物件、环境、声音等细节，同时要注意观察，随时捕捉生动感人的细节动作。

1）注重选择具有感染力的典型细节。所谓典型细节，就是最有代表性、最能说明问题本质的细节，典型细节一般有蕴藏力和折射力，具有普遍性和代表性，一经运用，就能使作品的内容更突出、更鲜明、更深刻。因此，要围绕主题选择细节。细节刻画是专题片中纪实美的重要体现。一个细节能否运用，先要放在主题背景下加以考察，要选择那些能说明主题、深化主题的细节。例如在专题片《龙脊》中有一段关于爷爷陪孙子考试的细节描写，如图6-37所示。爷爷在教室外看孙子考试，不知不觉中爷爷走进了教室。这是一个很不起眼也很平常的简单事件，但是摄像师并没有放过这一细节，很好地把这一幕拍摄了下来，生动地表现了老人心底蕴藏着对知识的渴求和对孙子的无限希望，这是一个非常感人的个性显示。

图6-37　专题片《龙脊》

2）寻找具有强烈视觉冲击力的细节画面。视觉冲击力主要是从受众角度考察画面给人的视觉感受。例如专题片《死囚的忏悔》中，有一个镜头推近囚犯的头顶，光光的头皮上一根头发垂在耳后（定格），画外音是犯人的自白：“进来时剃光了脑壳，不知怎么留下了一根，让我想了几天，也许是上天为我留下了一丝希望”。摄像师敏锐地抓住一根头发，一句自白，一丝表情，巧妙地揭示出罪犯愚昧侥幸的心态。

3）要对拍摄现场进行仔细观察。不要只把目光盯在主体身上而忽视周围事物的存在，要在平凡的事物中发现不平凡的东西，捕捉具有典型意义的画面细节，努力做到用细节感动观众。例如：专题片《母亲》中有这样一个细节，主人公像往常一样，煮了一碗菜泡饭，然后坐在桌前开始吃那再简单不过的一顿饭。这个看起来平淡至极的生活细节，摄像师给予了从中景、近景到缓缓推至特写的一系列匠心展示，后期制作时伴以凄婉而略带几分幽怨的音乐渲染，使观众感到仿佛主人公不是在吃一顿菜泡饭，而是在咀嚼命运带给她的五味人生。她面对清贫的那份沉静、那份坦然，更给人以感染。

4）要把握好拍摄的瞬间。面对纷繁复杂的大千世界，镜头要对所看到的事物进行筛选、分析、辨别、判断，抓住最有代表性的一瞬间，从所记录的一个点、一个局部来反映全局，使观众从表象看到内涵，看到人物的性格与追求，看到人物心理活动和感情波澜等。

5）对事件过程的展现要条理清晰，对过程的拍摄要交代好因果关系，对事件的讲述要条理清楚、符合逻辑，要让观众能够看得懂。拍摄事件过程的关键是要赶在事件发生的前面，而不要等事情发生过了再去拍。拍摄时要做到提前开机，延后关机，特殊情况不关机。

3. 拍摄画面的要求

拍摄的总体要求是要按照原来的设想或分镜头画面脚本来进行画面拍摄，并保证每个画面的质量优秀、长度够用，还要注意画面的拍摄及连接一定要符合剪辑的基本原则。

（1）镜头时长短适宜

镜头的长度应根据画面所包含内容容量和观众理解的时间长度为依据。镜头长度的安排要适宜，如果镜头过短，观众还没有看清楚画面的内容，镜头便转换了，就失去了这一镜头存在的意义；如果镜头太长，还没有新鲜的内容加入，就会造成节奏拖沓，使观众感到厌烦。一般来说，表现较大场面和特定的环境气氛，要用较长的镜头连接，镜头转换频率要慢；表现强烈的动感、紧张的局面、激烈的情绪等，要用较短的镜头，镜头转换的频率要快，有助于加剧节奏、强化情绪的变化发展。在具体实践中，摄像师要时刻留意寻像器中画面长短的时间显示，一般每个画面的长短在3～6s之间。内容丰富的全景长镜头画面一般在10s左右，中景画面一般5s左右，特写镜头一般在3s左右。一个镜头画面尽量只表达一个意思，镜头画面的连接要有变化，才能有节奏感，不至于平淡。

（2）合理使用长镜头

长镜头是现代电视纪实的一种拍摄方法，它是指在一个统一的时空里不间断地展现一个完整的动作或事件。长镜头记录的是现实生活的原形，平实质朴，让观众有一种生活的亲近和参与感。长镜头保持了时间和空间上的连续，在这一过程中，人物的行为、动作、交流能形成一定的环境氛围，能够展示人物的生存状态。由于镜头不断，所以长镜头有比较强的真实感。再加上长镜头延续时间较长，能够比较完整地记录生活的原生态。但长镜头中的画面内容应富于变化，才能吸引观众的注意力，否则会令影片节奏拖沓，反而成为败笔。因此，在拍摄过程中合理地使用长镜头，对专题片的创作有很大的帮助。

（3）景别的组接

景别是控制电视节奏快慢强弱变化和观众情绪变化的重要因素。景别基本分为全景、中景、近景、特写等。不同的组接会对观众的心理产生不同的影响。例如：利用中景、近景、特写景别，内容调子上升快，对观众的心理冲击强，情绪影响快；运用全景、远景和长镜头的方式，内容调子上升慢，对观众的心理冲击较小，情绪影响慢。摄像师应具备编辑意识，在拍摄一组画面时要注意景别的变化，有意识地从编辑的角度拍摄镜头组。一般根据拍摄的内容确定景别的使用，但景别变化时应避免画面跳动。例如从全景直接到特写，画面会显得很跳跃，中间应以中景或近景镜头画面作为过渡，才能使画面顺畅。在一组镜头画面拍摄完成时，应尽量用特写或空镜头画面转场。这些编辑的原则是摄像师必须掌握的，从而在拍摄时能顺利完成远、全、中、近、特等各种景别的镜头组拍摄。

“打沙枣”是《沙与海》的经典段落，如图6-38所示。在不到3分钟的段落中，共用了17个镜头，从拍摄角度而言，运用了推、拉、摇、移等多种拍摄方法。这一组镜头一气呵成，再现了刘泽远父子打枣的完整过程。第1～8个镜头以全景为主，主要交代打枣过程；第9～16个镜头以特写和近景为主，主要表现捡枣过程；第17个镜头则用全景拉至远景，主要交代刘泽远父子与周围环境的关系，给予观众思考的空间。在专题片中，中、全景镜头多用于纪录过程，特写和近景多用于表现情感，尤其是刘泽远面部和手部的特写，满是皱纹的面部给人以饱经风霜的印象，沙子从他粗大的手指间漏过，刻画出他对于沙漠中长出的果实的爱惜，也表现出这位沙漠中的牧民与艰苦的自然环境不屈抗争的刚毅品格，这种刚毅的品格不是通过解说词说出来的，而是通过特写和近景的交替运用让观众自己感受出来。最后的镜头是从刘泽远父子捡枣拉至远景，随着他们父子的身影在画面中的比例越来越小，让观众感受到了沙漠的辽阔空旷与这对父子在自然中的渺小，同时也感受到了他们不向自然屈服的精神充塞着辽阔的沙漠。

图6–38　电视专题片《沙与海》

4. 不同类型专题片的侧重点

电视专题片的种类多种多样，从文体上分新闻性专题片、纪实性专题片、科普性专题片与广告性专题片，无论哪一类专题片，摄像师都应根据所拍摄专题片的主体选择合适的拍摄手法展现主题。

（1）拍摄人物类专题片

如果有解说词，在拍摄之前摄像人员一定要熟读解说词，领悟其整体和部分甚至每个句子、每个词组和每个字的意思，从而更好地根据解说词拍摄画面，在实际的拍摄中捕捉、猎取反映人物性格特征的生动画面。如果解说词没有或者很少，摄像师就需要深入生活、深入群众去感悟和构思，全方位地拍摄素材。

（2）拍摄事件类专题片

摄像师要交代事件的前因后果，因此素材的全面就更加重要。拍摄的素材要条理清楚，根据主题拍摄的素材交代事件的来龙去脉，每个素材镜头应当和主题相呼应、相协调。

（3）拍摄风光类专题片

摄像师要全方位展示主题，既要突出地域特色又要力求新颖，既要气势磅礴又要细致入微，既要紧跟时代又要注重历史。用唯美的画面来吸引和感染观众，这就需要摄像师深入了解拍摄地点的特色，熟悉地域和自然条件，以及社会环境。还要认真观察该地区的自然风貌和人文景观，独特的风土人情和风俗习惯，独特的历史内涵和文化形态等，然后用全面的素材，让观众耳目一新。

5．同期声的录制

拍摄素材的同时一定要注意录制同期声，摄像师可以从录前准备和现场录制两方面入手。

（1）录前准备

在录制前制定好录制方案，这首先要了解录制现场的自然环境、声学环境、专题片的主题等；其次要抓住拾音对象的声音主体，兼顾其他。

（2）现场录制

首先要正确使用话筒，这需要摄像师根据声源的特点选择不同特性的话筒，同时在采访过程中要注意监听，提醒编导正确把握话筒的拾音距离，不要出现声音过小或者过高。其次，同期声忌杂乱，应注意有效同期声和杂声的区别，对拍摄现场的声音要有选择性地拾取，只有那些与画面内容相符合，为节目内容的表达所需要的声音才需要拾取。当录制中不得不面对环境噪声时，应尽可能减少环境噪声，例如带上防风套等。除了要求语言的拾取要清晰外还要注意画面拍摄要服从语言的完整性，切忌话说到一半就停机，要充分考虑到同期声剪辑的需要。

任务评价

制作出一部好的专题片，需要有好的选题、精彩的拍摄、感人的细节、准确的解说、优美的配音、流畅的剪辑等多方面来支持。有些电视专题片由于策划不到位，前期采访不深入，拍摄素材不足、资料文档欠缺，后期制作粗糙，致使一些好的题材没有得到应有的反映，造成思想深度不够，艺术感染力不强，让人看后感觉平平。作为摄像师，我们要做到的是为专题片捕捉精彩的画面和感人的细节。请根据表6-3对任务完成情况进行质量评价。

表6-3　任务评价表

评 价 指 标	具体实施情况
与编导沟通了解主题和风格	
确定分镜头剧本，明确镜头的内容	
根据拍摄场地合理选择机位	
准确进行布置灯光照明	
准确调整白平衡、对焦、曝光	
景别运用恰当	
镜头运动得当	
准确捕捉生动感人的细节	
画面真实反映客观事实	
镜头长短运用恰当，节奏恰当	
镜头组丰富、完整	
镜头清晰地叙述故事过程	
空镜头、转场镜头丰富	
拍摄素材全面、充足，质量符合编辑需要	
同期声录制清晰，音量适中	
及时捕捉突发事件的画面	
具备编导意识	
具备编辑意识	

必备知识

1. 什么是电视专题片

电视专题片是一种常见的电视叙事方式，是对社会生活中某一领域或某一方面给予集中的、深入的报道，内容较为专一，形式多样，允许采用多种艺术手段表现社会生活，允许创作者直接阐明观点的纪实性影片。它是介乎新闻和电视艺术之间的一种电视文化形态，既要有新闻的真实性，又要具备艺术的审美性。

电视专题片的分类可从风格上分纪实性专题片、写意性专题片和写意与写实综合的电视专题片；从内容上分城市形象专题片、企业形象专题片和产品形象专题片；从文体上分新闻性专题片、纪实性专题片、科普性专题片与广告性专题片。

2. 电视专题片的特征

电视专题片不是纯新闻，它不要求时效性，而是追求历史的、文化的和社会的价值；它兼容某些新闻的特性，但与新闻有着本体的不同。它的重要功能就是“对事实和对真实自然的人、人性的高度尊重与揭示”，因此它既不会取代其他电视艺术，也不会被其他电视艺术所取代，有着顽强的艺术生命力。现代电视专题片已开始拒绝枯燥乏味的叙事和极其冗长的镜头，追求“可视性”“节奏性”“故事性”。

真实性是电视专题片由始至终的追求。通过纪实手法的运用和表现，让人们感受到真实再现的品格，这是一种平民化的意识表现，它平视、客观的特点赋予了电视专题片的感染力和生命力。在制作专题片时，不能把被拍摄对象当成自己的思想载体，把一个现成的或编导主观的结论强加给观众，而是让观众在观看的过程中主动思考，能动介入，尽管每个人领略和思考的东西不同，但结论是观众在平等、能动、投入的状态中获得，绝没有强求的痕迹。

解说词是电视专题片的重要组成部分，电视专题片的画面与解说词是一对孪生兄弟，它们之间相互作用、相互补充、相互印证。虽然观众在看电视节目的时候关注的是画面，但是解说词补充了许多画面不能表达的内容。

3. 电视专题片的元素

电视专题片由电视纪录片衍生而来，是电视纪录片的一种形态，取材于真实的现实生活，以真人、真事、真景作为拍摄对象和表现内容，具有较强的现实性和时代感，是及时、迅速反映现实生活的一面镜子。一部优秀的专题片在制作过程中需要注意以下四大方面。

（1）结构

在电视专题片的创作中，只有解决了结构问题，才能进一步做到“言之有序”。依据主题思想和塑造人物的需要，对所拍摄的素材进行取舍、组织和衔接，将纷杂的题材依据主题表达的需求进行适当编排，根据恰当的结构组成一个完整的艺术整体，这就是电视专题片结构所承担的主要任务。

摄像师应尽可能多地拍摄与专题片主题紧密联系的素材，以便编导将采集来的材料进行合理安排，这些材料的组合和搭配就是专题片的结构。

（2）细节

电视细节是指电视屏幕上构成人物性格、事件发展、社会情境、自然景观的最小组成单位，是对表现对象的局部或细微变化的展示。电视细节不仅指有冲击力的图像，还包括富于感染力的现场语言、播音、音响、屏幕文字等要素，它可以是一个眼神、一声叹息，也可以是一个场景、一处环境。

电视专题片可以没有情节，但不可以没有细节。细节起着刻画人物性格、展示人物情感、揭示主题的作用。专题片中根据整体构思的需要安排适当的细节，可以使人物显得丰满、完整。摄像师应该有敏锐的洞察力，善于用镜头捕捉细节、注重细节的表现以便更好地体现主题。

例如：专题片《养父养女》，讲的是养女有病，需要输血，养父没钱，把自己的血输给了养女。其中有一个细节：输血后，养父削了个苹果给养女，同时又很自然地将手中的苹果皮塞进自己的嘴里。这段镜头没有一句解说，但却把养父那种善良、无私、慈爱和因长期贫困而养成的节俭性格淋漓尽致地表现了出来。这些细节生动感人地刻画出人物的性格，片子播出后获得了良好的社会效果。

例如：人物专题片《书“痴”》，讲的是一位原本不识字的老人，从立志识字到收藏古籍共用了25年，老人把毕生的积蓄都用来购买古书，并对此一往情深。片中有一个细节：镜头从一双苍老抖动的手转向老人的脸，老人的鼻梁上架着一副老式玳瑁眼镜，眼镜中间断裂处用铅丝捆扎着。老人守着价值不菲的古籍，却舍不得买一副新眼镜，这个细节将老人的痴书之情充分地表现了出来，因此 细节是表现人物情感的重要手段。

例如：专题片《无声世界的追梦女孩》中讲述的是一个聋哑女孩学画画的故事。

片子的解说词不多，但是摄像师拍摄到很多精彩动人的细节画面，如妈妈为女孩梳头、与女孩用手语交流、陪女孩画画以及女孩用眼睛感受、观察别人言行等细节，让观众深切感受到聋哑女孩为了实现画家梦而付出的艰苦努力，用一种“随风潜入夜，润物细无声”的拍摄手法使观众在不知不觉中体会到其中的主题。因此，大量的细节表现在揭示主题上起着举足轻重的作用。

（3）解说词

镜头是路，解说词是桥。电视画面往往是跳跃性的、不衔接的，这其中的缺憾需要靠其他手段来弥补，其中一个重要手段就是解说词。解说词是电视专题片独立的语言表达形式，它在电视专题片中有着重要的、多方面的功能和作用。解说词既可以表达人的想象与联想，又可以议论抒情，从而拓宽电视画面的容量，使主题得到延伸。

解说词也包括字幕解说词，如人物片《女特警雷敏》，在片子的结尾有这样一段字幕：“雷敏，21岁；身高1.63米；性格：开朗；血型：B型；右拳击打力113公斤，左拳击打力102公斤；不会做饭，不会化妆，没有手绢。”短短五六十字，对深化人物性格，加深观众对主人公性格的了解起了非常大的作用，如图6-39所示。

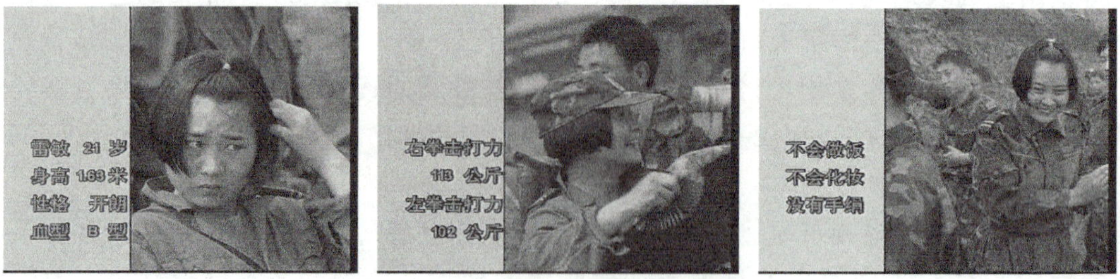

图6-39　人物片《女特警雷敏》

（4）音乐

最善于表达感情的音乐在专题片的后期制作中成为沟通感情、强化主题的有效创作语言和创作手段。在适当的时候加合适的音乐，胜过解说词和静场。因此，在可以运用音乐的地方，把音乐从画面和解说词的双重制约中解脱出来，让它得到充分的表现。

电视文献纪录片《邓小平》是电视系列片中音乐运用比较成功的一部力作。在开场的《序》集中，画面是中共十四大闭幕时，邓小平在江泽民等中央领导的陪同下亲切接见与会代表。邓小平笑容满面，频频向激动的人群挥手致意。接着画面转入天安门广场上沸腾的人海、花海以及那幅著名的标语——“小平您好”。此时此刻，管弦乐队由弱到强、由远及近地演奏出了《春天的故事》的优美旋律，音乐亲切、磅礴，淋漓尽致地抒发了人民对邓小平同志的崇敬、仰慕和无限的热爱之情。在这里，音乐胜过了千言万语，音乐里的每一个音符都浸满了感情。

4. 电视专题片的制作流程

制作电视专题节目是一个复杂的过程，在这个过程中，需要涉及许多创作环节。一般的创作流程有前期拍摄和后期编辑两个阶段，前期拍摄包括选题，采访，构思，编写提纲、剧本，拍摄计划及素材的拍摄；后期编辑分为准备阶段，剪辑阶段和检查阶段三部分。

专题片制作的一般流程为：选题→构思→编写提纲和剧本→拍摄计划→采访→拍摄→熟悉素材→整理素材→修改脚本→挑选素材（场记）→编辑提纲→编辑→包装→检查→复制备份→成片。

选题：选题在某种程度上决定了一部电视片的价值，“正确的选题是成功的一半”。

编写提纲和剧本：编导要确定专题片采用怎样的结构方式，表现哪些内容，大致形成一种什么样的风格等，进一步设计出分镜头剧本（即镜头的处理方式和解说词的大致内容）。

采访：采访前编导要了解大量的实际情况和背景材料，获得丰富的感性认识。在采访过程中还要熟悉所要表现的人物和事件，搞清事件的来龙去脉以及与周围环境的关系，并逐步发掘主题和寻找立意。

拍摄：制定拍摄计划非常重要，摄像师根据专题片的提纲、风格、拍摄计划对专题人物的采访进行拍摄，并拍摄主持人开场白、转场和结束语的串词，以及拍摄大量与专题片主题相关的空镜头。

修改脚本：根据实际拍摄的结果和不断注入的新鲜信息，修正原来构思的分镜头剧本，挑选已采集的图像画面和声音素材以及现有的资料图片进行编排、组合，编写主持人串词和解说词（旁白），用解说词（旁白）把采访内容贯穿起来，这是后期编辑时需要用的脚本。

场记：在众多的素材中选择确定可用的镜头，然后根据编辑提纲所提示的内容分别进行归类，将不同磁带上的镜头标示在编辑提纲上，以供剪接时寻找。

配音：编导向播音员和录音师阐述创作的意图，提出创作的要求，配音员根据编导的解说词文稿进行配音。

剪辑：根据总体构思及修改后的脚本对所拍摄的内容进行画面剪辑，配音、配乐合成，特技及字幕合成等。

5. 分镜头剧本

在电视专题片开拍前，编导首先编写好采访提纲和拍摄脚本（即分镜头剧本），要求摄像师根据脚本要求进行相关素材的拍摄，因此摄像师能否根据分镜头剧本拍出编导要求的画面非常重要。

分镜头剧本又称“导演剧本”，是导演将整个影片或电视片的文学内容分切成一系列可摄制的镜头剧本，以供现场拍摄使用，因此也称为“摄制工作台本”。其主要任务是根据解说词和文学脚本来设计相应画面，配置音乐音响，把握片子的节奏和风格等，内容包括有：镜头号、景别、摄法、画面内容、对话或旁白、音响效果、音乐、镜头长度等项目，是导演对影片全面设计和构思的蓝图。

依据文字稿本加工成分镜头稿本，不是对文字稿本的图解和翻译，而是在文字稿本基础上进行影视语言的再创造，例如镜头景别和镜头运动方式的设计等，这是导演创作意图、总体构思和镜头表现手法的再现，是文学稿本无法体现的。虽然分镜头稿本也是用文字书写的，但它是可以在脑海里“放映”出来的影片，已获得某种程度可见的效果，不仅把文字形象变为银幕形象，而且赋予影片独特的艺术风格。因此分镜头脚本的作用就好比建筑大厦的蓝图，是摄影师进行拍摄，剪辑师进行后期制作的依据，也是演员和所有创作人员领会导演意图，理解剧本内容，进行再创作的依据。

（1）分镜头脚本的编写

编导应从以下几方面编写分镜头脚本：

1）将文字脚本的画面内容加工成一个个具体形象的，可供拍摄的画面镜头，并按顺序列出镜头的镜号。

2）确定每个镜头的景别，如远、全、中、近、特等。

3）排列组成镜头组，并说明镜头组接的技巧。

4）用精炼具体的语言描述出要表现的画面内容，必要时借助图形，符号表达。

5）相应镜头组的解说词。

6）相应镜头组或段落的音乐与音响效果。

（2）分镜头的格式

电视节目的分镜头脚本通常采用表格的形式。

分镜头脚本的写作方法是从电影分镜头剧本的创作中借鉴来的。一般按镜头号，镜头运动，景别，时间长度，画面内容，广告词，音乐音响的顺序，画成表格，分项填写。对有经验的导演，在写作时格式上也可灵活掌握，不必拘泥于此。

镜号：即镜头顺序号，按组成电视画面的镜头先后顺序，用数字标出。它可作为某一镜头的代号。拍摄时不一定按次顺序号拍摄，但编辑时必须按顺序编辑。

机号：现场拍摄时，往往是用2～3台摄像机同时进行工作，机号代表这一镜头是由哪一号摄像机拍摄。前后两个镜头分别用两台以上摄像机拍摄时，镜头的组接，就在现场通过特技机将两个镜头进行编辑。单机拍摄就无须标明。

景别：根据内容需要，情节要求，反映对象的整体或突出局部。一般有远景，全景，中景，近景，特写等。

（3）分镜头脚本样例

样例1：中国移动通信网络电视广告创意脚本内容，见表6-4。

篇 名：《潜水篇》30s

主 题：无论你身在何处，中国移动都能带给你意想不到的体验

表6-4 《潜水篇》分镜头脚本

镜号	景别	镜头运用	画面内容	时间/s	字幕	画外音	音效
1	全景	俯拍	平静的海面，漂荡着一艘豪华游艇。一妙龄女郎悠闲地倚在船舷上，望着远处的海水	3			
2	近景	切换	女郎从茶几上拿起手机，修长的手指轻盈地拨着号码，凑近耳旁倾听	2			
3	中景	切换	宁静神秘的海底世界，一男子在悠然的潜水，欣喜地观看着在身边游来游去的各式各样的海中生物	2			
4	特写		突然从男子腰间传出的手机呼叫声，打破了海底的宁静	1			
5	中景	计算机特技	周围的鱼儿都左顾右盼，嘴巴一张一翕，不停地吐着汽泡，好像在商量着什么似的	2			

（续）

镜号	景别	镜头运用	画面内容	时间/s	字幕	画外音	音效
6	近景	推	鱼儿都发现了男子腰间那一闪一闪的发光的银色物体	2			
7	近景	拉	男子从腰间取下手机，按下免提功能键接听来电	2			
8	特写	计算机特技	鱼儿怒气冲冲地朝男子包抄过来，像离弦的箭一样从四面八方射向男子	3			
9	中景	切换	男子发现周围的鱼都朝他冲过来，吓得连忙把手机仍掉	2			
10	特写		手机中传来女郎娇滴滴的问候声。“喂！你在海底下还好吗？我想你，快上来吧！”	3	喂！你在海底下还好吗？我想你，快上来吧		
11	近景	计算机特技	一条大鲨鱼用嘴接住手机，奋力跃出了水面，其他的鱼也跟着纷纷跃出了水面	3			
12	大特写	切换	蔚蓝的海面上跃起一只银色的海豚，海豚在妙龄女郎面前摆了个优美的“S”型舞姿	3	无论你身在何处中国移动都能带给意想不到的体验		
13	特写	淡出	舞姿定格，蓝底白纹的中国移动标志从舞姿中突现出来	2	沟通从心开始中国移动通信		

样例2：《家有好主妇》防晒妙招——生活服务类节目脚本的内容，见表6-5。

时长：5分钟

编导：庄婉莹 何卓君

表6-5 《家有好主妇》脚本

内容	画面说明	景别	拍摄方式	时间/s	声音
《家有好主妇》片头				15	轻快开场音乐
本期导视	动态包装，各妙招精彩关键画面截取： 1. 主持人手拿番茄 2. 防晒用品标签 3. 女主角擦防晒用品 4. 女主角用棉枝擦脸	特写	固定镜头	12	轻松音乐 （画外音） 1. 蔬菜水果神奇转化防晒物质 2. 选购适当的防晒用品 3. 不要忽略防晒关键时刻 4. 晒后修复，妙手回春
转场	家有好主妇字幕			3	特效声音
主持人出镜	主持人	中景	固定	18	出镜语： 家有好主妇，天天好生活。乘客朋友们大家好，欢迎收看《家有好主妇》。我是莉莉。炎热的夏天到了，防晒成了大家不可避免的话题。每年都防晒，每年都晒黑，是防晒产品不够好，还是我们对于防晒工作的认识不足？要如何正确防晒呢？家有好主妇，天天有妙招
转场	家有好主妇字幕			3	特效音乐
主持人出镜	虚拟场景 1. 主持人拿起一个番茄 2. 主持人拿起一盘西瓜 3. 主持人拿起一个柠檬 4. 主持人指向手捧的水果篮 5. 水果篮	1. 中景 2. 中景 3. 中景 4. 中景 5. 特写	1. 正面水平拍摄 2. 正面水平拍摄 3. 正面水平拍摄 4. 正面水平拍摄	50	出镜语： 多吃蔬菜和水果，它们会神奇地转换成防晒物质，而且比防晒霜更耐用，因为它们不会被水洗掉 1）比如番茄，这是最好的防晒食物，每天摄入16毫克番茄红素可将晒伤的危险系数下降40% 2）而西瓜含水量在水果中是首屈一指的，西瓜汁中含有多种重要的有益健康和美容的化学成分，有利于面部皮肤的滋润、营养和防晒 3）另外，柠檬也是一种很好的防晒水果，含有丰富维生素C的柠檬能够促进新陈代谢、延缓衰老现象 4）除此之外，像雪梨、猕猴桃等水果也同样具有防晒的功能哦

（续）

内　容	画面说明	景　别	拍摄方式	时间/s	声　音
转场	家有好主妇字幕			3	特效声音
主持人 出镜	主持人	中景	正面水平拍摄	20	出镜语： 好了，我们已经了解到水果的巨大功效，可是单单靠吃水果是不能完全起到防晒作用的。我们还要选择适当的防晒品来保护自己的皮肤免受阳关的直照，接下来就让好主妇教你如何正确选购防晒品吧
转场	家有好主妇字幕			3	特效声音
计算SPF值	1．女主角走进商店 2．几种产品的SPF值 3．女主角从一大堆防晒用品中选出一支防晒霜 4．SPF值为18的防晒霜 5．SPF值为30的防晒霜	1．远景 2．特写 摇镜头 3．中景 4．特写 5．特写		28	（画外音） 首先，在购买防晒品之前要计算一下它的SPF值。一般来说，SPF值越高，给予的保护就越大。只在上下班的路上接触阳光的上班族，SPF值在18以下即可，以脸部防晒为主；在野外游玩、海滨游泳时，防晒品的SPF值则要在30以上，以防晒伤
看透防晒指数PA值	1．女主角用手指着PA标志 2．有PA+的标志的防晒霜 3．有PA＋＋标志的防晒霜 4．有PA＋＋＋标志的防晒霜 5．女主角拿着PA＋＋＋标志的防晒霜（用动画放大）	1．特写 2．特写 3．特写 4．特写 5．中景推至特写	1—4正面拍摄 5过肩拍摄	12	（画外音） 接下来，还要注意防晒品的PA值。PA值的程度是以＋、＋＋、＋＋＋三种强度来标示，“＋”号越多，防止皮肤老化的效果就越好
购买前先测试	1．女主角挑选防晒霜 2．女主角在自己的手腕内侧挤出防晒霜使用 3．红肿的手臂	1．中景 2．近景 3．特写	侧面拍摄	15	（画外音） 相信大家都知道，不同的防晒产品有不同的适用对象，最好的办法是在购买之前，先在自己的手腕上试用一下。10分钟内如果出现皮肤红肿现象，则应放弃使用本产品
转场	家有好主妇字幕			3	特效声音
主持人 出镜	主持人	中景	固定	8	知道了选购防晒用品的方法，我们还要注意几个重要的防晒时刻
转场	家有好主妇字幕			3	特效声音
模板	1个窗口画面加 字幕：外出就餐时			2	轻快的背景音乐 （画外音）外出就餐时
外出就餐时	1．女主角走进更衣室 2．从雨伞中挑出一把深色雨伞 3．从衣服中挑出一件浅色外套	1．中景 2．特写 3．特写	1．背面拍摄（过肩拍摄） 2．正面仰拍 3．侧面俯拍	10	后期配音： 外出就餐时要做好户外防晒的准备，如带上深色的遮阳伞和浅色的外套，给肌肤多一层保护
转场 模板	1个窗口画面加 字幕：室内办公时			2	轻快的背景音乐 （画外音）室内办公时
室内办公时	1．女主角坐在电脑前擦防晒液 2．女主角拉窗帘	1．中景 2．中景	1．侧面拍摄 2．侧面拍摄	10	后期配音： 室内办公时，如果靠近窗户，你受到的紫外线伤害会比别人多，你要每隔两小时补擦一次防晒品，此外将窗帘拉上

（续）

内　　容	画面说明	景　　别	拍摄方式	时间/s	声　　音
转场 模板	1个窗口画面加 字幕：下班回家时			2	轻快的背景音乐 （画外音）下班回家时
下班回家时	1．女主角摸油腻的脸 2．拿吸油纸吸油 3．用喷雾喷脸部 4．擦蜜粉	1．特写 2．特写 3．特写 4．特写	1．正面拍摄 2．正面拍摄 3．正面拍摄 4．特写	10	后期配音： 下班回家之前，肌肤出油多，所以要做好正确的防晒工作。正确的护肤程序是：吸油、喷雾、涂含防晒指数的蜜粉
转场	家有好主妇字幕			3	特效声音
主持人 出镜	主持人	中景	固定	10	虽然我们已经是做足了防晒的功课，但有时难免还是会被灼热的阳光晒伤，那又该怎么办呢？别担心，主妇教你晒后修复小窍门
转场	主妇宝典模板			6	轻快转场音乐
模板	1个窗口画面加 字幕：妙用茶水舒缓皮肤			3	轻快的背景音乐 （画外音）妙用茶水舒缓皮肤
巧用茶水舒缓皮肤	1．一杯茶水被拿走 2．棉枝浸入茶水 3．女主角用棉枝擦拭脸部	1．特写 2．特写 3．特写	1．正面俯拍 2．正面水平拍摄 3．正面拍摄	10	后期配音： 茶水对轻微晒伤的皮肤非常管用，用棉球蘸入茶水轻轻拍在被晒红处，这样可以减轻灼痛感
模板	1个窗口画面加 字幕：自制黄瓜面膜			3	轻快的背景音乐 （画外音）自制黄瓜面膜
自制黄瓜面膜	1．女主角切黄瓜 2．将切好的黄瓜片倒进牛奶中 3．打开冰箱门放进黄瓜 4．女主角贴上黄瓜后躺在沙发上	1．特写 2．特写 3．近景 4．中景－特写	1．侧面俯拍 2．侧面俯拍 3．侧面拍摄 4．侧面俯拍	12	后期配音： 在舒缓皮肤后，用新鲜黄瓜切成薄片，浸在牛奶中，放在冰箱内冰一会，再贴在脸上，也有很好的消炎作用
转场	家有好主妇字样			3	特效声音
主持人 出镜	主持人	中景	固定	24	夏天天气炎热，乘客朋友们要记得让自己的皮肤多补充水分，保护好自己的皮肤。好了，今天我们的节目就到这里，如果您还有什么好窍门，不妨按照屏幕下面的联系方式发送短信跟我们取得联系——家有好主妇，天天好生活，下期节目再见

6．摄像师必须具备的意识

（1）编导意识

一个电视作品的负责人是编导，他主导着电视作品的立场、走向、风格，在策划、拍摄、制作过程中，电视摄像师只是其中一个工作环节的主创人员，但作为一位出色的摄像师必须具有编导意识，这种意识并非取代编导的职能，而是在摄像工作中与编导沟通，寻找符合专题片风格的画面细节，用敏锐的洞察力观察拍摄主体，向编导提供最有效的影像素材。这是一部什么风格的作品？这部作品的结构如何建立？解说词的语境是什么？在与编导进行沟通后，摄像师的首要任务就是考虑编导在后期工作中需要哪些素材，甚至包括衬托气氛的环境画面等，摄像师必须为镜头的画面寻找一个讲故事的窗口，使这个窗口成为编导进一步讲好故事的素材。很多情况下摄像师在为编导拾遗补漏。

(2) 编辑意识

摄像师必须具备编辑意识是指摄像师应带着后期编辑的思路，根据节目的主题完成拍摄工作。这对摄像师的基本素质要求很高，首先摄像师应具备熟练的摄像技巧，其次摄像师还要具备节目策划的能力，能够掌握整个节目的拍摄构思和基本框架，再次就是具备编辑的基本素质，掌握后期编辑的基本理论，学会用编辑的眼光选择镜头画面。否则摄像师拍的画面成为了剪辑师眼中的废镜头，不但降低出品的效率还影响作品的质量，比如为了拍摄优美的画面，摄像师进行了场面调度使被拍摄对象的站位以及行动路线发生改变，就会发生越轴，影响了画面编辑的流畅。只有在摄像和编辑领域都有一定的建树的摄像师才能及时领会编辑的意图进行二度创作，注意抓住现场突发情况，捕捉鲜活而有分量的图像信息。这就要求摄像师也要熟练地掌握后期编辑的方法和技巧，加强编辑意识的培养。

(3) 节奏意识

摄像师对节奏把握直接影响到专题片的风格。而节奏与镜头具有直接的关系，镜头的长短、内容和运动等都对电视节奏产生影响。特别是镜头的长短是编辑过程中最重要的一个问题，不同长短的镜头，形成不同的编辑关系，它对整个电视作品的声画定格、情绪渲染及叙事的清晰程度产生直接的影响，从而决定了电视的节奏。所以，摄像师应当根据专题片总体思路和风格要求，拍摄出不同长度、不同情绪和不同张力的镜头。

项目小结

电视节目多种多样，根据电视节目内容及性质的不同，可将电视摄像工作分为纪实类和艺术类。由节目拍摄现场的不同特点，可将电视拍摄工作分为演播室类和外景类。

从事电视节目制作的摄像师，在参与新闻节目、专题片、户外、演播室拍摄等工作中必须具备几个基本条件：

1) 优秀的职业素质和高度的敬业精神。
2) 扎实的技术功底和全面的艺术修养。
3) 现场应变能力和画面创作能力。
4) 能动的编导思维和超前的剪辑观念。

实战强化

1. 情景模仿：单人的新闻摄像

设计一个新闻主题，由一位同学饰演出镜记者，另一位同学饰演新闻事件的主体人物，采访片段只有“新闻事件的主角”出镜，拍摄一段模拟新闻，注意同期声的录制。

2. 情景模仿：两个人的新闻摄像

设计一个新闻主题，由一位同学饰演出镜记者，另一位同学饰演新闻事件的主体人物，采访片段中，记者和“新闻事件的主角”一起出镜，拍摄一段模拟新闻，注意同期声的录制。

3. 情景模仿：两个人的新闻摄像

设计一个新闻主题，由一位同学饰演出镜记者，另外两位同学饰演接受采访的群众，采访片段中，记者和“受访群众”三人一起出镜，拍摄一段模拟新闻，注意同期声的录制。

4. 情境模仿：拍摄校园新闻

设计一人采访、二人采访和三人采访的场景，模拟拍摄一条校园新闻。

5. 情境模仿：为校园艺术节进行多机位拍摄

6. 情境模仿：拍摄专题片

以小组为单位，确定一个专题主题，编写分镜头剧本，制定拍摄计划，按拍摄计划和分镜头剧本要求完成素材的采集。

参 考 文 献

[1] 焦道利．电视摄像与画面编辑[M]．北京：国防工业出版社，2012．

[2] 夏正达．摄像基础教程[M]．上海：上海人民美术出版社，2011．

[3] 詹青龙，袁东斌，刘光勇．数字摄影与摄像[M]．北京：清华大学出版社，2011．

[4] 罗德·费尔韦瑟．演播室导演[M]．顾洁，译．北京：中国传媒大学出版社，2004．

[5] 彼得·沃德．演播室与外景拍摄[M]．刘羽，译．北京：中国传媒大学出版社，2004．

[6] 顾欣．摄像与影像创作[M]．上海：上海人民美术出版社，2011．

[7] 龙文摄影．数码摄影实拍技法宝典[M]．北京：人民邮电出版社，2011．

职业教育数字媒体技术应用专业系列教材

书名	主 编	书 号
数字插画设计项目教程——Illustrator 第2版	范云龙 张道辉	67754
Photoshop CC实用案例教程	吕 琼 胡 靓	67057
走进数字媒体	林彩霞	65542
计算机美术设计基础	于 丽	63708
数字影像合成与特效制作项目教程—After Effects CS6	陈 丽 梁 波	53479
数字图像处理项目教程—CorelDRAW	唐莹梅 曾颖睿	53207
三维数字展示制作项目教程—3ds Max	周永忠	52667
三维数字动画制作项目教程—3ds Max	周永忠	52666
数字图像处理案例教程—Photoshop CS5	严仕桂	52217
视频后期处理综合项目实训	黄海英 邓惠芹	52067
平面设计与制作综合实训	罗志华 刘新安	51540
数字影像编辑项目教程——Premiere	何林灵 刘 娟	51083
数字影像拍摄技术	**林 蔚**	**47234**
数字媒体技术应用基础教程	林忆泉	47186
动画片的创作解析	邱 青	44630

机工教育微信服务号

微信扫一扫
享受更多优质服务

策划编辑◎梁伟 / 封面设计◎鞠杨

ISBN 978-7-111-47234-6

定价：45.00元